装配式混凝土结构施工

上海隧道工程股份有限公司　主编

中国建筑工业出版社

图书在版编目（CIP）数据

装配式混凝土结构施工/上海隧道工程股份有限公司主编. —北京：
中国建筑工业出版社，2016.6
ISBN 978-7-112-19263-2

Ⅰ.①装… Ⅱ.①上… Ⅲ.①装配式混凝土结构-混凝土施工
Ⅳ.①TU755

中国版本图书馆 CIP 数据核字（2016）第 059896 号

　　本书以"应用型和管理型"建筑工程施工现场专业人员的培养为目标，编写时力求"以应用管理为目的，以重点突出为原则"。重点针对与传统建筑施工方式所不同的预制装配式结构施工管理两个方面，系统地介绍工程预制装配式结构体系的设计基本原则、预制构件生产和安装施工原理及其管理方法，并在此基础上，用案例说明知识点的应用和管理要求，注重工程施工的质量过程控制及其检验方法在装配式结构建筑工程中的运用。

　　本书可作为从事装配式混凝土结构施工的技术人员、建筑工程类执业注册人员、政府各级相关管理人员的专业参考书和培训教材，也可作为职业学校相关专业教材。

责任编辑：王　梅　杨　允
责任设计：李志立
责任校对：李欣慰　张　颖

装配式混凝土结构施工
上海隧道工程股份有限公司　主编
*
中国建筑工业出版社出版、发行（北京西郊百万庄）
各地新华书店、建筑书店经销
北京科地亚盟排版公司制版
北京圣夫亚美印刷有限公司印刷
*
开本：787×1092 毫米　1/16　印张：19　字数：473 千字
2016 年 8 月第一版　　2016 年 8 月第一次印刷
定价：**50.00** 元
ISBN 978-7-112-19263-2
（28532）

主要编写人员名单

章次	章名	主要编写人	主要参编人员
1	概论	林家祥	段创峰、王静
2	装配式混凝土结构设计概述	周成功	郑仁光、李峰、顾超瑜、张立
3	装配式混凝土结构施工总体筹划	陈立生	林家祥、李天亮、陈英姿
4	预制构件制作与储运	朱永明	秦廉、徐银峰、黄岚、张英怡
5	装配式混凝土结构施工	叶可炯	林家祥、赵国强、王静、汪一江
6	装配式混凝土结构施工质量检验与验收	张立	魏信巧、朱永明、徐银峰
7	安全文明与绿色施工	戴振宇	周隽、戴功良、潘浩、赵勇、李冰
8	BIM技术在工业化建筑中应用	段创峰	熊诚、段创峰、闵立
9	装配式混凝土结构体系建造经济分析	张传生	唐婧、冯凯、张君、陈爱民、王爱华、陆懿伟

前　　言

伴随着世界快速城市化发展的趋势，有学者预测，到 2050 年，全球城市人口将占到全部人口的 70%，政府将面临需要为人民提供高品质住宅和生活条件的巨大压力。在发展中国家，尤其是我国和印度，在未来 10 年里，将会贡献全球 1/3 城市化人口增加值。

城市化进程的历史表明，城市化往往需要牺牲生态环境和消耗大量资源来进行城市建设。我国城镇化正处于快速提升期，至 2020 年全国城镇化率将达到 60% 以上，城镇化率每提高 1%，就要新增城市用水 17 亿 m^3，消耗标准煤 6000 万吨。按照城市化进程新增住宅和原有改善居住条件需求计算，到 2030 年，我国住宅需要量将超过目前 200 亿 m^2 1 倍以上，达到 400 亿 m^2（数量），而这些需要在 15 年时间完成，也就是说每年增量将超过 10 亿 m^2。而现有建筑行业发展很大程度上仍依赖于高速增长的固定资产投资规模，发展模式粗放，工业化、信息化、标准化水平偏低，管理手段落后，建造资源耗费量大，同时面临劳动力成本上升或劳动力短缺的状况。因此，综合考虑快速城市化的可持续发展问题，改变建筑业的传统生产方式，大力推进建筑业产业现代化是城市可持续发展的重要战略，实现建筑产业现代化的有效途径是新型建筑工业化。

作为建筑产业现代化的核心——装配式混凝土结构，通过近年来总结我国以往装配式预制大板住宅的经验与教训，引进消化国外先进技术，相关结构体系已基本形成并得到成功应用。国家、行业和地方等有关部门也相继出台了设计、施工和构件制作等技术标准和技术规程，为进一步推进建筑工业化的发展奠定了基础。装配式混凝土结构建筑是通过对新技术、新材料的应用，使其在建造过程中对资源的利用更节约、更合理，提高了结构精度、减少了渗漏、开裂等质量通病，提升了建筑的性能和质量。但与西方发达国家相比，我国的装配式混凝土建筑技术尚处在发展的初级阶段，相关的工程技术人员和管理人员严重不足，而国内尚没有能够系统性地介绍有关装配式混凝土结构的专业书籍和培训教材，因此，编写《装配式混凝土结构施工》是十分必要的。

本书以"应用型和管理型"建筑工程施工现场专业人员的培养为目标，编写时力求"以应用管理为目的，以重点突出为原则"。重点针对与传统建筑施工方式所不同的预制装配式结构施工管理两个方面，系统地介绍工程预制装配式结构体系的设计基本原则、预制构件生产和安装施工原理及其管理方法，并在此基础上，用案例说明知识点的应用和管理要求，注重工程施工的质量过程控制及其检验方法在装配式结构建筑工程中的运用。内容编写时适当兼顾与执业类注册人员的培训相结合，使本书不但可以作为职业类学校的工程管理、技能操作等专业的教材，也可作为建造师、造价工程师、监理工程师等有关技术人员的参考用书。本教材编写时力求内容精练、体例新颖、图文并茂、案例丰富、重点突出、文字叙述通俗易懂。各章均附有内容提要、学习要求、本章小结、复习思考题等模块，以达到学、练同步的目的。

本书由上海隧道股份工程有限公司［原上海城建（集团）公司］负责主编，全书由周文波和林家祥负责总体策划和主审，王静和陈英姿统稿。参加审稿的人员还有薛伟辰、黄稠辉、范骅、曹枫等同志。本书的前言部分由王静完成，参与本书各章节的主要负责人和编写人员名单附后。本书校对工作由王静、陈英姿、钱丹萍、汤璇、何晓完成。本书在编写过程中，中国土木工程学会综合部也参与了部分章节编写，得到了上海市城乡建设与管理委员会的热忱指导，并得到了台湾润泰集团、同济大学、上海市城市建设工程学校（上海市园林学校）、现代设计集团等单位的大力支持，在此表示诚挚的谢意！

本书可作为从事装配式混凝土结构施工的技术人员、建筑工程类执业注册人员、政府各级相关管理人员等的专业参考书和培训用书，也可作为职业学校相关专业教材。限于时间和业务水平，书中难免存在不足之处，真诚地欢迎广大读者批评指正。

目　　录

第1章 概　　论

1.1 概要

1.1.1 内容提要

本章内容包括装配式混凝土结构概述、发展历程、现状与展望。在装配式混凝土结构概述中，阐述了发展装配式混凝土结构的时代背景，重点介绍了装配式混凝土结构、建筑产业现代化、新型建筑工业化的含义以及三者之间的关系；在装配式混凝土结构发展历程中，介绍了该结构体系在国内外的发展历程；在装配式混凝土结构发展现状中，从政策推进、标准建设、存在问题与解决建议、典型企业案例进行了总结与分析；在装配式混凝土结构发展展望中，对未来以装配式混凝土结构为核心的新型建筑工业化发展阶段与特征进行了叙述。

1.1.2 学习要求

（1）了解装配式混凝土结构的含义；
（2）了解装配式混凝土结构、新型建筑工业化、建筑产业现代化的关系；
（3）了解装配式混凝土结构的发展历程；
（4）了解装配式混凝土结构的现状，包括政策、技术体系等；
（5）了解装配式混凝土结构的未来发展趋势。

1.2 装配式混凝土结构概述

装配式混凝土结构来自英文"Precast Concrete Structure"，简称"PC结构"，是由预制混凝土构件通过可靠的连接方式装配而成的混凝土结构，包括装配整体式混凝土结构、全装配混凝土结构等。在建筑工程中简称装配式建筑，在结构工程中简称装配式结构。

装配式混凝土结构是建筑结构发展的重要方向之一，参照世界城市化进程的历史，城镇化往往需要牺牲生态环境和消耗大量资源来进行城市建设，随着我国城镇化快速提升期的到来，综合考虑可持续发展的新型城镇化、工业化、信息化是政府面临的紧迫问题，是研究者的关注核心，也是企业的社会责任。而当前我国建筑业仍存在着高能耗、高污染、低效率、粗放的传统建造模式，建筑业仍是一个劳动密集型企业，与新型城镇化、工业化、信息化发展要求相差甚远，同时面临着因我国劳动年龄人口负增长造成的劳动力成本上升或劳动力短缺的问题。因此，加快转变传统生产方式，以装配式混凝土结构为核心，大力发展新型建筑工业化，推进建筑产业现代化成为国家可持续发展的必然要求。

"建筑产业现代化"于2013年全国政协双周协商会提出，2013年年底，全国住房城乡建设工作会议明确了促进"建筑产业现代化"的要求。

建筑产业现代化是以绿色发展为理念，以住宅建设为重点，以新型建筑工业化为核心，广泛运用现代科学技术和管理方法，以工业化、信息化的深度融合对建筑全产业链进行更新、改造和升级，实现传统生产方式向现代工业化生产方式转变，从而全面提高建筑工程的效率、效益和质量。

"新型建筑工业化"是建筑产业现代化的核心，早在20世纪50年代中期，原建工部借鉴苏联经验，第一次提出实行建筑工业化，70年代中期，原国家建委提出以"三化一改"（设计标准化、构件工厂化、施工机械化和墙体改革）为重点，发展建筑工业化，同时在北京、上海、常州开展试点并进入大发展时期。80年代末期，因工程质量问题、唐山地震、计划经济转型等原因停止下来。

新型建筑工业化是生产方式变革，是指传统生产方式向现代工业化生产方式转变的过程，是在房屋建造的全过程中采用标准化设计、工厂化生产、装配化施工和信息化管理为主要特征的工业化生产方式，并形成完整的一体化产业链，从而实现社会化的大生产。所谓"新型"的含义主要体现在信息化与建筑工业化的深度整合，其次是区别以前提倡的建筑工业化。

建筑产业现代化与新型建筑工业化是两个不同的概念，产业化是整个建筑产业链的产业化，工业化是生产方式的工业化。工业化是产业化的基础和前提，只有工业化达到一定的程度，才能实现产业现代化。产业化高于现代化，建筑工业化的目标是实现建筑产业化。因此，实现建筑产业现代化的有效途径是新型建筑工业化。推动建筑产业现代化必须以新型建筑工业化为核心。

作为新型建筑工业化的核心技术体系，装配式混凝土结构有利于提高生产效率，节约能源，发展绿色环保建筑，并且有利于提高和保证建筑工程质量。与现浇施工工法相比，装配式混凝土结构有利于绿色施工，因为装配式施工更符合绿色施工的节地、节能、节材、节水和环境保护等要求，降低对环境的负面影响，包括降低噪声、防止扬尘、减少环境污染、清洁运输、减少场地干扰、节约水、电、材料等资源和能源，遵循可持续发展的原则。而且，装配式混凝土结构可以连续地按顺序完成工程的多个或全部工序，从而减少进场的工程机械种类和数量，消除工序衔接的停闲时间，实现立体交叉作业，减少施工人员，从而提高工效、降低物料消耗、减少环境污染，为绿色施工提供保障。另外，装配式混凝土结构在较大程度上减少建筑垃圾（约占城市垃圾总量的30%～40%），如废钢筋、废铁丝、废竹木材、废弃混凝土等。

国内外学者对装配式混凝土结构做了大量的研究工作，并开发了多种装配式混凝土结构体系，主要包括装配式混凝土框架结构、装配式混凝土剪力墙结构、装配式混凝土框剪结构、装配式混凝土预应力框架结构等。

1.3 装配式混凝土结构的发展历程

1.3.1 国外的发展历程

工业化预制技术出现于19世纪欧洲，到20世纪初被重视，但不管是欧洲、日本或者美国，其快速发展的原因不外乎两个。

第一个原因是工业革命。其带来大批农民向城市集中，导致城市化运动急速发展。像是在 1866 年的伦敦，曾经有人选择一条街道作过一次调研。在这条街上，住 10～12 个人的房子有 7 间，12～16 个人的房子有 3 间，17～18 个人的房子有 2 间。居住情况极为恶劣。1910 年，在伦敦还出现了一些夜店。所谓夜店（图 1.3-1），不是现在作为娱乐场所的夜店，而是专门给无家可归的人过夜的一些店铺。它们基本上是人满为患，空间小到躺不下，只能一排一排地坐着，在每一排人的胸前拉一根绳子，大家都趴在绳子上睡觉。

图 1.3-1　伦敦的夜店（图片来源：《欧洲风化史：资产阶级时代》）

第二个原因是第二次世界大战后城市住宅需求量的剧增。同时战争的破坏，导致住宅存量减少，因为军人大批复员，住宅供需矛盾更加激化。在这种情况下，受工业化影响的一批现代派建筑大师开始考虑以工业化的方式生产住宅。如法国的现代建筑大师勒·柯布西耶便曾经构想房子也能够像汽车底盘一样工业化成批生产。他的著作《走向新建筑》奠定了工业化住宅、居住机器等最前沿建筑理论的基础。日本丰田公司在二战以后从汽车行业涉足房屋制造业的时候，其领导人明确提出"要像造汽车一样造房子"。

第二次世界大战以后，由于遭受了战争的残酷破坏，欧洲 20 世纪五六十年代对住宅需求非常大，为此，他们采用工业化的装配式手法大批量地建造生产住宅，并形成了一批完整的、标准化、系列化的建筑住宅体系延续至今。进入 80 年代以后，住宅产业化发展有所变化，开始转向注重住宅功能和多样化发展。有代表性的国家有美国、法国、丹麦和日本。

美国的结构学家巴克敏斯特·富勒为使住宅构件实现工业化生产，在 20 世纪 20 年代发明了轻质金属房屋（图 1.3-2）；1927 年，他设计出第一代多边形最大限度利用能源住宅；1930 年，他设计出第二代最大限度利用能源住宅；第二次世界大战期间，他设计出第三代最大限度利用能源住宅；20 世纪六七十年代，他又设计出用张力轻质构件制造的穹顶，并竭力推广这种住宅，希望在"城市中建满这种房子"。此后，美国住宅工业化得以发展，并渗透到国民经济的各个方面，住宅及其产品专业化、商品化、社会化的程度很高，主要表现在：高层钢结构住宅基本实现了干作业，达到了标准化、通用化；独立式木结构住宅、钢结构住宅在工厂里生产，在施工现场组装，基本实现了干作业，达到了标准化、通用化；用于室内外装修的材料和设备、设施种类丰富，用户可以从超市里买到各种建材，非专业的消费者可以按照说明书自己组装房屋。美国住宅工业化程度高，住宅质量很好，发展前景值得期待。

图 1.3-2　美国早年的汽车房屋

法国是世界上推行建筑工业化最早的国家之一，创立了"第一代建筑工业化"，以全装配大板及工具式模板现浇工艺为标志，建立了众多专用体系。随后又向发展通用构配件制品和设备为特征的"第二代建筑工业化"过渡。为了大力发展通用体系，1978 年法国住房部提出以推广"构造体系"（System Construction），作为向通用建筑体系过渡的一种手段。

DM73 样板住宅（图 1.3-3）基本单元为 L 形，使用面积为 $69.08\mathrm{m}^2$，设备管井位于中央，基本单元可以加上附加模块 A 或 B，并采用石膏板隔墙灵活分隔室内空间，这样可以灵活组成 1～7 室户，不同楼层之间也可以根据业主需求灵活布置。规划总平面中，这些基本单元可以组合成 5～15 层的板式、锯齿式、转角式的建筑，或者 5～21 层的点式建筑，或者低层的联排式住宅。主体结构为工具式大型组合模板现浇。

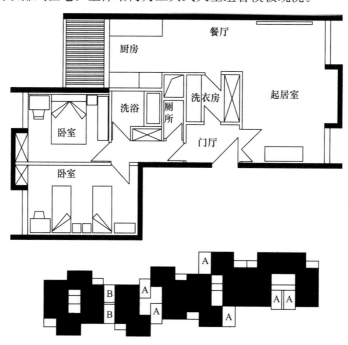

图 1.3-3　法国的 DM73 样板住宅实例

丹麦也是世界上第一个将模数法制化的国家，现行的国际标准化组织 150 模数协调标准就是以丹麦标准为蓝本改进完成的，它们的模数标准比较健全并且是国家强制执行的。该标准要求除自己居住的独立式住宅外，所有住宅都必须按模数进行设计。

丹麦通过模数和模数协调实现构配件的通用化，制定了 20 多个强制采用的模数标准。正是这些标准，包括尺寸、公差等，保证了不同厂家生产的部品构件相互间的通用性。除此之外，丹麦还通过编写制定"产品目录设计"来发展住宅通用体系化。每个厂家都将自己生产的产品列入该产品目录，再由各个厂家的产品目录汇集成"通用体系产品总目录"。以便设计人员从总目录中任意选用其产品进行住宅设计，使工业化的设计思想能够深入到每一位设计师的意识中。

日本人口密度是中国的 2.48 倍，人均资源和能源的占有量比中国还贫乏，可是通过战后 50 年的迅速发展，日本的住宅建设已跃居世界先进水平的行列，这与日本政府的政策引导和始终坚持住宅工业化的发展方向是密不可分的，他们的经验和教训为目前住宅产业的发展提供了很好的借鉴。

日式建筑以前多为木结构，受二战时期战火的毁坏现象十分严重，针对于此，日本提出了建设"不易燃城市"的城市复兴计划，并借鉴欧洲先进的 PC 技术的经验，积极采用钢筋混凝土结构，使日本的钢筋混凝土结构的建筑体系相继得到开发和普及。经历了"PC 的产业化与规范化的建立（1955～1972 年）"、"PC 体系过渡、完善时期（1973～1982 年）"、"PC 技术新型工业化的开发（1983～1992 年）"、"迎接新挑战，PC 深化发展（1993～今）"等几个阶段。

日本先后开发了以预制板式钢筋混凝土为主导的大板工业化住宅体系 Tilt-up 工法、W-PC 工法、PS 工法、H-PC 工法，以及后期进一步改良的 WR-PC 工法和 R-PC 工法等等，住宅标准化方面先后提出了 SPH（公共住宅标准设计）、NPS（公共住宅新标准设计系列）等，住宅可持续性发展方面扩展了荷兰学者提出的 SI 技术体系，提出了 KSI（机构型 SI 住宅）体系，应用了可变地板、同层排水等技术。20 世纪 80 年代又提出"百年住宅建设系统（CHS）"，住宅向着寿命持久和精细化设计方面进一步发展。日本 SI 体系见图 1.3-4。

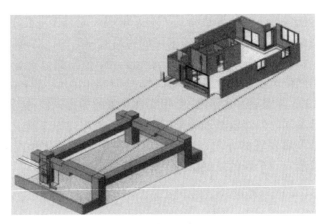

图 1.3-4　日本 SI 体系-承重结构与非承重填充及装修分离的概念

1.3.2　国内的发展历程

20 世纪 50 年代至 70 年代末，我国学习苏联经验，在全国建筑业推行标准化、工业化、机械化、发展预制构件和预制装配建筑，兴起建筑工业化高潮。由于当时实行计划经济体制，我国还没有条件提出产业化的概念，一直称之为"建筑工业化"，而且受制于当时的体制、技术、管理水平，建筑工业化推广范围小，技术水平不高。片面追求主体结构的预制装配化，生产出的建筑产品普遍存在产品单调、灵活性差以及造价偏高等问题，从而造成建筑工业化的综合效益不明显，劳动生产率并未得到大幅度的提高。同时，由于唐山地震中大量预制混凝土结构遭到破坏使人们对预制结构的应用更加保守，另一方面，当时外墙的防水、防渗技术比较落后，业内也停止了对预制技术的研究，预制装配技术不得不被"束之高阁"。唐山大地震遗址见图 1.3-5。

(a)　　　　　　　　　　　　　　　　(b)

图 1.3-5　唐山大地震遗址

但与此同时，装配式混凝土结构在境外得到了迅速发展和广泛应用，在地震频发的日本和台湾地区，采用装配式混凝土结构的住宅建筑甚至表现出了较传统现浇结构更好的抗震性能。目前，日本 PC 建筑最高已达 58 层，193.5m（前田公司 2008 年建成）；台湾 PC 建筑已达 38 层，133.2m（台湾润泰蓝海住宅，2008 年建成）。在 PC 住宅的抗震问题得到解决的同时，防水、防渗等主要问题也得到了很好解决，而且工业化的生产方式使 PC 住宅在质量方面较现浇结构更具优势，PC 住宅已成为品质住宅的代名词。

进入 90 年代以后，我国进入房地产发展的高潮，这种发展以资金和土地的大量投入为基础，建筑技术仍然停留在原有水平，而此时建筑工业化的研究与发展几乎处于停滞甚至倒退阶段。直到 1995 年以后，为了 2000 年实现小康的需要，我国开始注重住宅的功能和质量，在总结和借鉴国内外经验教训的基础上，重新提出建筑工业化的口号。尤其是住宅建筑工业化仍将是今后发展的方向，并提出了发展住宅产业化和推进住宅产业化的思路，从而使住宅建设步入一个新的发展阶段。

1.4　装配式混凝土结构的发展现状

1.4.1　装配式混凝土结构建筑的推进情况

1999 年国务院办公厅颁布了《关于推进住宅产业现代化提高住宅量的若干意见的通知》（国办发［1997］72 号），提出了 5~10 年内通过建立住宅技术保障体系、完善住宅的建筑和部品体系、建立完善的质量控制体系等达到解决工程质量通病、初步实现住宅建筑体系以及节能降耗的主要目标。自此我国开始以住宅产业化为突破口，推进建筑工业发展。在各级政府与企业的积极组织与实施下，在借鉴学习发达国家成功经验的基础上，我国的住宅产业化尤其在近几年取得了显著的成就。

一是工作发展方向越来越明确。近两年，在国家层面，国务院、全国政协、住房和城乡建设部从各方面都提出了一系列的发展要求。2013年初，国务院转发了国家发展改革委、住房和城乡建设部《绿色建筑行动方案》国办发（2013）1号文件，将推动新型建筑工业化作为一项重要内容；2013年10月，全国政协主席俞正声主持的全国政协双周协商会上提出了"发展建筑产业化"的建议；2013年下半年以来，中央领导同志多次指示要加强以住宅为主的建筑产业现代化法规、政策及标准的研究，并积极推进；2014年4月，国务院出台的《国家新型城镇化发展规划》（2014～2020）明确提出"大力发展绿色建材，强力推进建筑工业化"的要求；2014年5月，国务院印发了《2014～2015年节能减排低碳发展行动方案》明确提出"以住宅为重点，以建筑工业化为核心，加大对建筑部品生产的扶持力度，推进建筑产业现代化"；2014年7月，住房和城乡建设部出台了《关于推进建筑业发展和改革的若干意见》等一系列重要文件。

在地方层面，北京、上海、河北、浙江、安徽、山东、深圳、沈阳等20多个省、市纷纷出台政策。主要体现在6个方面：一是在土地出让环节明确建筑项目产业化面积的比例要求；二是多种财政补贴方式，包括科技创新专项资金扶持，优先返还墙改基金，散装水泥基金，利用节能专项资金扶持，享受城市建设配套费减缓优惠等；三是对产业化项目建设和销售予以优惠鼓励，如对商品房给予容积率奖励等；四是通过税收金融政策予以扶持，如将构配件生产企业纳入高新技术企业，享受相关财税优惠政策、给予贷款扶持政策等；五是大力鼓励发展成品住宅，各地积极推进新建住宅一次装修到位；六是以政府投资工程为主大力推进产业化项目建设，如北京、上海、重庆、深圳等地都提出了鼓励保障性住房采用预制装配式住宅的支持政策。

上海市是我国较早开展住宅产业化试点的城市之一。2001年，《上海市住宅产业现代化发展"十五"计划纲要》中即提出了推进住宅产业化的体制和机制。此后，沪府办（2008）6号、沪府办（2011）33号、沪建交联（2011）286号、沪发改环资（2012）088号、沪建管（2014）827号、沪建管联（2014）901号等文件又先后落实了促进住宅产业发展的各项具体措施。经过十余年的发展，上海市已逐步形成了以预制混凝土框架结构体系和剪力墙体系为主的工业化住宅体系，实现了住宅65%的指标。

二是试点带动效果越来越明显。为落实国务院工作要求，原建设部成立了住宅产业化促进中心，建立了住宅性能认定和住宅部品认证制度，设立国家住宅产业现代化综合试点城市（区），推进住宅产业化基地和住宅国家康居示范工程建设。自2006年开始设立国家住宅产业化基地以来，全国先后批准了6个住宅产业化试点城市，3个国家住宅产业现代化示范城市，46个住宅开发和部品部件生产企业为国家住宅产业化基地，评定了300多个国家康居示范工程项目，1000多个住宅项目获得A级性能认定，600多个建筑部品、产品获得认证标识。

三是相关技术标准越来越完善。装配式混凝土结构技术、生产工艺、施工技术等日趋成熟。在行业、协会标准方面，《装配式混凝土结构技术规程》JGJ 1—2014、《整体预应力装配式板柱结构技术规程》CECS 52—2010 和《预制预应力混凝土装配整体式框架结构技术规程》JGJ 224—2010 是近年制（修）订的有关技术规程。在地方标准方面，目前上海市居于领先地位。相关技术标准主要包括：《装配整体式混凝土住宅体系设计规程》DG/TJ 08—2071—2010、《装配整体式住宅混凝土构件制作、施工及质量验收规程》DG/TJ 08—2069—2010、《装配整体式混凝土住宅构造节点图集》DBJT 08—116—2013、《装配整体式混凝土结构施工及质量验收规范》DGJ 08—2117—2012、《装配整体式混凝土公共建筑设计规程》DGJ 08—2154—2014，《预制混凝土夹心保温外墙板应用技术规程》DG/TJ 08—2158—2015。上述一系列技术标准基本形成了针对装配式混凝土结构住宅建筑的技术标准体系。

四是产业聚集效应越来越凸显。万科、中建、隧道股份、宝业集团、龙信集团、天津住宅集团、长沙远大、宇辉集团等一大批企业积极主动地开展研发和工程实践，尤其是建筑业的大型企业集团响应热烈。

五是建设了一大批预制混凝土构件厂。近三年全国新建 PC 工厂 31 家（表 1.4-1），其中辽宁、湖南、安徽、江苏较为集中。在生产线方面多家构件工厂通过引进国外自动化生产线、开发国产自动化生产线加快了构件的工业化生产。

近三年全国新建 PC 工厂公布 表 1.4-1

地区	数量	占比	地区	数量	占比
辽宁	6 家	19%	黑龙江	1 家	3%
湖南	5 家	16%	山东	1 家	3%
安徽	4 家	13%	上海	1 家	3%
江苏	4 家	13%	天津	1 家	3%
河北	3 家	10%	四川	1 家	3%
浙江	2 家	6%	福建	1 家	3%
北京	1 家	3%	合计	31 家	

六是建成了一大批采用装配式混凝土结构的住宅建筑。据初步调查统计，全国 2012～2013 两年的建设量大约在 1300 万 m² 左右，2014 年全国建设量大约在 2500 万 m² 左右（表 1.4-2）。

全国主要城市装配式混凝土结构建筑的建设量 表 1.4-2

城市	已竣工和开工的建设量（万 m²）	2014 年计划建设总量（万 m²）	备注
北京市	130	150	近两年
上海市	135	200	近两年
沈阳市	160	130	近两个
合肥市	150	150	近两年
深圳市	32	110	近两年
长沙市	260	200	近三年

1.4.2 典型企业推进装配式混凝土结构情况

1. 万科

2000 年以来，国内一些房地产企业尝试走住宅产业化发展道路，最有代表性的是万科集团，万科在创新模式上采用了以房地产开发为龙头的资源整合模式。主要包括技术研发＋应用平台＋资源整合。万科于 1999 年成立了建筑研究中心，2004 年成立了工厂化中心，开展 PC 技术的研究。目前万科占地 200 余亩的松山湖基地已成为其住宅产业化、建筑技术研发的综合性平台。自 2007 年初上海万科建造首批住宅产业化楼——浦东新里程 20 号、21 号两幢楼开始（图 1.4-1），至今已建成的主要代表项目有上海万科新里程项目 PC 外墙试点项目、天津万科东丽湖 PC 住宅试点项目、深圳万科第五园 PC 住宅试点项目、北京万科假日风景项目等（图 1.4-2，图 1.4-3）。

（a） （b）

图 1.4-1 万科新里程实景图

图 1.4-2 万科第五园 图 1.4-3 北京万科假日风景

万科发展 PC 住宅的三个重点城市包括深圳、上海、北京。根据各地区居住习惯的不同分别探索了不同的技术体系。深圳以框架-剪力墙结构为主，上海万科先后探索过框架-剪力墙结构、叠合剪力墙结构（PCF 体系）、预制剪力墙结构（如上海地杰项目）三种不同的体系，北京万科近年与北京市建筑设计研究院、北京榆构等合作探索研究预制剪力墙结构体系。

2. 上海隧道股份工程有限公司

上海隧道股份工程有限公司（以下称隧道股份）是一家以基础设施设计施工总承包为龙头、以基础设施投资和房地产开发经营为依托，集工程投资、设计、施工、运管、维护、设备和材料供应为一体的大型企业集团。在装配式建筑领域，隧道股份不仅在"建筑全产业链"上具有先天优势，且企业全球领先的盾构法隧道等业务本身就是地下 PC 技术应用的生动典型。早在 20 世纪 80 年代，隧道股份即开始从事高精度建筑预制构件出口制造，产品远销日本等国家，并拥有国内最早通过日本 PC 质量认证和美国 PCI 认证的专业 PC 预制工厂，在上海地区 PC 预制构件市场占有率接近 50%。

在此背景下，自 2010 年起隧道股份累计投资上亿元，率先建立了国内领先的预制框架剪力墙装配式住宅成套结构技术体系；主编了一系列国家及上海预制装配式建筑相关标准、图集、工法、导则；探索性建设了全国首个预制化率高达 70% 的绿色高品质保障性住房项目——上海浦江瑞和新城（图 1.4-5 和图 1.4-6），并成为上海目前唯一一家拥有"国家级住宅产业化基地"的企业。

隧道股份探索采用的是以工程总承包（EPC）为龙头的全产业链模式，逐步形成了以"开放性、市场化、专业化"为核心的产业发展理念，通过与台湾润泰、同济大学等企业和机构的深度合作，从前端技术研发、前期规划设计、深化设计、构件制造到施工吊装、后续装修等产业各个环节，集成社会最优资源，不断做精做深，以标准化、模数化、信息化为导向，形成了具有城建特色的适度专业分工的企业集聚和装配式建筑业务品牌。

图 1.4-5 隧道股份 2 号试验楼   图 1.4-6 隧道股份浦江 PC 住宅

3. 远大集团

远大集团采用的是以设计、开发、制造、施工、装修一体化建造模式。远大集团基本上拥有住宅产业化完整的产业链，包括房地产开发、构件制造、施工、装修建材生产、装修施工、整体厨卫生产制造等。目前，远大在湖南境内有多个预制构件厂，并在其开发的多个项目中采用了预制技术。2013 年，远大进入上海市场，成立了设计院，并租用工厂开始进行实体项目建设。

其结构体系为"钢筋混凝土预制构件＋现浇剪力墙"，即"竖向结构现浇＋水平向结构叠合＋预制外挂墙板"的总体思路，预制率大致在 30%～50%。远大 PC 住宅建设实景见图 1.4-7。

4. 黑龙江宇辉

黑龙江宇辉建设集团是集房地产开发、建筑施工、新型建筑材料生产为一体的综合性企业集团，采用的是以施工总承包为龙头的施工代建模式。宇辉集团于 2005 年开始进入 PC 建筑领域，其与哈工大合作研发的预制装配整体式混凝土剪力墙结构体系技术，获得多项专利技术，2010 年 3 月被国家住建部批准为国家住宅产业化基地。其 PC 住宅体系已经应用在哈尔滨市香坊区洛克小镇小区 14 号楼（建筑面积 1.8 万 m^2，建筑层数 18 层）

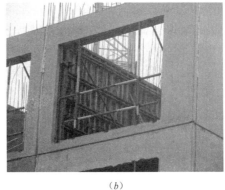

（a）　　　　　　　　　　　（b）

图 1.4-7　远大 PC 住宅建设实景

和保利公园 40 号楼（建筑面积 1.13 万 m^2，建筑层数 13 层）等东北地区多个项目。

5. 上海建工集团

上海建工集团的前期 PC 项目主要与上海万科合作，承揽了万科新里程、地杰国际城等项目的施工工程，主要采用叠合剪力墙 PC 技术（PCF），另外建工集团还与瑞安房产公司合作，完成了创智坊二期，采用了预制夹心保温墙板技术；建工集团开发的康桥 6 号地块经适房项目也采用了预制外墙板技术。上海建工集团设计、预制、房地产开发、施工等业务齐全。由于前期启动较早，设计、施工已经有一定的成熟经验。

6. 浙江宝业

浙江宝业原致力于钢结构体系，近年来收购了合肥西伟德混凝土预制件有限公司。西伟德引用德国技术，开发了叠合板式混凝土剪力墙结构体系并在工程中进行了应用。该预制件结构体系的核心构件是格构钢筋叠合楼板和叠合墙板，可大量地应用于剪力墙结构建筑。西伟德构件生产实景见图 1.4-8。

（a）　　　　　　　　　　　（b）

图 1.4-8　西伟德构件生产实景

7. 其他企业

除以上具有较大影响力的企业以外，还有南京大地建设集团［主要引进、消化、吸收和发展了法国的预制预应力混凝土装配整体式框架（简称世构体系）］、中南建设集团［主要引进、消化、吸收和发展了澳大利亚的预制装配整体式剪力墙结构（NPC）体系技术］

等，都在 PC 建筑之路上起步探索。

随着 2013 年上海住宅产业化政策指导意见的出台和住宅产业化整体氛围的不断形成，目前上海本地中建八局、二十冶集团等企业，依托自身的技术中心，也开始推进住宅产业化工作。中建八局计划在承担的上海保障房项目中采用 PC 技术，并配套建设相应的预制构件厂。二十冶所属的中冶集团，成立了住宅产业化领导小组，并依托完整的住宅产业链，推进住宅产业化工作。

1.4.3　装配式混凝土结构现阶段发展面临的问题与对策

近些年，经过各级政府与企业的大力推进，装配式混凝土结构在技术体系、技术标准、施工工法、工艺等方面取得了显著的进步。但与此同时，以装配式混凝土结构为核心的新型建筑工业化也遇了发展的瓶颈。一是要突破先期成本提高的瓶颈。企业在初期还没有完全掌握技术，没有专业队伍和熟练工人，没有建立现代化企业管理模式；二是要突破管理体制上的瓶颈。建筑工业化的设计、生产、施工、监理等环节都将产生移位，主体责任范围都将发生变化，与现行的管理体制机制不相适应是发展的瓶颈，需要企业面对和政府解决；三是要突破企业管理运行机制上的瓶颈。传统的企业运行管理模式根深蒂固。各自为战、以包代管、层层分包的管理模式严重束缚了产业化的发展，必须要通过转型升级，才能建立新的发展模式；四是要突破生产活动中利益链的瓶颈。传统的生产方式早已形成了固有的利益链，而建筑工业化具有革命性，新的发展必须要打破原有的利益链，形成新的利益分配机制。

在现阶段，我国推进新型建筑工业化方面存在着以下主要问题：一是在政府层面重视出台政策，忽视培育企业。近年来各地出台了很多很好的政策措施和指导意见，但在推进过程中缺乏企业支撑，尤其对龙头企业的培育，提供的建设项目也缺乏对实施过程的总结、指导和监督；二是在企业层面重视技术研发，轻视管理创新。一些企业自发地开展产业技术的研发和应用，但忽视了企业的现代化管理制度和运行模式的建立，变成"穿新鞋走老路"；重视结构技术，轻视装修技术。重视主体结构装配技术的应用，缺乏对建筑装饰装修技术的开发应用，忽视了房屋建造全过程、全系统、一体化发展；重视成本因素，轻视综合效益。企业往往注重成本提高因素，忽视通过生产方式转变、优化资源配置、提升整体效益，所带来的长远效益和综合效益最大化。

在装配混凝土结构研究方面，我国虽然取得了显著的成果，但还不够系统和深入，主要存在着以下问题：一是已有结构体系主要针对住宅建筑，适用于公共建筑的装配式混凝土结构体系亟待研发，此外在高性能高强混凝土和高强钢筋的应用技术、简化连接构造的装配整体式混凝土剪力墙体系以及适用于低多层装配式混凝土剪力墙体系等方面的研究工作尚属空白；二是基于模数协调的装配整体式混凝土建筑标准化设计技术尚未形成，设计-制备-施工一体化的工业化建筑设计技术有待开展专门的研究；三是标准化、模数化的预制混凝土构件产品体系尚未建立，高精度、规模化、自动化的预制构件生产装备以及标准化、快速化的绿色施工技术装备有待研制；四是基于 BIM 平台的、涵盖建筑工业化全过程的信息化技术体系尚未形成；五是现有技术标准仅针对住宅建筑，涵盖全产业链的建筑工业化技术标准体系亟待建立。

解决以上诸多问题，从政府层面：一是要建立推进机制，加强宏观指导和协调工作。

住宅产业现代化内涵丰富，涉及的行业和部门多，要统一认识、明确方向，建立协调机制，优化配置政策资源，统筹推进、协调发展。二是要遵循市场规律，不能盲目地用行政化手段推进，要让工业化的技术体系和管理模式在实践中逐步发展成熟，不能一哄而上，更不能急功近利，这才是健康发展之路。三是研究体制机制，体制机制是可持续发展的保障。由于建筑工业化是生产方式变革，必然带来现有管理体制、机制的变化，尤其是相关主体责任范围的变化，现行的体制机制如何适应新时期建筑产业现代化发展的要求，是当前需要亟待加以研究和解决的问题。四是培育龙头企业，发挥龙头企业的引领和带动作用。在发展的初期，由于社会化程度不高、专业化分工尚未形成，只有通过培育龙头企业，建立以企业为主体的技术体系和工程总承包模式，才能使技术和管理模式逐步走向成熟，从而带动全行业的发展。

在企业层面：一是积极加强技术创新，建立企业自主的技术体系和工法。积极结合扶持政策，大力开展技术创新，加快技术升级换代的步伐，技术和工法是企业发展的核心竞争力，谁在未来掌握了技术和工法谁就掌握了市场，谁就能在新一轮变革中掌握先机，赢得主动。二是加强职业技术培训，建立职业技术培训长效机制。要实现建筑产业现代化离不开高素质的技术工人和专业技术人才，当前高素质的技术工人和专业技术人员奇缺，已成为发展的瓶颈，要积极结合社会力量和资源，大力开展职业技术培训工作，适应未来市场对高素质劳动者和技能型人才的迫切要求。

1.5 装配式混凝土结构的发展展望

党的十八大报告明确提出："要坚持走中国特色新型工业化、信息化、城镇化、农业现代化道路，推动信息化与工业化深度融合"。走中国特色新型工业化道路，推动建筑工业化发展，是党中央、国务院确定的一项重大战略，是全面建成小康社会的重大举措，也是关系到住房和城乡建设全局紧迫而重大的战略任务。

发展装配式混凝土结构建筑是推进新型建筑工业化的重要途径，也是新型建筑工业化的核心，但装配式混凝土结构并不等同于建筑工业化。新型建筑工业化是一种新型的生产方式，它是现代科学技术与企业现代化管理的结合。作为生产方式的变革，新型建筑工业化必然带来工程设计、技术标准、施工工法、工程监理、管理验收等方面的变化，其次，也必然带来管理体制、实施机制的变革，审图制度、定额管理、监理范围、责任主体也都将发生变化。装配式混凝土结构是新型建筑工业化的技术支撑，它的发展必然与市场主导、政策推动、技术研发、企业管理等紧密相关，任何环节的滞后都无法充分使装配式混凝土结构技术体系得到创新并实现产业化推广应用。

在未来，新型建筑工业化发展将经历三个阶段：第一阶段以追求数量，提高劳动效率为重点；第二阶段则从追求数量向追求建筑品质的方向过渡，即"第二代建筑工业化"；第三阶段的建筑工业化特征不仅仅是以生产方式上的组织专业化、部件社会化生产和商品化供应，更应该把重点转向节能、降低能耗、降低对环境的压力以及资源循环利用的可持续发展，我们称其为"第三代建筑工业化"。

参照欧美、日本、新加坡等国家和地区建筑业的发展过程，当人均 GDP 达到 1000～

3000 美元后，开发新型的装配式混凝土结构体系，实现工厂化生产、机械化施工就成为克服传统生产方式缺陷、促进建筑业快速发展的主要途径。2014 年，我国人均 GDP 达到 7485 美元，经济增长要从投资驱动转向创新驱动，技术创新逐渐成为经济社会发展的重要驱动力。因此这一轮的建筑工业化的根本特征应该是生产变化、技术创新和管理创新的集成，而技术创新是基础，是根本，是发展的源动力。应该是融合了 21 世纪以来因人类面临空前的全球能源和资源危险、生态与环境危机、气候变化危机多重挑战而引发的第四次工业革命——绿色工业革命特征的变革，在包含了自动化、智能化、大数据等信息技术应用的同时，考虑绿色发展与可持续建设，而不是片面追求预制装配项目的数量和程度。

未来新型建筑工业化特征主要体现在以下几个方面：

第一，新型建筑工业化是以信息化带动的工业化。新型建筑工业化的"新型"主要是新在信息化，是以系统信息门户为基础，实现集成建设系统中信息的高效传递。集成建设系统是由众多的相关参与单位构成的，在不同的项目进行过程中，系统有关各方的工作协调，对于生产过程中标准化单元的全过程跟踪与识别等信息技术十分重要。根据集成建设系统的组织体系、生产流程以及生产对象等多方面的要求，在集成建设系统内构建系统信息门户（SIP，SYSTEM INFORMATION PORTAL）作为参与广播协作平台将成为必然的选择。而协作平台与 BIM 技术、ERP 系统的集成更能体现新型建筑工业化的管理特征。

第二，新型建筑工业化是以技术创新带动的工业化。新型建筑工业化是现代科学技术与企业现代化管理紧密结合的生产方式，没有技术就没有产品，没有管理就没有效益。新型建筑工业的核心要素技术与管理缺一不可，通过技术创新，建立成熟适用的技术与工法体系，通过管理创新，建立企业现代化的经营管理模式。在技术创新方面，装配式混凝土结构是核心主体结构技术，它的创新不仅是单一技术，而重点是技术体系创新，从设计角度看，技术体系涵盖了主体结构成套技术、装饰装修成套技术和设施设备系统技术，与主体结构相适应的包括了四项技术支撑，分别为标准化、一体化、信息化建筑设计方法、与技术体系相适应的预制构件生产工艺，一整套成熟适用的建筑施工工法，切实可行的检验、检测质量保障措施。

第三，新型建筑工业化是建筑行业先进的生产方式。新型建筑工业化的最终产品是房屋建筑。它不仅涉及主体结构，而且涉及围护结构、装饰装修和设施设备。它不仅涉及科研设计，而且也涉及部品及构配件生产、施工建造和开发管理全过程的各个环节。它是整个行业运用现代的科学技术和工业化生产方式全面改造传统的、粗放的生产方式的全过程。在房屋建造全过程的规划设计、部品生产、施工建造、开发管理等环节形成完整的产业链，并逐步实现住宅生产方式的工业化、集约化和社会化。

新型建筑工业化是以设计施工一体化为前提，实现建设系统的业务流程的再调整。按照传统的施工组织模式，建设产品的设计与施工过程处于分离状态，施工单位不能介入工程的设计过程，只能按照设计的施工图纸进行施工，设计方则不能或很难按照企业的施工模式重新进行图纸设计或做出设计变更。作为集成建设系统的核心内容，必须实现建设生产组织流程的优化，调整设计与施工这两个重要并且关键的工艺过程之间的关系，使其更加连续，形成设计施工一体化的产业组织，基于施工工艺的可行性进行工程设计，按照设计的思路指导施工，这样实现系统的集成。新型建筑工业化是以产业链建设为核心，实现集成建设系统的运行体系有效运转。由于集成建设系统是以总承包为核心并基于模块化外包而构成的产业协作体系，在具体实施过程中，系统将体现出更加松散、不确定性的特征。因此，集成制造系统的有效运转必须以组织的集成为前提，保证系统内的指令传递有效性，反馈及时性，实现有效协作。

第四，新型建筑工业化是实现绿色建造的工业化。绿色建造是指在工程建设的全过程中，最大限度地节约资源（节能、节地、节水、节材）、保护环境和减少污染，为人们建造健康、适用的房屋。建筑业是实现绿色建造的主体，是国民经济支柱产业，全社会50%以上固定资产投资都要通过建筑业才能形成新的生产能力或使用价值，中国建筑能耗约占国家全部终端能耗的27.5%，是国家最大的能耗行业。新型建筑工业化是城乡建设实现节能减排和资源节约的有效途径，是实现绿色建造的保证，是解决建筑行业发展模式粗放问题的必然选择。其主要特征具体体现在：通过标准化设计的优化，减少因设计不合理导致的材料、资源浪费；通过工厂化生产，减少现场手工湿作业带来的建筑垃圾、污水排放、固体废弃物弃置；通过装配化施工，减少噪声排放、现场扬尘、运输遗洒，提高施工质量和效率；通过采用信息化技术，依靠动态参数，实施定量、动态的施工管理，以最少的资源投入，达到高效、低耗和环保。绿色建造是系统工程、是建筑业整体素质的提升、是现代工业文明的主要标志。建筑工业化的绿色发展必须依靠技术支撑，必须将绿色建造的理念贯穿到工程建设的全过程。

市场是决定装配式混凝土结构建筑发展的根本，发达国家的经验表明：企业和最终消费者决定的市场将从根本上推动变革。所以政府和制度的指向和根本是通过市场实现资源的有效配置。政策是最初的原动力，未来市场最有发言权。

1.6 术语

1. 装配式混凝土结构

由预制混凝土构件通过可靠的连接方式装配而成的混凝土结构，包括装配整体式混凝土结构、全装配混凝土结构等。在建筑工程中，简称装配式建筑；在结构工程中，简称装配式结构。

装配整体式混凝土结构由预制混凝土构件通过可靠的方式进行连接并与现场后浇混凝土、水泥基灌浆料形成整体的装配式混凝土结构。全装配混凝土结构指所有结构构件均为预制构件，并采用干式连接方法形成的混凝土结构。

2. 装配整体式混凝土框架结构

框架结构中全部或部分框架梁、柱采用预制构件构建成的装配整体式混凝土结构。简称装配整体式框架结构。

3. 装配整体式混凝土剪力墙结构

剪力墙结构中全部或部分剪力墙采用预制墙板构建成的装配整体式混凝土结构。简称装配整体式剪力墙结构。

4. 预制混凝土构件

在工厂或现场预先制作的混凝土构件，简称预制构件。包括全预制梁、叠合梁、全预制柱、全预制剪力墙、单层叠合剪力墙、双层叠合剪力墙、外挂墙板、全预制楼梯、叠合楼板、叠合阳台板、预制飘窗、全预制空调板、全预制女儿墙、装饰柱等。

5. 混凝土叠合受弯构件

预制混凝土梁、板顶部在现场后浇部分混凝土而形成的整体受弯构件。简称叠合板、叠合梁。

6. 预制混凝土叠合墙板

在墙厚方面，部分采用预制，部分采用现浇工艺生产制作而成的钢筋混凝土墙体。

7. 预制混凝土叠合夹心保温墙板

在墙厚方面，部分采用预制，部分采用现浇，而预制与现浇墙板之间夹保温材料，并通过连接而成的钢筋混凝土叠合墙体。

8. 预制混凝土叠合板（梁）

在预制混凝土板、梁构件安装就位后，在其上部浇筑混凝土而形成整体的混凝土构件。

9. 预制外挂墙板

安装在主体结构上，起围护、装饰作用的非承重预制混凝土墙板。简称外挂墙板。

10. 预制混凝土夹心保温外墙板

中间夹有保温层的预制混凝土外墙板。简称夹心外墙板。

11. 连接件

连接预制混凝土夹心保温墙体内、外墙板，用于传递荷载，并将内、外墙板连成整体的连接器。

12. 钢筋套筒灌浆连接

在预制混凝土构件内预埋的金属套筒中插入钢筋并灌注水泥基灌浆料而实现的钢筋连接方式。

13. 钢筋浆锚搭接连接

在预制混凝土构件中预留孔道，在孔道中插入需搭接的钢筋，并灌注水泥基灌浆料而实现的钢筋搭接连接方式。

14. 预制率

装配混凝土结构住宅建筑单体±0.000以上的主体结构和围护结构中，预制构件部分的混凝土用量占对应部分混凝土总用量的体积比。

15. 装配率

装配式混凝土结构住宅建筑中预制构件、建筑部品的数量（或面积）占同类构件或部品总数量（或面积）的比率。

16. 有机类保温板

由有机材料制成的保温板称为有机类保温板，如聚苯乙烯板，硬泡聚氨酯板和酚醛泡沫板等。

17. 无机类保温板

由无机材料制成的保温板称为无机类保温板，如发泡水泥板和泡沫玻璃板等。

18. 外墙饰面砖（或石材）反打工艺

构件加工厂生产预制夹心外墙板时，先将饰面砖（或石材）铺设在模具内，再浇筑混凝土，将饰面砖（或石材）与外墙板连接成一体的制作工艺。

19. 临时支撑系统

预制构件安装时起到临时固定和垂直度或标高等空间位置调整作用的支撑体系。根据被安置的预制构件的受力形式和形状，临时支撑系统又可分为斜撑系统和竖向支撑系统。

20. 斜撑系统

由撑杆、垂直度调整装置、锁定装置和预埋固定装置等组成的用于竖向构件安装的临时支撑体系。主要功能是将预制柱和预制墙板等竖向构件吊装就位后起到临时固定的作用，同时，通过设置在斜撑上的调节装置对垂直度进行微调。

21. 竖向支撑系统

单榀支撑架延预制构件长度方向均匀布置构成的用于水平向构件安装的临时支撑系统。单榀支撑架由立柱、斜拉杆和横梁组成，并设有标高调整装置。主要功能是用于预制主次梁和预制楼板等水平承载构件在吊装就位后起到垂直荷载的临时支撑作用，同时，通过标高调节装置对标高进行微调。

22. 建筑信息模型 BIM

以建筑工程项目的各项相关信息数据作为模型的基础，进行建筑模型的建立，通过数字信息仿真模拟建筑物所具有的真实信息。全寿命期工程项目或其组成部分物理特征、功能特性及管理要素的共享数字化表达。

23. 无线射频识别技术 RFID

利用射频方式进行非接触双向通信以实现自动识别目标对象并获取相关数据。

本章小结

装配式混凝土结构出现于 19 世纪欧洲，伴随着工业革命快速发展于 20 世纪初。在我国始于 20 世纪 50 年代，于 70 年代中期进入发展时期，因质量、地震、经济转型等原因于 80 年代末基本处于停顿状态。直到 21 世纪初，随着我国城镇化快速提升期的到来，发展以装配式混凝土结构为核心的新型建筑工业化，实现建筑产业现代化成为国家解决民生、能源资源等问题的重要战略。在新时期，装配式混凝土结构体系发展面临着重大机遇，期待着通过主体结构技术体系以及与其相适应的支撑要素技术，现代化的经营管理模式创新等，由目前社会化程度低、专业化分工未形成的初级阶段，逐步发展至形成社会化大生产、专业化分工合作的新型建筑工业化。

复习思考题

1. 阐述装配式混凝土结构的含义。
2. 阐述装配式混凝土结构、新型建筑工业化、建筑产业现代化三者之间的关系。
3. 简要阐述装配式混凝土结构发展的国内外重要时期与典型事件。
4. 阐述新型建筑工业化未来发展特征。

第 2 章　装配式混凝土结构设计概述

2.1　概要

2.1.1　内容提要

　　本章内容包括装配式混凝土结构特点、装配式混凝土结构设计要点、装配式混凝土结构深化设计要点。在装配式混凝土结构特点中，介绍了装配式混凝土结构体系、外围护结构体系和预制构件及连接；在装配式混凝土结构设计要点中，主要介绍了装配式混凝土结构设计与现浇混凝土结构设计的不同点、装配式混凝土结构的设计规定、预制构件的结构连接设计、预制混凝土外墙防水构造设计；在装配式混凝土结构深化设计要点中，主要介绍了深化设计的主要流程、深化设计的主要内容及深化设计与建筑、结构、构件、施工之间的关系。

2.1.2　学习要求

　　（1）了解装配式混凝土结构体系的特点；
　　（2）了解装配式混凝土结构中外围护结构体系的种类及特点；
　　（3）了解装配式混凝土结构中预制构件及连接的特点；
　　（4）了解装配式混凝土结构的设计；
　　（5）了解装配式混凝土结构中预制构件的结构连接构造；
　　（6）了解预制混凝土建筑外墙防水构造设计；
　　（7）了解装配式混凝土结构深化设计的主要流程、主要内容；
　　（8）了解深化设计与建筑、结构、构件、施工等的关系。

2.2　装配式混凝土结构特点

2.2.1　装配式混凝土结构体系

　　装配式混凝土结构就是由预制混凝土构件通过可靠的连接方式装配而成的混凝土结构。全部由预制构件装配形成的混凝土结构，称作全装配混凝土结构。由预制混凝土构件通过可靠的方式进行连接并与现场后浇混凝土、水泥基灌浆料形成整体的装配式混凝土结构，称作装配整体式混凝土结构。根据结构形式和预制方案，大致可将装配整体式混凝土

18

结构分为装配整体式框架结构、装配整体式框架-现浇剪力墙结构、装配整体式剪力墙结构、预制叠合剪力墙结构等，并构成装配式混凝土结构体系。

1. 装配整体式框架结构

框架结构是指由梁和柱构成承重体系的结构（图 2.2-1），即由梁和柱组成框架共同抵抗使用过程中出现的水平荷载和竖向荷载，结构中的墙体不承重，仅起到围护和分割的作用。如整幢房屋均采用这种结构形式，则称为框架结构体系或框架结构房屋。框架的主要传力构件有板、梁、柱。全部或部分框架梁、柱采用预制构件构建成的装配整体式混凝土结构，称作装配整体式混凝土框架结构，简称装配整体式框架结构（图 2.2-2）。

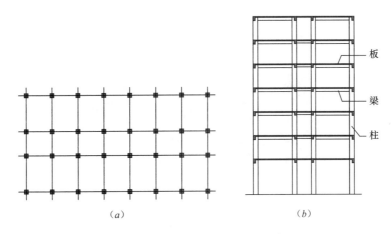

图 2.2-1 框架结构平面及剖面示意图

（a）平面布置图；（b）剖面图

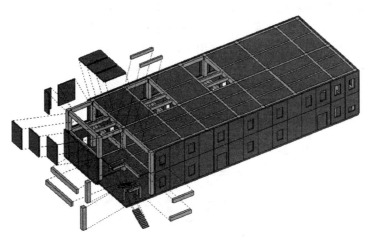

图 2.2-2 装配整体式框架结构示意图

装配整体式框架结构的优点是：建筑平面布置灵活，用户可以根据需求对内部空间进行调整；结构自重较轻，多高层建筑多采用这种结构形式；计算理论比较成熟；构件比较容易实现模数化与标准化；可以根据具体情况确定预制方案，方便得到较高的预制率；单个构件重量较小，吊装方便，对现场起重设备的起重量要求低。

　　装配整体式框架结构用于住宅结构时，通常会出现"凸梁凸柱"的情况，这可能会导致居民损失一部分的室内空间（图 2.2-3a）。在精装修住宅设计时，通过合理的室内布局与装饰，可以弱化甚至消除"凸梁凸柱"的空间感（图 2.2-3b）。装配整体式框架结构多应用于办公楼、商场、学校等公共建筑，而在住宅建造设计时通常较少采用。随着精装修住宅的推出及用户对户型可变的需求日益强烈，装配整体式框架结构也开始被应用于住宅设计中。

（a）　　　　　　　　　　　　（b）

图 2.2-3　装配整体式框架结构的梁柱

（a）装修前；（b）装修后

2. 装配整体式剪力墙结构

　　高度较大的建筑物如采用框架结构，需采用较大的柱截面尺寸，通常会影响房屋的使用功能。用钢筋混凝土墙代替框架，主要承受水平荷载，墙体受剪和受弯，称为剪力墙。如整幢房屋的竖向承重结构全部由剪力墙组成，则称为剪力墙结构（图 2.2-4）。全部或部分剪力墙采用预制墙板建成的装配整体式混凝土结构，称作装配整体式混凝土剪力墙结构，简称装配整体式剪力墙结构（图 2.2-5）。

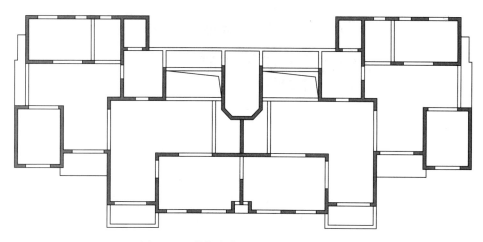

图 2.2-4　某住宅剪力墙结构平面布置图

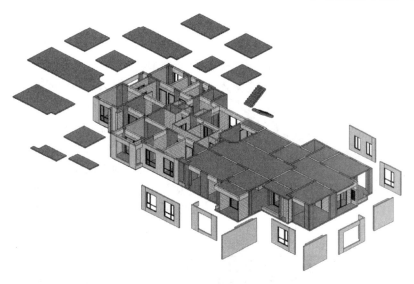

图 2.2-5　装配整体式剪力墙结构示意图

抗震设计时，为保证剪力墙底部出现塑性铰后具有足够大的延性，对可能出现塑性铰的部位加强抗震措施，包括提高其抗剪切破坏的能力，设置约束边缘构件等，该加强部位称为"底部加强部位"。为保证装配整体式剪力墙结构的抗震性能，通常在底部加强部位采用现浇结构，在加强区以上部位采用装配整体式结构。装配整体式剪力墙结构施工现场照片见图 2.2-6。

图 2.2-6　某装配整体式剪力墙结构施工现场照片

装配整体式剪力墙结构房屋的楼板直接支承在墙上，房间墙面及天花板平整，层高较小，特别适用于住宅、宾馆等建筑；剪力墙的水平承载力和侧向刚度均很大，侧向变形较小。另外，剪力墙作为主要的竖向及水平受力构件，在对剪力墙板进行预制时，可以得到较高的预制率。

装配整体式剪力墙结构的缺点是结构自重较大，建筑平面布置局限性大，较难获得大的建筑空间。另外，由于单块预制剪力墙板的重量通常较大，吊装时对塔吊的起重能力要求较高。

3. 预制叠合剪力墙结构

预制叠合剪力墙是指采用部分预制、部分现浇工艺生产的钢筋混凝土剪力墙。在工厂制作、养护成型的部分称作预制剪力墙墙板。预制剪力墙外墙板外侧饰面可根据需要在工厂一体化生产制作。预制剪力墙墙板运输至施工现场，吊装就位后与叠合层整体浇筑，此时预制剪力墙墙板可兼作剪力墙外侧模板使用。施工完成后，预制部分与现浇部分共同参与结构受力。采用这种形式剪力墙的结构，称作预制叠合剪力墙结构。预制叠合剪力墙施工现场照片见图 2.2-7。

预制叠合剪力墙的外墙模有单侧预制与双侧预制两种方式（图 2.2-8）。单侧预制的预制叠合剪力墙一般作为结构的外墙，预制墙板一侧设置叠合筋，现场施工需单侧支模、绑扎钢筋并浇筑混凝土叠合层；双侧预制叠合剪力墙可作为外墙也可作为内墙，预制部分由

图 2.2-7　预制叠合剪力墙施工现场照片

两层预制墙板和格构钢筋组成，在现场将预制部分安装就位后于两层板中间穿钢筋并浇筑混凝土。

预制叠合剪力墙结构的特点是：结构主体部分与全现浇剪力墙结构相似，结构的整体性较好；主体结构施工时节省了模板，也不需要搭设外脚手架；相较于传统现浇的剪力墙，预制叠合剪力墙通常比较厚；现场吊装时，预制墙板定位及支撑难度大；由于预制墙板表面有桁架筋，现浇部分的钢筋布置比较困难；这种体系的结构通常难以实现高预制率。

（a）　　　　　　　　　　　　　　　　　　（b）

图 2.2-8　预制叠合剪力墙外墙板照片

（a）单侧预制；（b）双侧预制

4. 装配整体式框架-现浇剪力墙结构

为了充分发挥框架结构平面布置灵活和剪力墙结构侧向刚度大的特点，当建筑物需要有较大空间且高度超过了框架结构的合理高度时，可采用框架和剪力墙共同工作的结构体系，这称为框架-剪力墙结构（图 2.2-9）。框架-剪力墙结构体系以框架为主，并布置一定数量的剪力墙，通过水平刚度很大的楼盖将二者联系在一起共同抵抗水平荷载，其中剪力墙承担大部分水平荷载。将框架部分的某些构件在工厂预制，如板、梁、柱等，然后在现场进行装配，将框架结构叠合部分与剪力墙在现场浇筑完成，从而形成共同承担水平荷载和竖向荷载的整体结构，这种结构形式称作装配整体式框架-现浇剪力墙结构（图 2.2-10）。

装配整体式框架-现浇剪力墙结构的特点是：在水平荷载作用下，框架与剪力墙通过楼盖形成框架-剪力墙结构时，各层楼盖因其巨大的水平刚度使框架与剪力墙的变形协调一致，因而其侧向变形属于介于弯曲性与剪切型之间的弯剪型；由于框架与剪力墙的协同工作，框架各层层间剪力趋于均匀，各层梁、柱截面尺寸和配筋也趋于均匀，这也改变了纯框架结构的受力及变形特点；框架-剪力墙结构比框架结构的水平承载力和侧向刚度都有很大提高；框架部分的存在有利于空间的灵活布置，剪力墙结构的存在有利于提高结构的水平承载力；由于仅仅对框架部分的构件进行预制，预制楼盖、预制梁、预制柱等单个预制构件的重量较

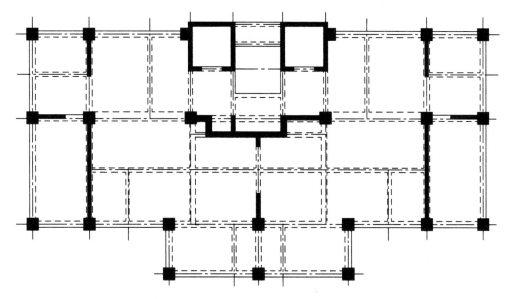

图 2.2-9 某住宅框架-剪力墙结构平面布置图

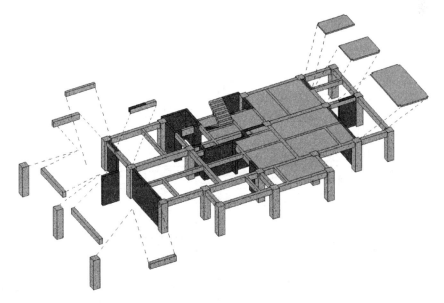

图 2.2-10 装配整体式框架-现浇剪力墙结构示意图

小,对现场施工塔吊的起重量要求较小;由于剪力墙部分现浇,现场施工难度较小。

装配整体式框架-现浇剪力墙结构具有较高的竖向承载力和水平承载力,可应用于较高的办公楼、教学楼、医院和宾馆等项目。与现浇框架剪力墙结构不同,装配整体式框架-现浇剪力墙结构通常避免将现浇剪力墙布置在周边。如果剪力墙布置在结构的周边,现场施工时,仍然需要搭建外脚手架。

2.2.2 外围护结构体系

1. 外挂墙板

对于传统的现浇混凝土结构来说,外围护墙在主体结构完成后采用砌块砌筑,这种墙

23

也被称作二次墙。为了加快施工进度、缩短工期，将外围护墙改成钢筋混凝土墙，将墙体进行合理的分割及设计后，在工厂预制，再运至现场进行安装，实现了外围护墙与主体结构的同时施工。这种起围护、装饰作用的非承重预制混凝土墙板通常采用预埋件或留出钢筋与主体结构实现连接，因此被称作预制外挂墙板，简称外挂墙板。外挂墙板设计分割示意图见图 2.2-11，图 2.2-12 为已建成办公楼的照片。

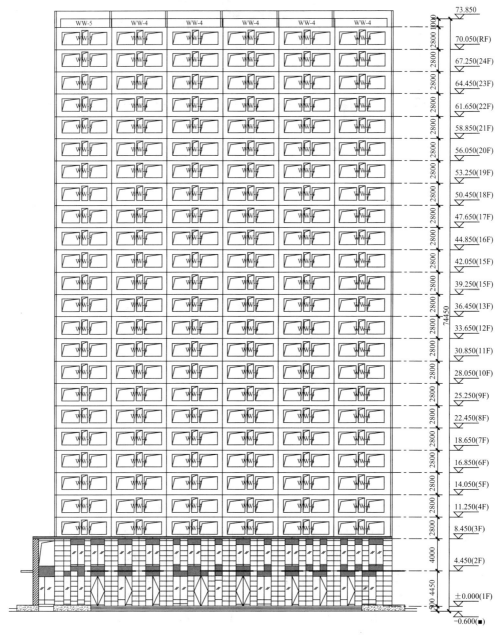

图 2.2-11 某住宅外挂墙板立面分割图

外挂墙板设计应考虑自重、风荷载及地震作用的影响。计算外挂墙板自重时，除考虑混凝土自重外，尚应考虑隔热、防水、防火材料及外墙饰面的重量。外挂墙板系统根据受面内水平荷载的运动方式可以分为平动型（Sliding 型）、回转型（Rocking 型）和固定型（Fixing 型），见图 2.2-13。

图 2.2-12　某办公楼实景照片

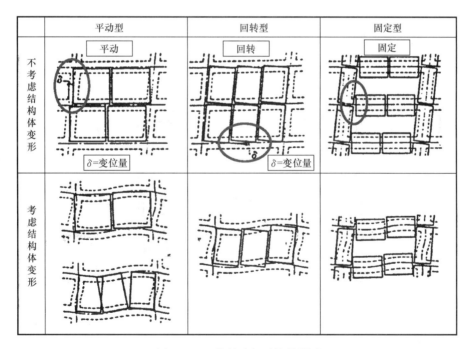

图 2.2-13　外挂墙板系统分类图

（1）平动型系统

平动型系统的墙板可采用顶部与梁铰接、底部与梁固接的方式，顶部水平向有一定的移动空间，结构在水平荷载作用下发生层间变形时，外挂墙板通过顶部与梁发生水平相对位移而协调结构楼层的变形。平动型系统的墙板，也可采用底部与梁铰接、顶部与梁固接

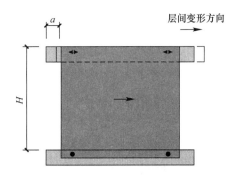

图 2.2-14　平动型系统变形协调示意图

的方式，底部水平向有一定的移动空间，结构在水平荷载作用下发生层间变形时，外挂墙板通过底部与梁发生水平相对位移而协调结构楼层的变形。平动型系统变形协调示意图见图 2.2-14。

（2）回转型系统

回转型系统的墙板，顶部与梁铰接，顶部竖向有一定的移动空间，底部也与梁铰接，结构在水平荷载作用下发生层间变形时，外挂墙板通过顶部与梁发生竖向相对位移而协调结构楼层的变形。回转型系统变形协调示意图见图 2.2-15。

（3）固定型系统

固定型系统的墙板，一片墙板固定在一根梁上，当结构在水平荷载作用下发生层间变形时，墙板随整个结构的变形而发生相对于原来位置的位移，而墙板与梁之间不发生相对位移。

外挂墙板通常为单层的预制混凝土板（图 2.2-16a）。根据需要，有时也将保温板置入混凝土板内并整体预制，这样便形成了两侧为预制混凝土板、中间为保温层的预制夹芯墙板，两侧的预制混凝土板通过连接件连接，这种板也被称作三明治板（图 2.2-16b）。

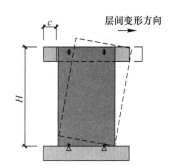

图 2.2-15　回转型系统变形协调示意图

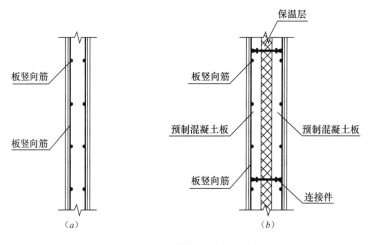

图 2.2-16　预制外挂墙板示意图
（a）单板；（b）夹心墙板

2. 内浇外挂墙板

内浇外挂墙板在国内已经有比较多的应用实例，一般是指将预制混凝土外挂墙板作为外模板与建筑结构主体浇筑在一起，预制混凝土外墙可采用悬挂式和侧连式的连接形式（见图 2.2-17 和图 2.2-18）。抗震设计时，内浇外挂墙板的预制混凝土外墙板按非结构构件考虑，整体分析应计入预制外挂墙板及连接对结构整体刚度的影响。根据不同的连接形式，结构整体计算及预制外墙计算应采用相应的计算方法。

图 2.2-17　内浇外挂墙板照片

（*a*）悬挂式；（*b*）侧连式

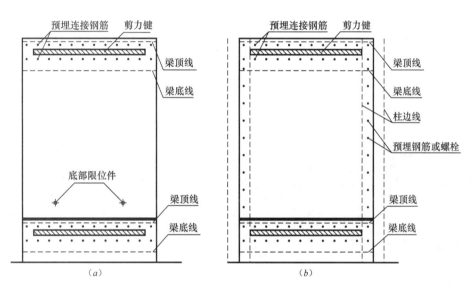

图 2.2-18　内浇外挂墙板示意图

（*a*）悬挂式外墙；（*b*）侧连式外墙

3. 预制叠合剪力墙外墙

预制叠合剪力墙作为外墙，常见的有两种形式。第一种叠合剪力墙板（见图 2.2-19*a*），是将预制混凝土外墙板作为外墙外模板，在外墙内侧绑扎钢筋、支模并浇筑混凝土，预制混凝土外墙板通过粗糙面与叠合筋（也称桁架筋）与现浇混凝土结合成整体。预制叠合剪力墙中预制的外墙板，在施工时作为内侧现浇混凝土的模板，因此也被称作预制混凝土外墙模（PCF）。在现浇混凝土浇筑完成并终凝后，预制外墙板与现浇层形成整体共同承担竖向荷载和水平荷载。第二种预制叠合剪力墙（图 2.2-19*b*），由两层预制板及格构钢筋制作而成，现场安装就位后，在两层板中间浇筑混凝土，采取一定的构造措施，提高整体性，共同承受竖向荷载和水平荷载。现场施工时，第二种剪力墙两侧均无需外模板。这两种预制叠合剪力墙的厚度通常比现浇剪力墙的厚度大。另外，第一种预制叠合剪力墙由于桁架筋的存在，现浇部分剪力墙的钢筋现场绑扎比较困难，施工性较差。

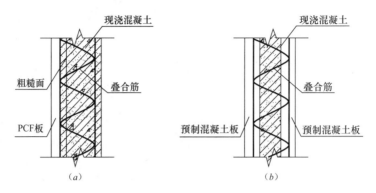

图 2.2-19　预制叠合剪力墙外墙

(a) 单侧预制；(b) 双侧预制

2.2.3　预制构件及连接

1. 预制构件

预制混凝土构件是指在工厂或现场预先制作的混凝土构件，简称预制构件。针对不同的结构体系可采用的预制构件有所不同。典型的预制构件见图 2.2-20。不同结构体系的主要预制构件见表 2.2-1。

图 2.2-20　典型预制构件

(a) 叠合梁；(b) 预制柱；(c) 叠合楼板；(d) 预制外挂墙板；(e) 叠合阳台；(f) 预制楼梯

装配整体式结构的主要预制构件 表 2.2-1

结构体系	主要预制构件
装配整体式框架结构	叠合梁、预制柱、叠合楼板、预制外挂墙板、叠合阳台、预制楼梯、预制空调板等
装配整体式剪力墙结构	预制剪力墙板、预制外挂墙板、叠合梁、叠合阳台、预制楼梯、预制空调板等
预制叠合剪力墙结构	预制叠合剪力墙墙板、预制外挂墙板、叠合梁、叠合楼板、叠合阳台、预制楼梯、预制空调板等
装配整体式框架-现浇剪力墙结构	叠合梁、预制柱、叠合楼板、预制外挂墙板、叠合阳台、预制楼梯、预制空调板等

2. 构件连接

装配整体式混凝土结构中，接缝是影响结构受力性能的关键部位。构件的连接有干式连接和湿式连接两种方式。预制构件吊装就位后，通过浇筑混凝土或注浆实现构件之间的连接，这种方式称作湿式连接。构件相互搭放或者通过预埋件之间的连接而实现构件的连接，无需进行现场浇筑混凝土，这种方式称作干式连接。目前，我国装配整体式结构中，各主要受力构件之间的连接多采用湿式连接，比如柱-柱连接、梁-柱连接、楼板-梁连接、剪力墙水平缝连接、叠合阳台-梁连接等。对于非受力构件与主体结构之间及非受力构件之间的连接，根据具体情况可采用干式连接，如外挂墙板与梁之间的连接。主要预制构件间及其与主体结构间常用的连接形式见表 2.2-2。

主要预制构件间及其与主体结构间常用的连接形式 表 2.2-2

连接节点	连接方式	
梁-柱	干式连接：牛腿连接、榫式连接、钢板连接、螺栓连接、焊接连接、企口连接、机械套筒连接等	湿式连接：现浇连接、浆锚连接、预应力技术的整浇连接、后浇整体式连接、灌浆拼装等
叠合楼板-叠合楼板	干式连接：预制楼板与预制楼板之间设调整缝	湿式连接：预制楼板与预制楼板之间设后浇带
叠合楼板-梁（或叠合梁）	板端与梁边搭接，板边预留钢筋，叠合层整体浇筑	
预制墙板与主体结构	外挂式：预制外墙上部与梁连接，侧边和底边仅作限位连接	
	侧式：预制外墙上部与梁连接，墙侧边与柱或剪力墙连接，墙底边与梁仅作限位连接	
预制剪力墙与预制剪力墙	浆锚连接、灌浆套筒连接等	
预制阳台-梁（或叠合梁）	阳台预留钢筋与梁整体浇筑	
预制楼梯与主体结构	一端设置固定铰，另一端设置滑动铰	
预制空调板-梁（或叠合梁）	预制空调板预留钢筋与梁整体浇筑	

（1）湿式连接

湿式连接的接合要素为钢筋、混凝土粗糙面、键槽等。接缝处的压力通过后浇混凝土、灌浆料或坐浆材料直接传递；拉力通过由各种方式连接的钢筋、预埋件传递；剪力由结合面混凝土的粘结强度、键槽或者粗糙面、钢筋的摩擦抗剪作用、销栓抗剪作用承担；接缝处于受压、受弯状态时，静力摩擦可承担一部分剪力。预制构件连接接缝一般采用强度等级高于预制构件的后浇混凝土、灌浆料或坐浆材料。对于装配整体式结构的控制区域，即梁、柱箍筋加密区及剪力墙底部加强部位，接缝要实现强连接，保证不在接缝处发生破坏。

1）钢筋连接

装配整体式结构中，节点及接缝处的纵向钢筋连接宜根据接头受力、施工工艺等要求选用机械连接、套筒灌浆连接、浆锚搭接连接、焊接连接、绑扎搭接连接等连接方式。装配整体式框架结构中，框架柱的纵筋连接宜采用套筒灌浆连接，梁的水平钢筋连接可根据实际情况选用机械连接、焊接连接或者套筒关键连接。装配整体式剪力墙结构中，预制剪力墙竖向钢筋的连接可根据不同部位，分别采用套筒灌浆连接、浆锚搭接连接，水平分布筋的连接可采用焊接、搭接等。主要预制构件常用的钢筋连接方式见表 2.2-3。

主要预制构件常用的钢筋连接方式　　　　　　　　　　表 2.2-3

连接方式		套筒连接	机械连接	约束浆锚搭接	搭接	焊接
竖向钢筋	预制柱纵筋	★	○	☆	○	☆
	边缘构件纵筋	★	☆	☆	☆	☆
	竖向分布钢筋	★	○	★	☆	☆
	连梁箍筋	○	○	○	★	☆
水平钢筋	预制梁纵筋	★	★	○	★	★
	连梁纵筋	☆	☆	○	★	☆
	水平分布钢筋	○	○	○	★	○
	边缘构件箍筋	○	○	○	★	○

注：表中★代表适宜采用的连接方式；☆代表可以采用的连接方式，但存在技术限制或结构设计的特殊要求；
○代表不应选用或连接部位可不采用的连接方式。

当纵向钢筋采用浆锚搭接连接时，对预留孔成孔工艺、孔道形状和长度、构造要求、灌浆料和被连接钢筋，应进行力学性能以及适用性的试验验证。对于直径大于 20mm 的钢筋不宜采用浆锚搭接连接，直接承受动力荷载构件的纵向钢筋不应采用浆锚搭接连接。

2）粗糙面与键槽

通常在预制构件与后浇混凝土、灌浆料、坐浆材料的结合面设置粗糙面、键槽。粗糙面、键槽主要设置如下：

① 在预制板与后浇混凝土叠合层之间的结合面需设置粗糙面；

② 在预制梁与后浇混凝土叠合层之间的结合面需设置粗糙面，在预制梁端面设置键槽且设置粗糙面；

③ 在预制剪力墙的顶部和底部与后浇混凝土的结合面需设置粗糙面；在侧面与后浇混凝土的结合面需设置粗糙面，也可设置键槽；

④ 在预制柱的底部设置键槽且需设置粗糙面，键槽应均匀布置，在柱顶设置粗糙面。

（2）干式连接

构件的干式连接无需二次浇筑混凝土，一般用于非受力构件与主体结构之间的连接，如外挂墙板与框架梁之间的限位连接。这种连接一般需要在预制构件上预埋连接件。

2.3　装配式混凝土结构设计要点

2.3.1　装配式混凝土结构的设计方法

装配式混凝土结构与全现浇混凝土结构设计的区别在于前者在设计阶段需要对建设全

过程进行协同。对装配式混凝土结构而言，建设、设计、施工、制作各单位在方案设计阶段就需进行协同工作，共同对建筑平面和立面根据标准化原则进行优化，对应用预制构件的技术可行性和经济性进行论证，共同进行整体策划，提出最佳方案。与此同时，建筑、结构、设备、装修等各专业也应密切配合，对预制构件的尺寸和形状、节点构造提出具体技术要求，并对制作、运输、安装和施工全过程的可行性以及造价等做出预测。此项工作对建筑功能、结构布置的合理性、预制构件的拆分和预制构件生产的方便性，以及对工程造价等都会产生较大的影响，是十分重要的。

对于装配式混凝土结构的设计，应注重概念设计和结构分析模型建立，重点在于预制构件的连接设计。对于采取了可靠的预制构件受力钢筋连接技术、合理的连接节点构造措施的装配式混凝土结构，可认为具有与现浇混凝土结构等同的整体性、延性、承载力和耐久性能，按现浇混凝土结构相同的方法进行结构分析和设计。

2.3.2　预制构件的节点连接构造

由于装配式结构连接节点数量多且构造复杂，节点的构造措施及施工质量对结构的整体抗震性能影响较大，因此需重点针对预制构件的连接节点进行设计，主要包括：预制柱间连接节点；预制剪力墙间连接节点；叠合梁与柱连接节点；叠合楼板间连接节点；叠合阳台连接节点；预制楼梯连接节点。为了方便读者理解，这里选取框架结构及剪力墙结构形式，说明各类型节点的连接构造部位。各类型节点平面索引如图 2.3-1、图 2.3-2 所示。

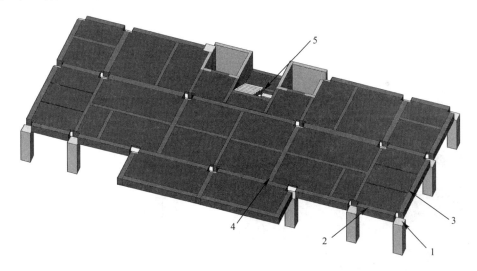

图 2.3-1　框架结构标准层连接节点索引图

1—预制柱间连接节点；2—叠合梁与柱连接节点；3—叠合楼板间连接节点；

4—叠合阳台连接节点；5—预制楼梯连接节点

1. 预制柱连接构造

预制柱间纵向钢筋宜采用套筒灌浆连接，当连接节点位于楼层处时，由于框架梁纵向钢筋需穿过或弯折锚固于梁柱节点区，导致节点区钢筋较多，影响梁、柱精确就位，因此，预制柱应尽量采用较大直径钢筋及较大的柱截面，以减少钢筋根数，增大钢筋间距，便于柱钢筋连接及节点区梁钢筋的布置。此外，如柱纵筋按照传统的沿柱周边布置方式，

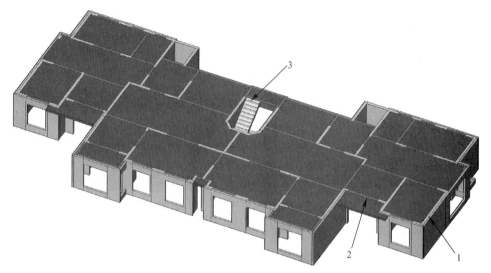

图 2.3-2　剪力墙结构标准层连接节点平面索引图

1—预制剪力墙间连接节点；2—叠合楼板间连接节点；3—预制楼梯连接节点

即使已采用较大直径、较大间距，也将不可避免与框架梁纵筋相互碰撞，因此，柱纵筋可采用集中四角布置，如纵筋间距不满足规范要求，可采用附加不伸入节点区的构造钢筋，如图 2.3-3 所示。

当柱纵筋采用套筒灌浆连接时，套筒连接区域柱截面刚度及承载力较大，柱的塑性铰区可能会上移到套筒区域以上，因此至少应在套筒连接区域以上 500mm 高度区域内将柱箍筋加密，如图 2.3-4 所示。

图 2.3-3　预制柱纵筋构造

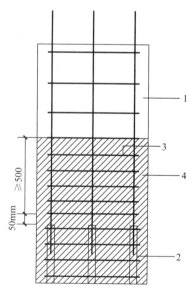

图 2.3-4　预制柱箍筋加密要求

1—预制柱；2—柱钢筋连接；
3—加密区箍筋；4—箍筋加密区

2. 预制剪力墙连接构造

预制剪力墙竖向钢筋一般采用套筒灌浆或浆锚搭接连接。当采用套筒灌浆连接时，自套筒底部至套筒顶部并向上延伸 300mm 范围内，预制剪力墙的水平分布筋应加密（见图 2.3-5），加密区水平分布筋的最大间距及最小直径应符合表 2.3-1 的规定，套筒上端第一道水平分布钢筋距离套筒顶部不应大于 50mm。

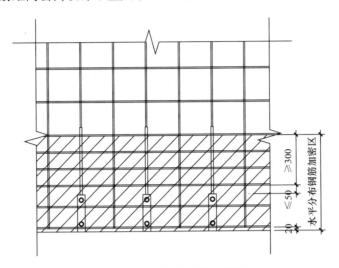

图 2.3-5　剪力墙箍筋加密要求

加密区水平分布钢筋的要求　　　　　　　　　　　　　　　　表 2.3-1

抗震等级	最大间距（mm）	最小直径（mm）
一、二级	100	8
三、四级	150	8

预制剪力墙边缘构件是保证剪力墙抗震性能的重要构件，且钢筋较粗，每根钢筋应逐根连接。剪力墙的分布钢筋直径较小且数量多，全部连接将导致施工繁琐且造价较高，连接接头数量太多对剪力墙的抗震性能也有不利影响。因此，可在预制剪力墙中设置部分较粗的钢筋并在接缝处仅连接这部分钢筋，被连接钢筋的数量应满足剪力墙的配筋率和受力要求，如图 2.3-6 所示。

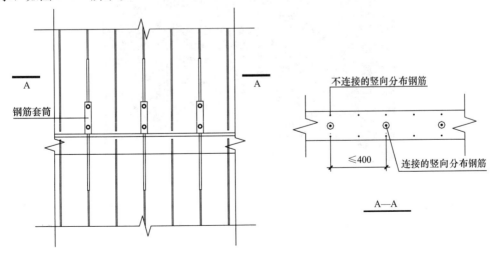

图 2.3-6　剪力墙竖向分布筋连接构造示意

同层相邻预制剪力墙之间通过设置竖向现浇段连接，预制剪力墙与现浇非约束边缘构件采用设置暗柱连接，如图 2.3-7 所示。

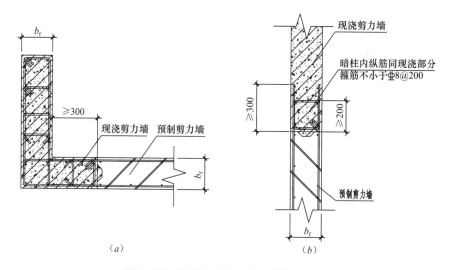

（a）　　　　　　　　　　　　　（b）

图 2.3-7　预制剪力墙水平连接构造示意

（a）预制剪力墙与现浇边缘构件连接；（b）预制剪力墙与现浇非边缘构件连接

3. 柱-叠合梁节点连接构造

在预制柱叠合梁框架节点中，梁钢筋在节点中锚固及连接方式是决定节点受力性能以及施工可行性的关键。梁、柱构件尽量采用较粗直径、较大间距的钢筋布置方式，节点区的主梁钢筋较少，有利于节点的装配施工，保证施工质量。设计过程中，应充分考虑到施工装配的可行性，合理确定梁、柱截面尺寸及钢筋的数量、间距及位置等（图 2.3-8）。

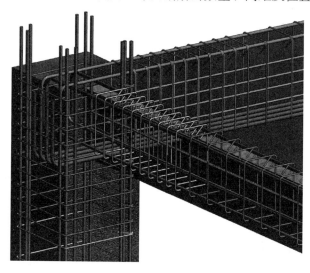

图 2.3-8　梁-柱节点区钢筋示意图

当采用现浇柱与叠合梁组成的框架时，节点做法与预制柱、叠合梁的节点做法类似，节点区混凝土应与梁板后浇混凝土同时浇筑，柱内受力钢筋的连接方式与常规的现浇混凝土结构相同。预制柱叠合梁框架节点、现浇柱叠合梁框架节点在保证构造措施与施工质量时，具有良好的抗震性能，与现浇节点基本等同。

4. 叠合楼板连接构造

根据叠合楼板尺寸及接缝构造，叠合楼板可按照单向叠合或者双向叠合进行设计（如图 2.3-9）。

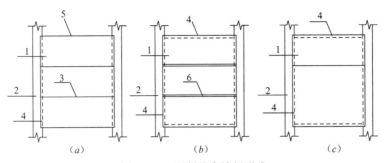

图 2.3-9　预制叠合楼板形式

（a）单向叠合楼板；（b）带拼缝的双向叠合楼板；（c）整块双向叠合楼板

1—预制叠合楼板；2—梁或墙；3—板侧分离式拼缝；4—板端支座；5—板侧支座；6—板侧整体式拼缝

当按照双向板设计时，同一板块内，可采用整块的叠合双向板或者几块叠合板通过整体式接缝组合成的叠合双向板。整体式接缝一般采用后浇带的形式，后浇带应有一定的宽度以保证钢筋在后浇带中的连接或者锚固空间，并保证后浇混凝土与预制板的整体性。后浇带两侧的板底受力钢筋需要可靠连接，比如焊接、机械连接、搭接等。也可以将后浇带两侧的板底受力钢筋在后浇带中锚固，如图 2.3-10 所示。

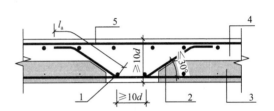

图 2.3-10　整体式接缝构造

1—构造筋；2—钢筋锚固；3—预制板；
4—现浇层；5—现浇层内钢筋

相关研究表明，此种构造形式的叠合板整体性较好。利用预制板边侧向伸出的钢筋在接缝处搭接并弯折锚固于后浇混凝土层中，可以实现接缝两侧钢筋的传力，从而传递弯矩，形成双向板受力状态。接缝处伸出钢筋的锚固和重叠部分的搭接应有一定长度以实现应力传递；弯折角度应较小以实现顺畅传力；后浇混凝土层应有一定厚度；弯折处应配构造钢筋以防止挤压破坏。

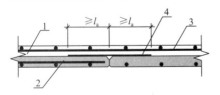

图 2.3-11　板侧分离式拼缝构造

1—现浇层；2—预制板；
3—现浇层内钢筋；4—接缝钢筋

当按照单向板设计时，几块叠合板各自作为单向板进行设计，板侧采用分离式拼缝即可（图 2.3-11）。

叠合楼板通过现浇层与叠合梁或墙连为整体，叠合楼板现浇层钢筋与梁或者墙之间的连接和现浇结构完全相同，主要区别在于叠合楼板下层钢筋与梁或者墙的连接。在现浇混凝土结构中，楼板下层钢筋两个方向均需伸入梁或者墙内至少 5 倍钢筋直径且需伸过梁或者墙中线，对于叠合楼板，假如下层钢筋均伸入梁或者墙内将导致板钢筋与梁或者墙钢筋相互碰撞且调节困难，叠合板难于准确就位。为了施工方便，叠合楼板下层钢筋只在短跨即主要受力方向伸出，长跨不伸出，采用附加钢筋的方式，保证楼面的整体性及连续性，如图 2.3-12 和图 2.3-13 所示。

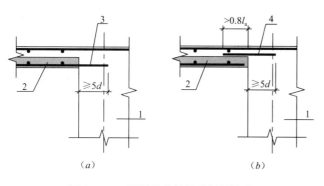

图 2.3-12　预制叠合板端及板侧构造　　　　图 2.3-13　预制叠合板现场施工图

（a）板端支座；（b）板侧支座

1—支承梁或墙；2—预制板；3—纵向受力钢筋；4—附加钢筋

5. 叠合阳台连接节点

叠合阳台由预制部分与叠合部分组成，主要通过预制部分的预留钢筋与叠合层的钢筋搭接或者焊接与主体结构连为整体，如图 2.3-14 所示。

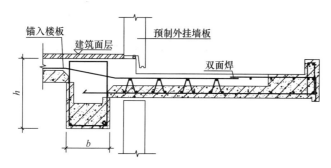

图 2.3-14　叠合阳台板

6. 预制楼梯连接节点

预制楼梯与主体结构之间可以通过在预制楼梯预留钢筋与梁的叠合层整体浇筑，也可以在预制楼梯预留孔，通过锚栓与灌浆料与主体相连接，如图 2.3-15、图 2.3-16 所示。

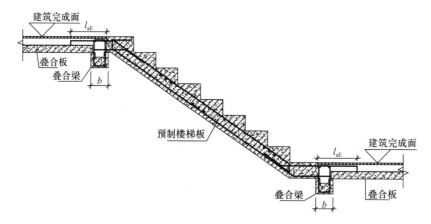

图 2.3-15　预制楼梯预留钢筋与主体结构连接

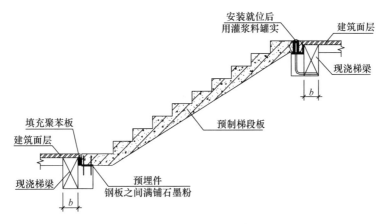

图 2.3-16　预制楼梯与主体结构锚栓连接

2.3.3　预制混凝土建筑外墙防水构造设计

近年来，关于新建住宅漏水的投诉充斥网络、屡见报端：新浪网进行的安居质量大调查（2011 年底～2012 年初）的数据显示，房屋渗漏问题已成为影响居住质量安全以及幸福生活指数的头号因素。预制混凝土建筑外墙防水一旦出了问题对于预制混凝土建筑来讲是致命的，我国 20 世纪七八十年代流行的大板住宅的衰落与外墙防水不可靠不无关系。因此防水问题成为预制混凝土建筑构造中的重中之重。

1. 外墙防水概述

墙体是建筑物竖直方向的主要构件，是建筑物的承重构件、围护构件和分隔空间的构件，其主要作用是承重、围护和分隔空间。作为承重构件，墙体起着承受着建筑物由屋顶或楼板层传来的荷载，并将其再传给基础的作用；作为围护构件，墙体起着遮挡雨水、风、雪等各种因素的侵袭和保温隔热隔声、防止太阳辐射的作用；作为分隔空间的构件，墙体起着分隔房间、创造室内舒适环境的作用。为此，要求墙体根据功能的不同应分别具有足够的强度、稳定性，具有保温、隔热、隔声、防火以及防水等能力。

外墙体防水对象其来源主要有以下三种：雨雪水、地下水和人工组织水（如管道水），其中以雨雪水最为主要。由于风压与高度的平方成正比，而高层建筑物的背风面能形成很强的负风压和气流漩涡。因此，雨雪可在风力作用下侵入墙体，预制外墙接缝如有裂缝或毛孔，雨水即会渗入到室内，风雪交加时雨水就可横扫外墙，风越强雨就更接近于水平方向运动，雨水向墙内渗透的压力亦越大，墙面的渗水就更加明显。

雨水从外墙接缝处侵入的原理以及预制混凝土外墙板防水对策如表 2.3-2 所示。

预制混凝土外墙板雨水渗入原因及对策　　　　　表 2.3-2

	雨水入侵原理	防止措施
重力作用	接缝内只要有向下的通路，雨水就会靠自重浸入	使接缝向上倾斜　设置披水　设置有一定高度的泛水

续表

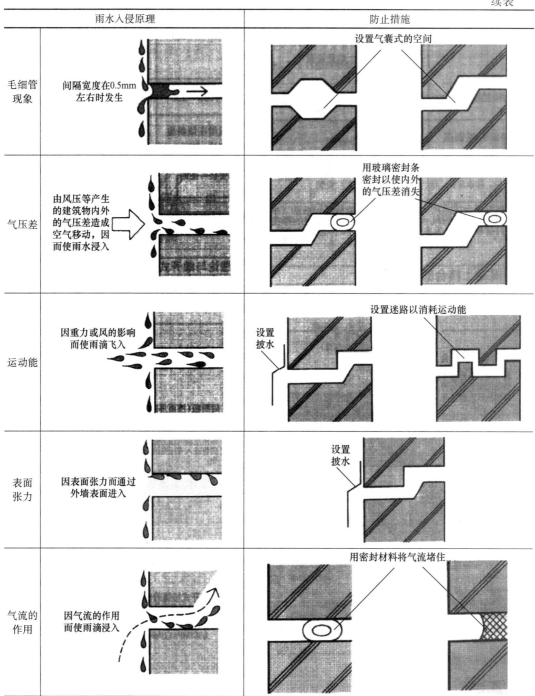

2. 外挂墙板的接缝构造

外挂墙板的接缝应根据预制外挂墙板不同部位接缝的特点及风雨条件选用构造防排水、材料防排水或构造和材料相结合的防排水系统。

所谓的预制外挂墙板的接缝，即在预制外挂板外部四周接缝（垂直缝与水平缝）均以合成高分子密封膏（如聚硫密封胶、硅酮密封胶等）作为第一道密封防水材料，利用其后的弹性塑料棒为背衬材料以定位控制填缝材的深度，这种位于板外端的防水系统为预制混凝土板的第一道防水，而位于预制混凝土板的内端则采用合成橡胶的环管状衬垫作为第二道防水。两道材料防水之间采用构造防水措施，形成一个减压密闭空仓，水平缝采用高低企口缝，垂直缝采用双直槽缝。上述这种以填缝剂将上下左右预制混凝土板密封以达到防水、防气流的系统即称为密闭式接缝，这种接缝构造为世界各地预制建筑工程最为常用的防水方法。

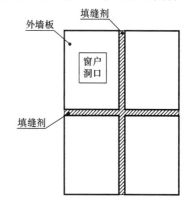

图 2.3-17 密闭式接缝立面示意图

　　除了主要考虑雨水的作用以外，还应考虑墙板随着结构变形导致的墙板接缝变形，接缝宽度一般不小于 20mm，防水密封材料的嵌缝深度不得小于 20mm。外挂墙板接缝所用的防水密封胶应选用耐候性密封胶，密封胶应与混凝土具有相容性，并具有低温柔性、防霉性及耐水性等性能。其最大变形量、剪切变形性能等均应满足结构设计要求。

　　外挂墙板接缝立面、水平缝、垂直缝构造示意如图 2.3-17～图 2.3-19 所示。

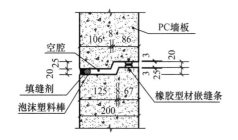

图 2.3-18 密闭式接缝水平缝构造示意图

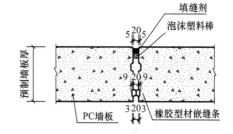

图 2.3-19 预制外挂墙板接缝构造示意图

3. 单侧叠合外墙（PCF）水平缝、垂直缝防水构造

PCF 系统由于预制部分的厚度比较薄，一般可采用一道材料防水即可。

（1）水平缝（图 2.3-20）

（2）垂直缝（图 2.3-21）

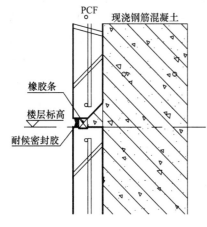

图 2.3-20 PCF 系统外墙水平缝构造示意图

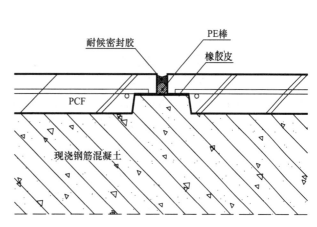

图 2.3-21 PCF 系统外墙垂直缝构造示意图

4. 预制整体式剪力墙接缝

预制整体式剪力墙水平缝的构造见图 2.3-22。

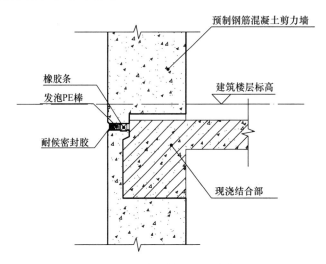

图 2.3-22   预制整体式剪力墙水平缝

2.4   装配式混凝土结构深化设计要点

2.4.1   概述

装配式混凝土结构的深化设计（以下简称"PC 深化设计"）是装配式混凝土结构设计的重要组成部分，深化设计补充并完善了方案设计对构件生产和施工实施方案的考虑不足，有效地解决了生产和施工中因方案设计与实际现场产生的诸多冲突，最终也保障了方案设计的效果还原，这也彰显了深化设计在装配式混凝土结构设计中的重要性和必要性。

装配式混凝土结构的深化设计，对建筑方案设计、施工图设计、构件制作、运输、现场施工都会产生直接或间接的影响。如：预制混凝土外墙板的平立面划分，会影响建筑物的立面建筑效果；预制梁、板的尺寸归并，会影响建筑的平面布置；预制构件与主体结构的连接方式是刚性连接还是柔性连接，会影响结构的整体计算分析；叠合楼板采用单向受力还是双向受力，主次梁连接是刚接还是铰接等，会影响结构构件的计算、设计；预制构件对模具和工艺的要求，会影响构件的制作；预制构件的空间尺寸和重量，会影响运输的可行性和效率；预制构件的重量，会影响现场吊装设备的选择；预制构件的预埋件、预留钢筋、预留孔洞位置等，会影响现场的临时支撑、施工顺序、施工误差等等。正是由于这些原因，近年来，在进行装配式混凝土结构的深化设计中应用 BIM 技术已成为一种趋势。

2.4.2   PC 深化设计与传统设计、构件生产、吊装施工的关系

PC 深化设计应对建筑设计、结构设计、构件生产、吊装施工等整个建设过程提出科学合理的建议，如建筑和使用面积、建筑外立面设计、结构体系选择、预制构件重量和种

类、预制装配率、工程造价及施工工期影响等。

1. PC深化设计与传统设计的关系

与传统的现浇结构的建造方式相比预制构件的制作成本要相对较高，因此，预制构件拆分设计中引入"标准化"理念是控制装配式混凝土结构建造成本的有效方法之一。图2.4-1为预制构件采用标准化产品的示例。

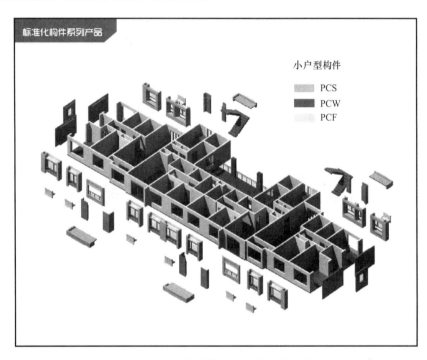

图2.4-1　预制构件标准化产品的示例

（1）PC深化设计与建筑设计

PC深化设计应在建筑方案设计阶段介入，这样可以从装配式混凝土结构的视角对建筑方案给出建议，协助确定建筑平立面方案，如预制构件的拆分对于外立面、外饰面材料、建筑面积、容积率、保温形式等的影响（图2.4-2和图2.4-3）。

（a）　　　　　　　　（b）

图2.4-2　预制构件拼缝对于建筑立面的影响　　　图2.4-3　预制构件可表现多种立面效果

（2）PC 深化设计与结构设计

在满足结构安全的同时对结构的设计提出建议，如暗柱位置、结构开洞、梁板布置、梁高、板厚、结构配筋等。

（3）PC 深化设计与各专业的协同设计

PC 深化设计应与门窗、石材、面砖、遮阳、栏杆、地漏、保温、防雷、水电、暖通、精装等各专业沟通商定细部节点构造（图 2.4-4）。

（a）　　　　　　　　　　　　　　　（b）

图 2.4-4　窗及栏杆节点

2. PC 深化设计与构件生产的关系

（1）PC 深化设计与构件制作运输过程

PC 深化设计应考虑预制构件的生产、堆放、运输等环节的可操作性。如构件生产流程、构件脱模、构件生产平台尺寸，构件起吊设备、构件运输条件、构件生产方式等（图 2.4-5）。

（a）　　　　　　　　　　　　　　　（b）

图 2.4-5　构件堆放及装运

（2）PC 深化设计与构件生产成本

PC 深化设计应充分考虑预制构件生产的经济性。如模具成本及重复使用率、构件补强措施、装车运能、人工消耗等（图 2.4-6 和图 2.4-7）。

（3）PC 深化设计与预埋件

PC 深化设计应考虑 PC 构件的预埋件的位置及合理性。如：根据 PC 重量合理设计脱

图 2.4-6 预制构件装车

图 2.4-7 预制构件洞口补强

模点和起吊点，尽量统一预埋件规格型号，以及各吊点的金属件承担荷载等，同时需考虑预埋件加工采购的便利性（图 2.4-8）。

（a）

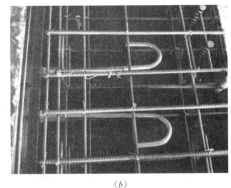

（b）

图 2.4-8 脱模、吊装埋件

（4）PC 深化设计与其他构配件

PC 深化设计应考虑 PC 构件内窗框等的选型。如：预埋窗框选型应避免蒸汽养护时变形等。

3. PC 深化设计与吊装施工的关系

（1）PC 深化设计与总体施工方案

PC 深化设计应考虑预制构件吊装施工的工序与便利性，其考虑因素包括：构件重量及类型、进场道路及临时堆场布置、构件吊装流程、校正与固定；钢筋绑筋、现浇混凝土支模、脚手架、塔式起重机选型、人货梯等，尽可能考虑预制构件吊装的便利性和安全性。

（2）PC 深化设计与构件吊装

PC 深化设计应考虑尽可能减少现场工人的操作难度，减少施工人员的随意性。通过事先设计的预制构件限位装置来控制定位，再通过专用施工调节器具进行微调。限位装置和调节器具的操作在设计上应避免施工现场使用大型器械，尽量以人力操作为主，使用常用工具便可实现定位和调整。

此外，PC 深化设计尚应考虑预留外伸钢筋、斜撑杆、限位固定件等因素，尽量减少施工干涉。

2.4.3 PC 深化设计的主要内容

1. PC 深化设计的阶段划分

PC 深化设计分为施工图（PC 方案设计）和预制构件制作详图两阶段设计。

（1）施工图阶段，应完成装配式混凝土结构的平立剖面设计、结构构件的截面和配筋设计、节点连接构造设计、结构构件安装图等，其内容和深度应满足施工安装的要求；

（2）预制构件制作详图应根据建筑、结构和设备各专业以及设计、制作和施工各环节的综合要求进行深化设计，协调各专业和各阶段所用预埋件，确定合理的制作和安装公差等，其内容和深度应满足构件加工的要求。PC 深化设计图纸内容及用途见表 2.4-1。

PC 深化设计图纸内容及用途 表 2.4-1

名称	图纸类型	用途	相关人员
剪力墙结构深化设计图纸内容	图纸目录	图纸种类汇总以及查看	构件厂生产人员、现场施工人员
	总说明、平立剖	深化设计要求以及反映 PC 构件位置、名称和重量与立面节点构造	构件厂生产人员、现场施工人员
	预制楼板装配图	构件在节点处相互关系的碰撞图	现场施工人员
	楼梯装配图	施工现场安装用图	现场施工人员
	楼板预埋件分布图	施工现场预埋件定位	现场施工人员
	预制构件详图	构件厂生产 PC 用图纸，反映构件外形尺寸、配筋信息、埋件定位及数量等	构件厂生产人员
	公共详图	通用的 PC 细部详图	构件厂生产人员、现场施工人员
	索引详图	通过索引代号反映各部位的 PC 细部详图	构件厂生产人员、现场施工人员
	金属件加工图	工厂用和现场用的金属件工厂生产	构件厂生产人员
框架结构深化设计图纸内容	图纸目录	图纸种类汇总以及查看	构件厂生产人员、现场施工人员
	总说明、平立剖	反映 PC 构件位置、名称和重量以及立面节点构造	构件厂生产人员、现场施工人员
	预制构件拆分索引图	反映构件在平面上的位置关系及构件索引	构件厂生产人员、现场施工人员
	预制构件装配图	构件在节点处相互关系的碰撞检查图	现场施工人员
	构件节点图	构件节点细部构造	现场施工人员
	开模图	用于构件模具的制作	构件厂生产人员
	预埋件平面布置位置	施工现场预埋件定位	现场施工人员
	预制构件图	构件厂生产 PC 用图纸，反映构件外形尺寸、配筋信息、埋件定位及数量等	构件厂生产人员
	预埋件详图	构件及现场施工所用铁预埋件的加工详图	构件厂生产人员、现场施工人员
	金属件加工图	工厂用和现场用的金属件工厂生产	构件厂生产人员、现场施工人员

2. PC 深化设计流程

不同的结构体系其深化设计的内容有所不同，但深化设计的原则基本相同，为便于读者的理解，这里以某框架结构为例给出了 PC 深化设计的基本流程（见图 2.4-9）。

3. PC 深化设计质量控制要点

（1）装配式混凝土结构在建筑方案设计阶段应进行整体策划，协调建设、设计、施工、制作各方之间的关系，加强建筑、结构、设备、装修等各专业密切配合。

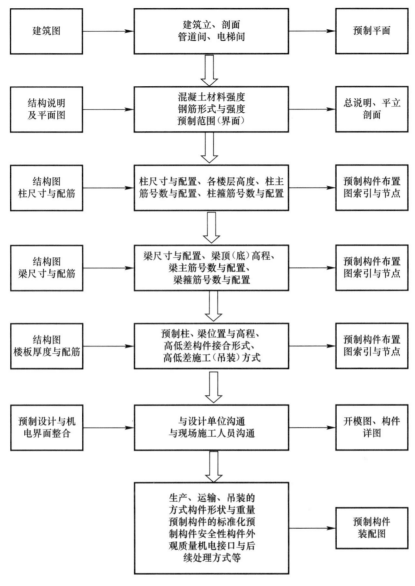

图 2.4-9 PC 深化设计流程图

（2）装配式混凝土结构的构件拆分，应满足下列要求：

1）被拆分的预制构件应符合模数协调原则，优化预制构件的尺寸，减少预制构件的种类；

2）相关的连接接缝构造应简单，所形成的结构体系承载能力应安全可靠；

3）被拆分的预制构件应与施工吊装能力相适应，并应便于施工安装，便于进行质量控制和验收；

（3）装配式混凝土结构的预制构件在制作前，PC 深化设计单位需对生产、施工单位进行技术交底，明确工程中预制构件的技术要求和质量验收标准；

（4）预制构件加工详图应由设计单位会签确认。装配式混凝土结构工程验收时，需提交工程设计单位确认的预制构件深化设计图及设计变更文件作为验收资料。

本章小结

装配式混凝土结构的设计从方案阶段就应该充分考虑建筑单元的标准化、预制混凝土构件的模数化和通用性，这对于工程的造价、工程各阶段的流程管理是至关重要的。

相对于现浇混凝土结构的设计，装配式混凝土结构的设计增加了深化设计的环节，深化设计直接关联和影响到建筑方案、施工图设计、构件制作、现场施工等各阶段的工作。因此，将深化设计与装配式混凝土结构的设计分割开来的做法是非常不可取的。

复习思考题

1. 简述装配整体式结构特点，并考虑我国现阶段推行装配式混凝土结构会遇到哪些问题。

2. 装配式混凝土结构主要有哪几种体系？简述每种体系的特点、适用的范围及相应预制构件的种类。

3. 预制构件的节点连接构造主要有哪几类？

4. 简述预制混凝土外墙挂板接缝防水构造。

5. 装配式混凝土结构的构件拆分通常需要满足哪些要求？

第3章 装配式混凝土结构施工总体筹划

3.1 概要

3.1.1 内容提要

本章内容包括装配式混凝土结构的项目施工组织设计大纲和施工管理两大部分。在施工组织设计大纲中，全面介绍了施工组织设计需要包含的基本内容和要求，重点阐述了装配式建筑施工的主要工艺流程和施工工期总体筹划；在施工管理内容中，主要介绍了装配式建筑现场施工管理的基本要点及要求。施工组织设计的编制和施工管理的具体内容分别在"第4章 预制构件制作和储运"以及"第5章 装配式混凝土结构施工"的相关章节中予以阐述。

3.1.2 学习要求

（1）了解装配式建筑施工组织设计大纲编制的要点及要求；

（2）熟悉装配式建筑施工的主要工艺流程和总体工期筹划；

（3）了解装配式建筑施工组织设计编制与传统建筑的区别；

（4）了解装配式建筑现场施工管理的特点及要求。

3.2 施工组织设计大纲

在编制施工组织设计大纲前，编制人员应仔细阅读设计单位提供的相关设计资料，正确理解设计图纸和设计说明所规定的结构性能和质量要求等相关内容，并结合构件制作和现场的施工条件以及周边施工环境做好施工总体策划，制定施工总体目标。编制施工组织设计大纲时应重点围绕整个工程的规划和施工总体目标进行编制，并充分考虑装配式混凝土结构的工序工种繁多、各工种相互之间的配合要求高、传统施工和预制构件吊装施工作业交叉等特点。

3.2.1 编制主要内容

在编制施工组织设计大纲时除应符合现行国家标准《建筑工程施工组织设计规范》GB/T 50502 的规定外，至少应包括以下几个方面的内容。

（1）工程概况

工程概况中除了应包含传统施工工艺在内的项目建筑面积、结构单体数量、结构概况、建筑概况等内容外，同时还应详细说明本项目所采用的装配式建筑结构体系、预制率、预制构件种类、重量及分布，另外还应说明本项目应达到的安全和质量的管理目标等相关内容。

（2）施工管理体制

施工单位应根据工程发包时约定的承包模式，如施工总承包模式、设计施工总承包模式、装配式建筑专业承包等不同的模式进行组织管理，建立组织管理体制，并结合项目的实际情况详细阐述管理体制的特点和要点，明确需要达到的项目管理目标。

（3）施工工期筹划

在编制施工工期筹划前应明确项目的总体施工流程、预制构件制作流程、标准层施工流程等内容。总体施工流程中应考虑预制构件的吊装与传统现浇结构施工的作业交叉，明确两者之间的界面划分及相互之间的协调。此外，在施工工期规划时尚应考虑起重设备、作业工种等的影响，尽可能做到流水作业，提高施工效率，缩短施工工期。

（4）临时设施布置计划

除了传统的生活办公设施、施工便道、仓库及堆场等布置外，还应根据项目预制构件的种类、数量、位置等，结合运输条件，设置预制构件专用堆场及运输专用便道，堆场设置应结合预制构件重量和种类，考虑施工便利、现场垂直运输设备吊运半径和场地承载力等条件；专用便道布置应考虑满足构件运输车辆通行的承载能力及转弯半径等要求。

（5）预制构件生产计划

预制构件生产计划应结合准备的模具种类及数量、预制厂综合成产能力安排，并结合施工现场总体施工计划编制，并尽可能做到单个施工楼层生产计划与现场吊装计划相匹配，同时在生产过程中必须根据现场施工吊装计划进行动态调整。

（6）预制构件现场存放计划

施工现场必须根据施工工期计划合理编制构件进场存放计划，预制构件的存放计划既要保证现场存货满足施工需要，又确保现场备货数量在合理范围内，以防存货过多占用过大的堆场，一般要求提前一周将进场计划报至构件厂，提前 2～3 天将构件运输至现场堆置。

（7）预制构件吊装计划

预制构件吊装计划必须与整体施工计划匹配，结合标准层施工流程编制标准层吊装施工计划，在完成标准层吊装计划基础上，结合整体计划编制项目构件吊装整体计划。

（8）质量管理计划

在质量管理计划中应明确质量管理目标，并围绕质量管理目标重点针对预制构件制作和吊装施工以及各不同施工层的重点质量管理内容进行质量管理规划和组织实施。

（9）安全文明管理计划

在安全文明管理计划中应明确其管理目标，并围绕管理目标重点开展预制构件制作和吊装施工以及各不同施工层的重点安全管理内容进行安全与文明施工管理规划和组织实施。

3.2.2　施工工艺及总体工期筹划

采用装配式混凝土结构施工的项目，在施工工期筹划时应事先明确预制构件的制作与运输以及预制构件吊装施工等关键工序的工艺流程和所需要的时间，并在此基础上进行施工总体工期的筹划。

装配式混凝土结构施工的总体工艺流程，如图 3.2-1 所示。施工总体工期与工程的前期施工规划、预制构件的制作以及预制构件的吊装和节点连接等工序所需要的工期是密不可分的。施工管理者、设计人员和构件供应商三者之间应密切配合，相互确认才能充分发挥装配式混凝土结构在工期上的优势。

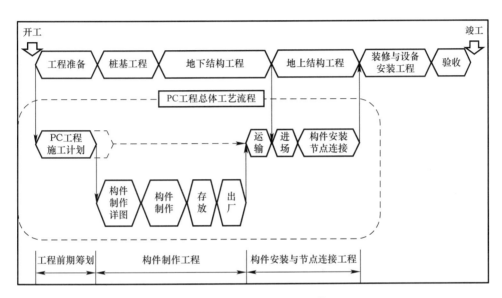

图 3.2-1　装配式混凝土结构施工总体工艺流程

1. PC 工程前期筹划工期

在筹划施工总体工期时必须考虑 PC 工程施工计划编制所需要时间，也即工程前期筹划时间。PC 工程施工计划编制时应考虑的内容包括：预制构件吊装及节点连接方式、预制构件的生产方式、水电管线和辅助设施制图、预制构件制作详图和三方确认、预制构件制作模板设计与制作等相关内容。图 3.2-2 为从取得设计单位提供的施工图设计的图纸后，开始对预制构件制作详图设计到预制构件吊装开始的标准工期示例。图 3.2-3 为预制构件制作详图深化设计的标准工期示例。如图所示，工程前期筹划时间一般需安排 5 个月，考虑到与构件制作和现场施工工期上的作业交叉，对总体工期的影响可考虑 1 个月。

2. 预制构件制作工期

预制构件制作环节的工期指的是针对所有预制构件从第一批开始生产至最后一批完成所需要的全部时间。该工序的工期应根据"预制构件生产计划"进行编制。此外，在制定预制构件的生产计划时应充分考虑构件厂的生产方式、生产能力和场地存放规模以及施工现场临时堆放场地的大小和预制构件吊装施工进度等因素，科学、合理地进行规划。

一般而言，无论是采用固定台座生产线还是机组流水线的制作方式，预制构件的生产制作工期的规划一般以 1 天为一个循环周期。固定台座生产线法一个循环周期一般只能制

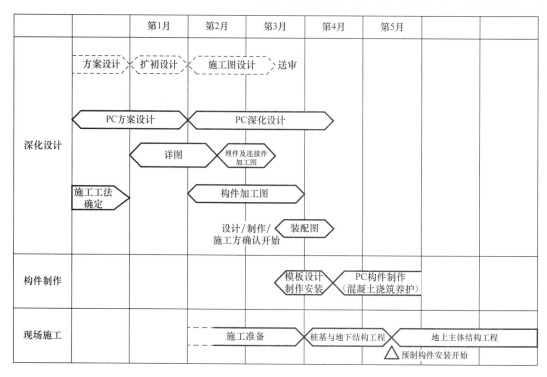

图 3.2-2 预制构件详图深化设计至吊装施工的标准工期示例

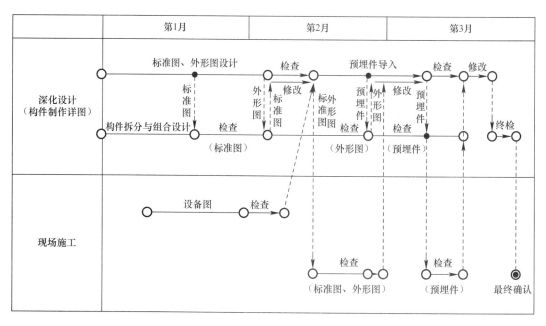

图 3.2-3 预制构件详图深化设计标准工期示例

作一批构件,考虑到受生产条件与施工工期等因素的制约,有时也采用 2 天作为一个循环周期。而机组流水线法,可根据不同的预制构件种类,一个循环周期可生产多个批次的预制构件。但无论循环周期的长与短,应尽可能做到有计划的均衡生产,提高生产效率和资源利用的最大化。图 3.2-4 为采用固定台座生产线法单个循环周期的预制构件标准生产工艺流程图。预制构件生产实施方案的具体编制方法详见"第 4 章：预制构件制作与储运"相关章节。

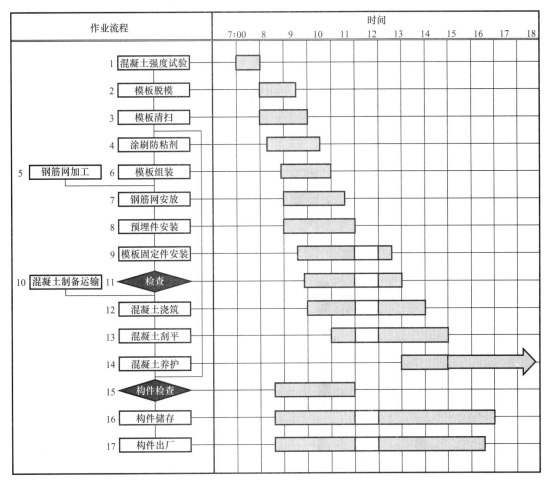

图 3.2-4　构件制作单个循环周期主要工艺流程及时间分配标准示例

3. 预制构件吊装施工工期

预制构件吊装施工工期应根据"预制构件吊装计划"进行编制，并基于标准层楼层的吊装施工工期进行筹划。图 3.2-5 为框架结构标准层施工工期以及整个施工过程中各类工种的配合以及所对应的起重设备使用情况的示例。标准层施工中包括了现浇混凝土施工，临时设施等附属设施的施工等所需要的时间。标准层施工的时间一般可设定为 7 天，但通过增加劳动力和施工机械设备的投入以及合理的组织，也能实现 5 天施工一层楼面的能力。但值得注意的是，现场吊装施工工期的筹划在满足工程总体工期的前提下，尽量做到人力和施工设备等的合理匹配，同时应考虑其经济性和安全性。各楼层的施工工期尽可能做到均衡作业，以提高现场工作人员和起重设备等的使用效率、降低施工成本、加快施工工期。预制构件吊装施工的具体实施方案可参见"第 5 章　装配式混凝土结构施工"相关章节的内容。

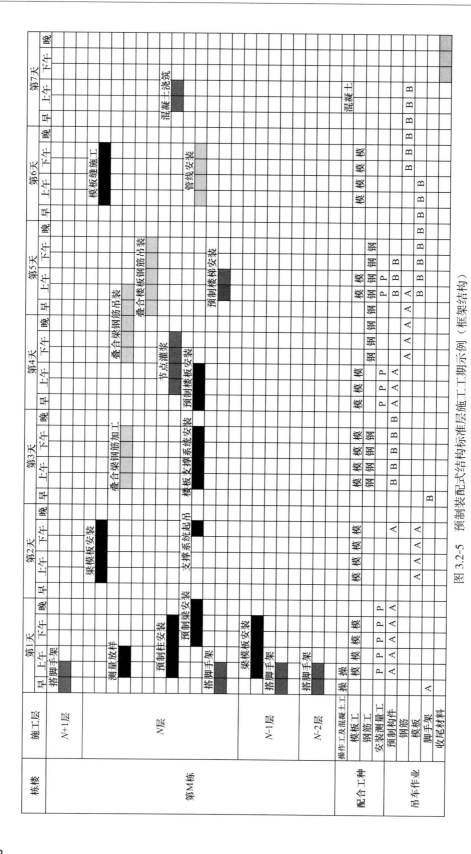

图 3.2-5　预制装配式结构标准层施工工期示例（框架结构）

3.2.3 质量管理计划

预制构件吊装质量远高于传统现浇结构施工质量，因此必须在施工前编制详细的质量管理计划。计划编制时应重点针对预制构件的吊装精度和防水以及节点构造施工质量等要求提出相应的管理目标和具体的措施。

现场负责质量管理的人员必须经过专项的装配式建筑施工培训，具备相应的质量管理资质。

装配式建筑施工质量管理必须贯穿构件生产、构件运输、构件进场、构件堆置、构件吊装等全过程周期。

3.2.4 安全文明管理计划

首先应结合装配式建筑施工的安全文明施工标准提出本项目具体管理目标，结合目标及项目实际情况编制管理计划，计划应涵盖人员要求、设备要求、工艺要求的各方面，同时必须体现装配式混凝土结构施工对安全文明施工管理的特殊要求并提出相应的措施。

如果装配式项目外墙为预制，并采取相应的安全措施的前提下，也可采取免除外脚手架施工工艺，但是此时必须在施工作业层及其他临边位置设置专用防护装置，防护装置应在深化设计阶段由施工单位提出进行预留。无外脚手架施工作业工况下，施工作业层临边作业必须进行旁站式安全监控。

3.2.5 绿色施工与环境保护计划

装配式混凝土结构施工最大特色即为绿色施工及利于保护环境，因此必须编制绿色施工与环境保护计划，就施工过程中针对常见的噪声污染、固体废弃物污染、粉尘污染等编制相应的保护措施计划，计划中必须体现装配式建筑施工的特色和优势。

3.3 施工管理

施工管理应根据施工组织设计大纲中所明确的管理计划和管理内容进行管理。施工管理内容包括：质量管理、进度管理、成本管理、安全文明管理、环境保护以及绿色施工等内容。施工管理不仅仅是施工现场的管理，也应包括工厂化预制管理在内的整个工程施工的全过程管理和有机衔接。

3.3.1 质量管理

装配式混凝土结构是建筑行业由传统的粗放型生产管理方式向精细化方向转型发展的重要标志，相应的质量精度要求由传统的厘米级提升至毫米级的水平，因此，对施工管理人员、施工设备、施工工艺等均提出了较高的要求。

装配式混凝土结构施工的质量管理必须涵盖构件生产、构件运输、构件进场、构件堆置、构件吊装就位、节点施工等一系列过程，质量管控人员的监管及纠正措施必须贯穿始终。

预制构件生产必须对每个工序进行质量验收，尤其对与吊装精度息息相关的埋件、出筋位置、平面尺寸等严格按照设计图纸及规范要求进行验收。预制构件运输应采用专用运输车辆，构件装车时必须按照设计要求设置搁置点，搁置点应满足运输过程中构件强度的要求。构件进场后，必须对预埋件、出筋位置、外观、平面尺寸等进行逐一验收。构件堆放必须符合相关标准和规范所规定的要求，地面应硬化，硬化标准应按照所堆放构件的种类和重量进行设计，并确保具有足够的承载力。对于外墙板，应使用专用堆置架，并对边角、外饰材、防水胶条等加强保护。图 3.3-1 和图 3.3-2 分别给出了构件堆场场地硬化和预制外墙板专用堆置架的示例。

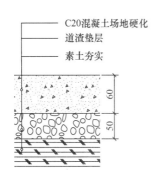

图 3.3-1 构件堆场场地硬化示例 　　图 3.3-2 预制外墙板专用堆置架示例

竖向受力构件的连接质量与预制建筑结构安全密切相关，是质量管理的重点。竖向受力构件之间的连接一般采用灌浆连接技术，灌浆的质量直接影响到整个结构的安全性，因此必须进行重点监控。灌浆应对浆料的物理化学性能、浆液流动性、28d 强度、灌浆接头同条件试样等进行检测，同时对于灌浆过程应进行全程旁站式施工质量监管，确保灌浆质量满足设计要求。

精细化质量管理对人员素质、施工机械、施工工艺要求极高，因此施工过程中必须由专业的质量管控人员全程监控，施工操作人员必须为专业化作业人员，施工机械必须满足装配式建筑施工精度要求并具备施工便利性，施工工艺必须先进和可靠。

3.3.2 进度管理

装配式建筑施工进度管理应采用日进度的管理，将项目整体施工进度计划分解至日施工计划，以满足精细化进度管理的要求。

构件之间装配及预制和现浇之间界面的协调施工直接关系到整体进度，因此必须做好构件吊装次序、界面协调等计划。

由于装配式建筑与传统建筑施工进度管理对垂直运输设备的使用频率相差极大，装配式建筑对垂直运输设备的依赖性非常大，因此必须编制垂直运输设备使用计划，计划编制时应将构件吊装作业作为最关键作业内容，并精确至日、小时，最终以每日垂直运输设备使用计划指导施工。

3.3.3 成本管理

装配式混凝土结构的成本管理主要包括预制厂内成本管理、运输成本管理及现场吊装成本管理。

厂内成本管理主要受制于模具设计、预埋件优化、生产计划合理化等内容，模具设计在满足生产要求下，应做到数量最少化、效率最大化的目标，同时合理安排生产计划，尽可能提高模板的周转次数，降低模具的摊销费用。

运输成本主要与运距有关，因此，预制厂选址时必须考虑运距的合理性和经济性，预制厂与施工现场的最大距离以不超过80km为宜。

现场吊装成本主要包括垂直运输设备、堆场及便道、吊装作业、防水等，此阶段成本控制应在深化设计阶段即对构件的拆分、单块构件重量、最大构件单体重量的数据进行优化，尽可能降低垂直运输设计、堆场及便道的标准，降低此部分的施工成本。

3.3.4　安全文明管理

起重吊装作业贯穿于装配式建筑项目的主体结构施工全过程，作为安全生产的重大危险源，必须重点管控，结合装配式建筑施工特色引进旁站式安全管理、新型工具式安全防护系统等先进安全管理措施。

由于装配式建筑所用构件种类繁多，形状各异，重量差异也较大，因此对于一些重量较大的异形构件而言应采用专用的平衡吊具进行吊装。有关预制构件吊装的详细内容和具体要求将在本书"第5章　装配式混凝土结构施工"的有关章节中叙述。图3.3-3及图3.3-4分别给出了外挂墙板和预制楼板起吊用专用平衡吊具的示例。

图 3.3-3　外挂墙板起吊用平衡梁示例　　　图 3.3-4　预制楼板起吊用吊架示例

由于起重作业受风力影响较大，现场应根据作业层高度设置不同高度范围内的风力传感设备，并制定各种不同构件吊装作业的风力受限范围。在预制构件吊装的规划中应予以明确并实施管理。

在施工中应结合装配式建筑的特色合理布置现场堆场、便道和建筑废弃物的分类存放与处置。有条件的尽可能使用新型模板、标准化支撑体系等，以提高施工现场整体文明施工水平，达到资源重复利用的目的。图3.3-5为装配式建筑项目现场安全文明管理示例。图中，所谓的"6S"系统源自于日本建筑行业的现场安全文明管理体系。所谓的"6S"，即"安全（SECURITY）"、"整理（SEIRI）"、"整顿（SEITON）"、"清扫（SEISOU）"、"清洁（SEIKETU）"和"习惯（SUKAN）"六个单词的第一个字母。

由于装配式建筑施工的特殊性，相关施工作业人员必须配置完整的个人作业安全防护装备并正确使用。一般的安全防护用品应包括但不限于安全帽、安全带、安全鞋、工作

图 3.3-5　装配式建筑项目现场安全文明管理示例

（*a*）洗鞋池；（*b*）洗车槽；（*c*）安全讲评区；（*d*）施工动线人车分离；（*e*）门禁系统；（*f*）工地临时厕所

服、工具袋等施工必备的装备。

　　装配式建筑施工管理人员及特殊工种等有关作业人员必须经过专项的安全培训，在取得相应的作业资格后方可进入现场从事与作业资格对应的工作。对于从事高空作业的相关人员应定期进行身体检查，对有心脑血管疾病史、恐高症、低血糖等病症的人员一律严禁从业。

3.3.5　环境保护与绿色施工管理

　　装配式建筑是绿色、环保、低碳、节能型建筑，是建筑行业可持续发展的必由之路。以人为本，发展绿色建筑，特别是住宅项目把节约资源和保护环境放在突出的位置，大大地推动了绿色建筑的发展。装配式建筑施工技术使施工现场作业量减少、使施工现场更加整洁，采用高强度自密实商品混凝土大大减少了噪声、粉尘等污染，最大限度地减少了对周边环境的污染，让周边居民享有一个更加安宁整洁的无干扰环境。装配式建筑由干式作业取代了湿式作业，现场施工的作业量和污染排放量明显减少，与传统施工方法相比，建筑垃圾大大减少。

　　绿色施工管理针对装配式建筑主要体现在现场湿作业减少，木材使用量大幅下降，现场的用水量降低幅度也很大，通过对预制率和预制构件分布部位的合理选择以及现场临时设施的重复周转的利用，并采取节能、节水、节材、节地和环保，即"四节一环保"的技术措施，达到绿色施工的管理要求。

本章小结

装配式建筑施工从施工组织设计大纲的编制到现场施工管理，与传统建筑存在较大的不同之处，也提出了很多较高的要求，施工管理人员必须从工程总体筹划、现场施工计划、现场平面布置、安全及文明施工特殊要求等方面结合装配式建筑自身特点采取有针对性的措施，并组织实施。

复习思考题

1. 阐述装配式建筑施工组织设计大纲的基本内容和要求。
2. 阐述装配式建筑施工的主要工艺流程及施工总体进度的编制要点。
3. 阐述装配式建筑施工工期与质量管理的内容和特点。
4. 简述现场安全文明施工"6S"系统具体内涵。

第4章 预制构件制作与储运

4.1 概要

4.1.1 内容提要

本章主要介绍装配式混凝土结构预制混凝土构件（以下简称"强制构件"）制作的基本知识。对预制构件生产实施方案的确定、模具制作和拼装、钢筋加工及绑扎、饰面材料及加工、混凝土材料及拌合、钢筋骨架入模、预埋件与门窗保温材料的固定、混凝土浇筑与养护、脱模与起吊等进行论述；并介绍装配式混凝土结构预制构件制作过程中可能出现的质量通病及防治措施以及构件的运输与存放等相关内容。

4.1.2 学习要求

（1）了解装配式混凝土结构预制构件中混凝土、钢筋、模具、预埋件、饰面材料、门窗的基本知识；

（2）熟悉装配式混凝土结构预制构件的生产工艺及操作流程；

（3）掌握装配式混凝土结构预制构件的质量问题产生原因、预防措施；

（4）了解构件运输和存放过程中的注意事项。

4.2 构件生产实施方案

4.2.1 编制要求

装配式混凝土结构预制构件生产实施方案的编制，除应满足制作过程的生产、质量、安全、环境要求之外，还应满足现行国家及地方的相应标准与规范。

4.2.2 预制工艺及场地选择

1. 预制工艺

使原料逐步发生形状及性能变化的工序称为基本工序或工艺工序，各工艺工序总称为工艺过程或工艺。根据预制构件类型的不同，需采取不同的预制工艺。预制工艺决定了生产场地布置及设备安装等，因此在场地选择和布置之前首先需明确预制工艺的各项细节问题。

一般而言，预制构件的生产工艺包括：钢筋加工（冷加工、绑扎、焊接）、模具拼装、混凝土拌合、混凝土浇筑、密实成型（振动密实、离心脱水、真空脱水、压制密实等）、饰面材料铺设、养护工艺（常温养护、加热养护）等。

2. 场地选择

预制场地可分为施工现场预制及工厂化预制，应根据预制构件的类型、成型工艺、数量、现场条件等因素进行选择（表 4.2-1）。

施工现场预制与工厂预制的适用性及选择依据   表 4.2-1

场地分类 影响因素	施工现场预制	工厂化预制
构件类型	特殊类型的构件、工厂无法规模化生产、运距较远时	相对标准构件、能批量生产、适合流水线作业的构件
成型工艺	一般成型工艺较为简单	工艺复杂、设备投入大，如高速离心成型，挤压成型、高压高温养护等
产品数量	产品数量不多，品种较多	产品需求量大，品种单一
生产条件	有在一定期限内可利用的土地，水、电配制到位，预制相关设备、设施合理，还需综合考虑经济、环境等因素	有相对固定的建厂条件、市场条件、完善的配套设备及水电配置

（1）施工现场预制

施工现场预制构件加工区域的选择一般在工地最后开发区域或在工地附近区域，根据需要加工产品的数量、品种、成型工艺、场地条件等来确定加工规模，由加工规模可以计算出设备能力（搅拌机、行车起吊能力数量、混凝土搬运能力等），原材料堆场、加工场地及堆放场地面积，在综合考虑配套设备、道路、办公等因素后可基本得出所需的场地面积。施工现场预制见图 4.2-1。

（2）工厂化预制

工厂化预制采用了较先进的生产工艺，工厂机械化程度较高，从而使生产效率大大提高，产品成本大幅降低。当然，在工厂建设中要考虑工厂的生产规模、产品纲领和厂址选择等因素。工厂化预制见图 4.2-2。

图 4.2-1 施工现场预制   图 4.2-2 工厂化预制

生产规模即工厂的生产能力是指工厂每年可生产出的符合国家规定质量标准的制品数量（如立方米、延米、块等）。

产品纲领是指产品的品种、规格及数量。产品纲领主要取决于地区基本建设对各种制品的实际需要。在确定产品的纲领时，必须充分考虑对建厂地区原材料资源的合理利用，特别是工业废料的综合利用。

在确定厂址时，必须妥善处理下述关系：①为了降低产品的运输费用，厂址宜靠近主要用户，缩小供应半径；②为了降低原料的运费，厂址又宜靠近原料产地；③从降低产品加工费的目的出发，又以组织集中大型生产企业为宜，以便采用先进生产技术及降低附加费用，但这又必然使供应半径扩大，产品运输费用增加。正确处理以上关系，即可有效降低产品成本和工程造价。

4.2.3　场地布置

场地布置一般遵循总平面设计和车间工艺布置两大原则。

1. 总平面设计原则

总平面设计的任务是根据工厂的生产规模、组成和厂址的具体条件，对厂区平面的总体布置，同时确定运输线路、地面及地下管道的相对位置，使整个厂区形成一个有机的整体，从而为工厂创造良好的生产和管理条件。总平面设计的原始资料包括以下几点：

（1）工厂的组成；

（2）各车间的性质及大小；

（3）各车间之间的生产联系；

（4）建厂地区的地形、地质、水文及气象条件；

（5）建厂区域内可能与本厂有联系的现有及设计中的住宅区、工业企业，运输、动力、卫生、环境及其他线路网以及构筑物的资料；

（6）厂区货流及人流的大小和方向。

2. 车间工艺布置

车间工艺布置是根据已确定的工艺流程和工艺设备选型的资料，结合建筑、给排水、采暖通风、电气和自动控制并考虑到运输等的要求，通过设计图将生产设备在厂房内进行合理布置。通过车间工艺布置将对辅助设备和运输设备的某些参数（如容积、角度、长度等）、工业管道、生产场地的面积最终予以确定。

工艺布置时，应注意以下原则：

（1）保证车间工艺顺畅。力求避免原料和半成品的流水线交叉现象。缩短原料和半成品的运距，使车间布置紧凑；

（2）保证各设备有足够的操作和检修场地以及车间的通道面积；

（3）应考虑有足够容量的原料、半成品、成品的料仓或堆场，与相邻工序的设备之间有良好的运输联系；

（4）根据相应的安全技术和劳动保护要求，对车间内的某些设备或机组，机房进行间隔（如防噪声、防尘、防潮、防蚀、防振等）；

（5）车间柱网、层高符合建筑模数制的要求。在进行车间工艺布置时，必须注意到两个方面的关系：一是主要工序与其他工序间的关系；二是主导设备与辅助设备和运输设备间的关系。设计时可根据已确认的工艺流程，按主导设备布置方法对各部分进行布置，然后以主要工序为中心将其他部分进行合理的搭接。在车间工艺布置图中，各设备一般均按示意图形式绘出，并标明工序间、设备间以及设备与车间建筑结构之间的关系尺寸。

3. PC 工厂场地布置范例

遵循以上场地布置的一般原则和平面设计原则，图 4.2-3 为 PC 工厂平面图范例。

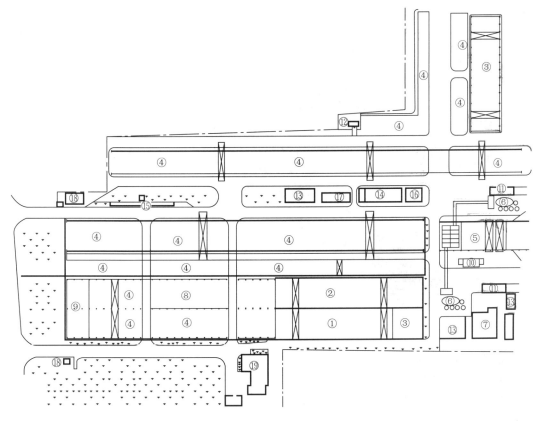

图 4.2-3 场地布置范例

1—PC 车间；2—管片车间；3—钢筋绑扎区域；4—成品堆场；5—骨料堆场；6—搅拌楼；7—锅炉房；
8—水养护池；9—发货区；10—空压机房；11—沉淀池；12—危险品库；13—仓库；14—休息室；
15—地磅；16—变电房；17—木工间；18—门卫；19—办公楼

4.2.4 生产方式

生产方式一般分为手工作业和流水线作业。手工作业方式随意性较大，无固定生产模式，无法适应预制构件标准化和高质量要求的生产需要，因此预制构件一般采用流水线生产方式，流水线方式又可分为固定台座法、长线台座法和机组流水线法。

1. 固定台座法

固定台座法的特点是加工对象位置相对固定而操作人员按不同工种依次在各工位上操作（图 4.2-4）。固定台座法对产品适应性强，加工工艺灵活，但生产效率较低。对于生产数量少、产品规格较多且外形复杂的预制构件而言，一般采用固定台座法生产。

2. 长线台座法

长线台座法的特点是台座较长，一般超过 100m，操作人员和设备根据产品的不同生产工艺环节，沿长线台座依次移动（图 4.2-5）。特别是对于预制构件外形规格简单、单批生

图 4.2-4 固定台座法

产数量较大的产品而言，因其生产效率相对较高，一般选择长线台座法生产。

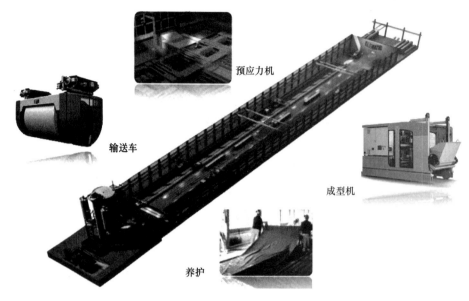

图 4.2-5　长线台座法

3. 机组流水线法

机组流水线法的特征和优势在于：模具在生产线上循环流动，能够快速高效的生产各类外形规格简单的产品，同时也能制作耗时而更复杂的产品（见图 4.2-6）。而且，不同产品生产工序之间互不影响，生产效率明显。

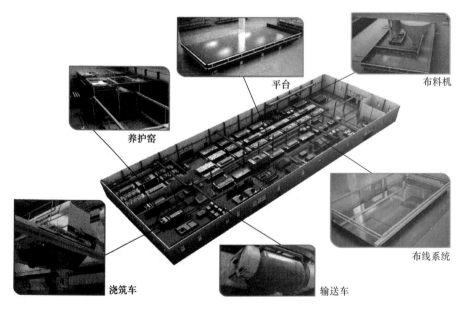

图 4.2-6　机组流水线法

机组流水线法生产不同预制构件产品所需要的时间（即节拍）是不同的，按节拍时间可分为固定节拍（例如轨枕、管桩生产流水线等）和柔性节拍（例如预制构件等）。固定节拍特点是效率高、产品质量可靠，适应产品单一、标准化程度高的产品。柔性节拍特点是流水相对灵活，对产品的适应性较强。

机组流水线法能够同步灵活地生产不同类型的产品，生产操作控制也更为简单。因此，为满足装配式建筑产业的发展需求，无论从生产效率还是质量管理角度考虑，机组流水线法无疑是一种较为理想的预制构件生产方式。

机组流水线的主要组成部分如图 4.2-6 所示，在循环流水线上，模具通过移动装置在水平和垂直两个方向循环，其主要生产流程如下：

（1）上一轮循环下来拆模后未被清理的平台沿轨道被运至清洁工位，平台清扫机清洁后的平台通过自动喷涂装置，使其表面均匀涂刷一层隔离膜（见图 4.2-7），同时清理出的混凝土残留物被收集存放在一个废弃混凝土池中。

（2）经过清洁和涂膜的模具被输送到模具拼装工位（见图 4.2-8），在拼装工位上，模具的位置由激光反射到平台表面，激光定位系统令模具拼装更加快速和准确，而且构件数据可以直接从生产任务端系统传输至生产线。

图 4.2-7　平台清洁与上油　　　　　　　图 4.2-8　模具拼装工位

（3）当模具拼装完毕，以及钢筋骨架、预埋件、门窗、保温材料及电气线路管道等布置完毕后，模具通过传输系统移动到混凝土浇捣工位。

（4）混凝土拌合物由搅拌站集中拌制后，通过混凝土输料罐输送到布料机，装有混凝土的布料机移动到浇筑工位完成混凝土浇筑（见图 4.2-9 和图 4.2-10）。

图 4.2-9　混凝土输料系统　　　　　　　图 4.2-10　混凝土浇捣系统

（5）通过振动密实、抹平等工序后，经传输系统运送至静停养护区域，静养完成后由传输系统将待养护构件抬起，并推入养护室内对应的养护工位上进行养护（见图 4.2-11）。

（6）养护结束后，起重设备将平台从养护窑中取出并转移到地面，通过传输系统运送

图 4.2-11 构件养护架图

到拆模工位，平台被液压系统倾斜竖起，起吊混凝土构件，拆除模具，拆下后的模具送至清洁工位。至此，整个生产循环已经完成。

（7）由于不同的预制构件其表观质量的要求不尽相同，被吊起拆模后的构件经起吊设备转移到精加工区域进行表面清洗、贴密封条、修补瑕疵等修整工作（见图 4.2-12）。

（8）精加工修整完成后，构件由运输车运至存储区起重机下，起重机将构件运送至库存管理系统指定的存放位置（见图 4.2-13）。

图 4.2-12 构件修整工位图

图 4.2-13 构件运输至存放地点

4.2.5 质量管理

预制构件质量管理要求应符合现行国家标准《混凝土结构工程施工质量验收规范》GB 50204 以及现行地方标准《装配整体式住宅混凝土构件制作施工及质量验收规程》DG/TJ 08—2069 的有关规定。

预制构件生产、模具制作、现场装配各流程和环节，应有健全的质量保证体系。预制构件应根据制作特点制定工艺规程，明确质量要求和质量控制要点。图 4.2-14 为某 PC 工厂质量管理体系。

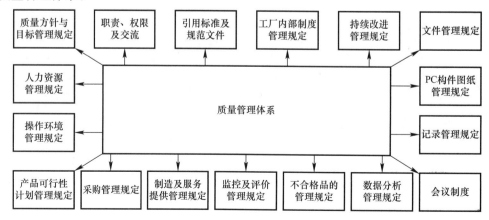

图 4.2-14 某 PC 工厂质量管理体系

4.3 预制构件制作

4.3.1 构件生产工艺流程

构件生产工艺主要流程包括：生产前准备、模具制作和拼装、钢筋加工及绑扎、饰面材料加工及铺贴、混凝土材料检验及拌合、钢筋骨架入模、预埋件门窗保温材料固定、混凝土浇捣与养护、脱模与起吊及质量检查等（图 4.3-1）。

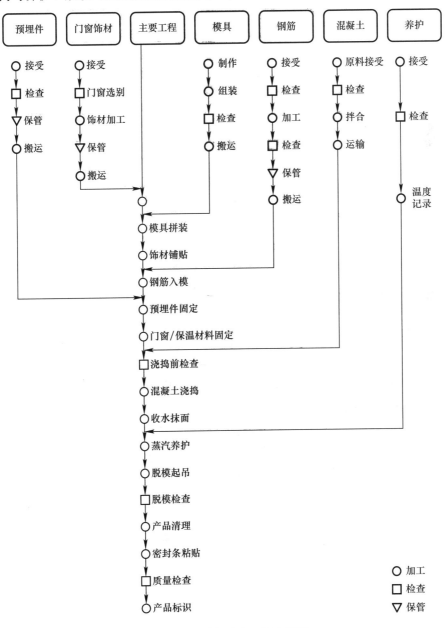

图 4.3-1 构件生产工艺流程图

4.3.2　混凝土材料及拌合

本节介绍混凝土原材料的组成及性能要求、混凝土搅拌方法以及混凝土拌合物质量要求。混凝土原料检验及拌合工艺流程见图 4.3-2。

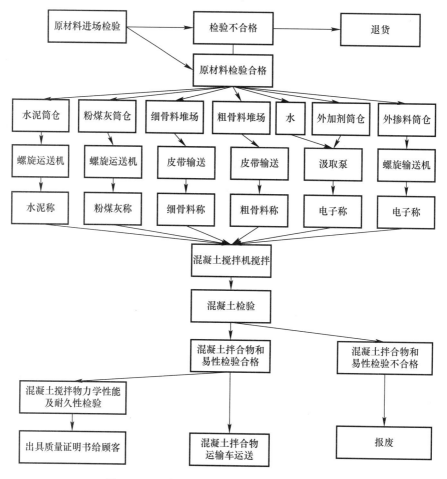

图 4.3-2　混凝土生产工艺流程（检验及拌合）

1. 混凝土材料及要求

混凝土是以胶凝材料（水泥、粉煤灰、矿粉等）、骨料（石子、砂子）、水、外加剂（减水剂、引气剂、缓凝剂等），按适当比例配合，经过均匀拌制、密实成形及养护硬化而成的人工石材。装配式混凝土结构的预制构件对原材料的要求详见表 4.3-1。

混凝土原材料的要求　　　　　　　　　　　　　　　　　　　　　　　　表 4.3-1

	原料种类	参照标准	主要性能指标
胶凝材料	水泥	《通用硅酸盐水泥》GB 175	强度等级不低于 42.5MPa
	粉煤灰	《粉煤灰混凝土应用技术规程》DG/TJ 08—230	Ⅱ级或以上 F 类
	矿粉	《用于水泥和混凝土中的粒化高炉矿渣粉》GB/T 18046 《混凝土、砂浆用粒化高炉矿渣微粉》DB 31/T 35	S95 及以上

续表

原料种类		参照标准	主要性能指标
骨料	粗骨料（石）	《建设用卵石、碎石》GB/T 14685 《普通混凝土用砂、石质量及检验方法标准》JGJ 52	公称粒径为5~20mm的碎石，满足连续级配要求，针片状物质含量小于10%，孔隙率小于47%，含泥量小于0.5%
	细骨料（砂）	《建设用砂》GB/T 14684 《普通混凝土用砂、石质量及检验方法标准》JGJ 52	Ⅱ区中砂，细度模数为2.6~2.9，含泥量小于1% 不得使用海砂和特细砂
	轻骨料	《轻集料及其试验方法 第1部分：轻集料》GB 17431.1 《轻集料及其试验方法 第2部分：轻集料试验方法》GB 17431.2	最大粒径不宜大于20.0mm；细度模数宜在2.3~4.0范围内
减水剂		《混凝土外加剂》GB 8076 《混凝土外加剂应用技术规范》GB 50119	严禁使用氯盐类外加剂
水		《混凝土用水标准》JGJ 63	未经处理的海水严禁用于钢筋混凝土和预应力混凝土

2. 混凝土的配料拌合与检测规定

（1）混凝土配合比

配合比设计需按照构件性能要求，遵照现行行业标准《普通混凝土配合比设计规程》JGJ 55的有关规定，现场进行配比验证，生产时应严格掌握混凝土材料配合比，混凝土原材料按质量计的允许偏差应满足表4.3-2的规定。

原料质量允许偏差　　　　　　　　表 4.3-2

项目	胶凝材料	骨料	水、外加剂
最大允许质量偏差	±2%	±3%	±2%

各种衡器应定时校验，保持准确。骨料含水率应按规定测定。雨天施工时，应增加测定次数。

（2）混凝土拌合

混凝土搅拌站（图4.3-3）是将混凝土原材料在一个集中点统一拌制成混凝土，用混凝土运输车分别输送到一个或多个施工现场进行浇筑，提高施工效率，解决城区扬尘污染和施工场地狭小等难题。使用预拌混凝土是发展的方向，全国各城市均已规定在一定范围内必须采用预拌混凝土，不得现场拌制。近年来随着绿色建材生产的不断推进，绿色环保型封闭式预拌混凝土拌站正在逐步取代传统开放式搅拌站（图4.3-4）。

搅拌楼控制系统（图4.3-5）可远程控制主机的下料、搅拌、卸料、清洗等一系列动作。其中，预制构件生产企业的搅拌站主机多采用强制式搅拌机，利用剪切搅拌机理进行设计，通常筒体固定，叶片绕立轴或卧轴旋转，旋转叶片使物料剧烈翻动，对物料施加剪切、挤压、翻滚和抛出等的组合作用进行拌合。也有底盘同时做同向或反旋转的，使拌合物料交叉流动，混凝土搅拌得更为均匀。

图 4.3-3　混凝土搅拌站

图 4.3-4　绿色混凝土拌站

图 4.3-5　搅拌楼控制系统

1）混凝土的搅拌制度

为了获得质量优良的混凝土拌合物，除了选择适合的搅拌机外，还必须制定合理的搅拌制度，包括搅拌时间、投料顺序和进料容量等。

① 搅拌时间：在生产中应根据混凝土拌合料要求的均匀性、混凝土强度增长的效果及生产效率几种因素，规定合适的搅拌时间。搅拌时间过短，混凝土拌合不均匀，强度和易性下降；搅拌时间过长，不但降低生产效率，而且会造成混凝土工作性损失严重，导致振捣难度加大，影响混凝土的密实度。

② 投料顺序：投料顺序应从提高搅拌质量，减少叶片和衬板的磨损，减少拌合物与搅拌筒的粘结，减少水泥飞扬和改善工作环境等方面综合考虑确定。通常的投料顺序为：石子、水泥、粉煤灰、矿粉、砂、水、外加剂。

③ 进料容量：进料容量是将搅拌前各种材料的体积积累起来的容量，又称干料容量。进料容量约为出料容量的 1.4～1.8 倍（一般取 1.5 倍），如任意超载（进料容量超过10%），就会使材料在搅拌筒内无充分的空间进行拌合，影响混凝土拌合物的均匀性；反之，如装料过少，则又不能充分发挥搅拌机的效能，甚至出现搅拌不到位导致粉料粘壁严重和结团现象。

2）混凝土搅拌操作要点

① 搅拌混凝土前，应往搅拌机内加水空转数分钟，再将积水排净，使搅拌筒充分润湿。

② 拌好后的混凝土要做到基本卸空。在全部混凝土卸出之前不得再投入拌合料，更不得采取边出料边进料的方法。

③ 严格控制水灰比和坍落度，未经试验人员同意不得随意加减用水量。

④ 在每次用搅拌机拌合第一罐混凝土前，应先开动搅拌机空车运转，运转正常后，再加料搅拌。拌第一罐混凝土时，宜按配合比多加入质量分数为10%的水泥、水、细骨料的用料；或减少10%的粗骨料用量，使富余的砂浆布满鼓筒内壁及搅拌叶片，防止第一罐混凝土拌合物中的砂浆偏少。

⑤ 在每次用搅拌机开始搅拌的时候，应注意观察、检测开拌的前二、三罐混凝土拌合物的和易性。如不符合要求时，应立即分析原因并处理，直至拌合物的和易性符合要求，方可持续生产。

⑥ 当按新的配合比进行拌制或原材料有变化时，应注意开盘鉴定与检测工作。

⑦ 应注意核对外加剂筒仓及对应的外加剂品名、生产厂名、牌号等。

⑧ 雨期施工期间，要检测粗细骨料的含水量，随时调整用水量和粗细骨料的用量。夏季施工时，砂石材料尽量加以遮盖，避免使用前受烈日暴晒，必要时可采用冷水淋洒，使其蒸发散热。冬期施工要防止砂石材料表面冻结，并应清除冰块。

3. 混凝土质量要求

拌制的混凝土拌合物的均匀性按要求进行检查。在检查混凝土均匀性时，应在搅拌机卸料过程中，从卸料流出的 1/4～3/4 之间部位采取试样。检测结果应符合下列规定：

（1）混凝土中砂浆密度，两次测值的相对误差不应大于 0.8%。

（2）单位体积混凝土中粗骨料含量，两次测量的相对误差不应大于 5%。

（3）混凝土搅拌时间应符合设计要求。混凝土的搅拌时间，每一工作班至少应抽查 2 次。

（4）坍落度检测，通常用坍落度筒法检测，适用于粗骨料粒径不大于 40mm 的混凝土。坍落度筒为薄金属板制成，上口直径 100mm，下口直径 200mm，高度 300mm。底板为放于水平的工作台上的不吸水的金属平板。在检测坍落度时，还应观察混凝土拌合物的黏聚性和保水性，全面评定拌合物的和易性。

（5）其他性能指标如含气量、重度、氯离子含量、混凝土内部温度等也应符合现行相关标准要求。

4.3.3 钢筋加工及连接

钢筋加工及连接是预制构件重要的前期工作，包括钢筋的配料、切断、弯曲、焊接和绑扎等。传统钢筋加工质量很大程度上依赖于钢筋工人的熟练程度，随着自动化机械的发展，如数控弯箍机、钢筋网片点焊机等，钢筋加工质量和效率均得以大幅提高。其工艺流程见图 4.3-6。

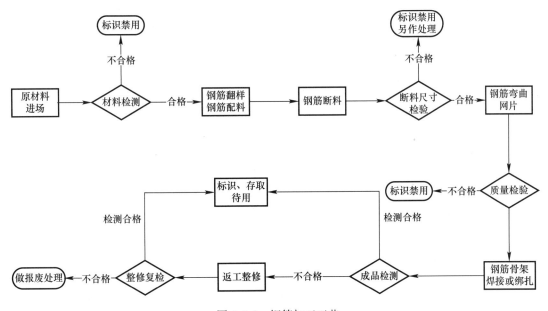

图 4.3-6 钢筋加工工艺

1. 材料及要求

（1）钢筋和点焊钢筋网

钢筋的拉伸、弯曲、公称直径的尺寸、表面质量、重量偏差等项目的检测结果均需满足现行国家标准《钢筋混凝土用钢　第 2 部分：热轧带肋钢筋》GB 1499.2 或《钢筋混凝土用钢　第 1 部分：热轧光圆钢筋》GB 1499.1 的相关规定要求。

钢筋点焊钢筋网尚应符合现行行业标准《钢筋焊接网混凝土结构技术规程》JGJ 114、《冷轧带肋钢筋混凝土结构技术规程》JGJ 95 的相关规定要求。

（2）钢材

预制构件所用到的钢材包括圆钢、方钢、六角钢、八角钢、钢板和其他小型型钢等。所选用的材料应有质量证明书或检验报告，并应按有关标准规定进行复试检验。

相关标准规范有：《碳素结构钢》GB/T 700、《低合金高强度结构钢》GB/T 1591、《型钢验收、包装、标志及质量证明书的一般规定》GB/T 2101、《钢及钢产品交货一般技术要求》GB/T 17505、《钢筋机械连接通用技术规程》JGJ 107 等相关标准规定的要求。

钢材的焊接材料应符合下列要求：

1）手工焊接用焊条的质量，应符合现行国家标准《非合金钢及细晶粒钢焊条》GB/T 5117 或《热强钢焊条》GB/T 5118 的规定。选用的焊条型号应与主体金属相匹配；

2）自动焊接或半自动焊接采用的焊丝和焊剂，应与主体金属强度相适应，焊丝应符合现行国家标准《熔化焊用钢丝》GB/T 14957 或《气体保护焊用钢丝》GB/T 14958 的规定。

（3）连接用金属件

连接用金属件的性能应满足国家现行标准《混凝土结构设计规范》GB 50010、《冷轧带肋钢筋混凝土结构技术规程》JGJ 95、《钢筋混凝土装配整体式框架节点与连接设计规程》CECS 43、《钢结构设计规范》GB 50017 等有关规定。

连接结点应采取可靠的防腐措施，其耐久性应满足工程设计使用年限要求。当采用螺栓连接时，螺栓应符合以下要求：

1）普通螺栓应符合现行国家标准《六角头螺栓》GB/T 5782（产品等级为 A 和 B 级）和《六角头螺栓-C 级》GB/T 5780 的规定；

2）锚栓可采用现行国家标准《碳素结构钢》GB/T 700 规定的 Q235 钢或《低合金高强度结构钢》GB/T 1591 规定的 Q345 钢；

3）高强度螺栓应符合现行国家标准《钢结构用高强度大六角头螺栓》GB/T 1228 或《钢结构用扭剪型高强度螺栓连接副》GB/T 3632 的有关规定；

4）螺栓连接的强度设计值、设计预拉力值以及钢材摩擦面抗滑移系数值等指标，应按现行国家标准《钢结构设计规范》GB 50017 的规定采用。

2. 钢筋加工

（1）配料

钢筋配料是根据构件配筋图，先绘出各种形状和规格的单根钢筋简图并加以编号，然后分别计算钢筋下料长度和根数，填写配料单，申请加工。图 4.3-7 所示为两种不同类型（直条形和波浪形）配料加工后的钢筋。

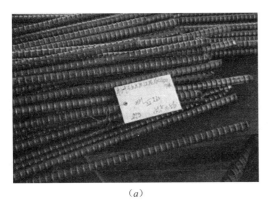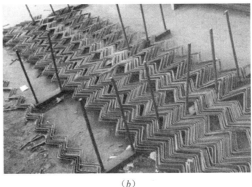

(a) (b)

图 4.3-7 钢筋配料

1）钢筋下料长度计算

钢筋因弯曲或弯钩会使其长度变化，在配料中不能直接根据图样的尺寸下料；必须了解对混凝土保护层、钢筋弯曲、弯钩等规定，再根据计算后的尺寸下料。

2）钢筋配料单与钢筋料牌

钢筋配料单是根据施工图中钢筋的品种、规格及外形尺寸、数量进行编号，计算下料长度。钢筋配料单是钢筋加工的依据，是提出材料计划、签发任务单和限额领料单的依据；合理的配料不但能节约钢材，还能使施工操作简化。

钢筋配料单编制方式：按钢筋的编号、形状和规格计算下料长度并根据根数算出每一编号钢材的总长度，然后再汇总各种规格的总长度，算出其质量。当需要的成形钢筋很长，尚需配有接头时，应根据原材料供应情况和接头形式要求，来考虑钢筋接头的布置，其下料计算要加上接头要求长度。

在钢筋施工过程中仅有钢筋配料单还不能作为钢筋加工与绑扎的依据，还要将每一编号的钢筋制作一块料牌（图 4.3-8）。料牌是随着加工工艺流转，最后系在加工好的钢筋上作为标志，因此料牌和钢筋配料单必须严格校核，准确无误，以免返工造成浪费。

3）配料计算的注意事项

在设计图样中，钢筋配置的细节问题没有注明时，一般可按构造要求处理；配料计算时，要考虑钢筋的形状和尺寸在满足设计

图 4.3-8 钢筋料牌

要求的前提下，要有利于加工安装；配料时还要考虑施工需要的附加钢筋。例如，后张预应力构件预留孔道定位用的钢筋井字架、基础双层钢筋网中保证上层钢筋网位置用的钢筋撑脚、墙板双层钢筋网中固定钢筋间距用的钢筋撑铁、柱钢筋骨架增加四面斜筋撑等。

（2）切断

钢筋经过除锈、调直后，可按钢筋的下料长度进行切断。钢筋的切断应保证钢筋的规格、尺寸和形状符合设计要求，钢筋切断要合理并应尽量减少钢筋的损耗。钢筋的切断方

图 4.3-9　钢筋切断机

法分为人工切断和机械切断两种。机械切断设备详见图 4.3-9。无论采用什么方法，都必须做好切断前的准备工作：

1）根据钢筋配料单，复核料牌上所标注的钢筋直径、尺寸、根数是否正确，将同规格的钢筋分别统计数量。

2）根据库存钢筋情况做好下料方案，按不同长度进行长短搭配，以先断长料，后断短料，尽量减少短头为原则。

3）检查测量长度所用的工具应准确无误；在工作台上有量尺刻度线的，应事先检查定尺挡板的牢固性和可靠性。

4）调试好切断设备，应先试切 1～2 根，以检查切断长度的准确性，待设备运转正常以后，再成批投入切断生产。

切断工艺的注意事项有：

1）将同规格钢筋根据长度长短搭配，统筹排料：一般应先断长料，后断短料，减少短头，减少损耗。

2）断料时应避免用短尺量长料，防止在量料中产生累计误差。为此，宜在工作台上标出尺寸刻度线并设置控制断料尺寸用的挡板。

3）钢筋切断机的刀片应由工具钢热处理制成。安装刀片时，螺栓要紧固；刀口要密合（间隙不大于 0.5mm）；固定刀片与冲切刀片刀口的距离：对直径小于等于 20mm 的钢筋宜重叠 1～2mm，对直径大于 20mm 的钢筋宜留 5mm 左右的间距。

4）在切断过程中，如发现钢筋有劈裂、缩头或严重的弯头等必须切除；如发现钢筋的硬度与该钢种有较大的出入时，应建议作进一步的检查。钢筋的断口不得有马蹄形或起弯等现象。

（3）弯曲

弯曲成形工序是将已经调直、切断、配制好的钢筋按照配料表中的简图和尺寸，加工成规定的形状。其加工顺序是：先画线，再试弯，最后弯曲成形。弯曲方式可分为机械半自动弯曲和全自动弯箍机两种，后者无论从加工效率和精度方面均大幅优于前者。

1）机械弯曲

开机操作前应对机械各部件进行检查，合乎要求后试运转，确认正常后才能开机作业；每次操作前应经过试弯，以确定弯曲点线与心轴的尺寸关系；弯曲机工作盘的转速、弯曲钢筋直径及每次弯曲根数应符合使用弯曲机的技术性能规定。机械弯曲见图 4.3-10。

弯曲机应设专人负责，并严禁在运转过程中更换心轴、成形轴、挡铁轴，加润滑油或保养。弯曲机应设接地装置，电源不能直接接在倒顺开关上，要另设电器闸刀控制。倒顺开关必须按照指示牌上"正转-停-反转"扳动，不准直接扳动"正转-反转"，而不在"停"位停留，更不允许频繁地更换工作盘的旋转方向。

2）数控弯箍机

数控弯箍机（图 4.3-11）采用计算机数字控制，自动快速完成钢筋调直、定尺、弯箍、切断。该机效率极高，可替代多名钢筋工人，能够连续生产任何形状的产品，而不需

（a）

（b）

图 4.3-10　钢筋机械弯曲

要机械上的调整；在修正弯曲角度时也不需要中断加工。因此相对人工机械弯曲而言效率更高，加工质量更好。

3. 钢筋连接

钢筋接头连接方法有人工焊接、绑扎、点焊网片等连接方式。绑扎连接由于需要较长的搭接长度，浪费钢筋，且连接不可靠，故宜限制使用；人工焊接效率较低，优点在于灵活方便，可作为自动化焊接的

图 4.3-11　数控弯箍机

辅助；钢筋网片的焊接点由编程控制，可有效保证焊接的数量与质量。

（1）焊接

钢筋焊接是指通过钢筋端面的承压作用，将一根钢筋中的力传至另一根钢筋的连接方法。

钢筋焊接方法常用的有闪光对焊、电阻电焊、电弧焊、电渣压力焊、气压焊和埋弧压力焊。钢筋的焊接质量与钢材的可焊性、焊接工艺有关。可焊性与含碳、合金元素的数量有关，含碳量、含锰量增加，则可焊性差；含适量的钛，可改善可焊性。焊接工艺也影响焊接质量，即使可焊性差的钢材，若焊接工艺合宜，亦可获得良好的焊接质量。闪光对焊见图 4.3-12。

图 4.3-12　钢筋焊接-闪光对焊

钢筋焊接施工前，应清除钢筋或钢板焊接部位与电极接触的钢筋表面上的锈斑、油污、杂物等；钢筋端部若有弯折、扭曲时，应予以矫直或切除。焊机应经常维护保养和定期检修，确保正常使用。在工程开工或每批钢筋正式焊接前，应进行现场条件下的焊接性能试验。合格后，方可正式生产。

（2）绑扎

1）绑扎前的准备

① 熟悉施工图，特别是结构布置图及

配筋图。

②确定分部、分项工程的绑扎进度和顺序，以便填写钢筋用料表。钢筋用料表作为提取先后安装的钢筋依据，记上某分部分项工程所需钢筋编号和根数。

2）绑扎扣样

①一面顺扣：用于平面扣量很多，不易移动的构件，如底板、墙壁等；

②十字花扣和反十字花扣：用于要求比较结实的地方；

③兜扣：可用于平面，也可用于直筋与钢筋弯曲处的连接，如梁的箍筋转角处与纵向钢筋的连接；

④缠扣：为防止钢筋滑动或脱落，可在扎结时加缠，缠绕方向根据钢筋可能移动的情况确定，缠绕一次或两次均可。缠扣可结合十字花扣、反十字花扣、兜扣等实现；

⑤套扣：为了利用废料，绑扎用的铁丝也可用钢丝绳破股钢丝代替，这种钢丝较粗，可预先弯折，绑扎时往钢筋交叉点插套即可，操作甚为方便，这就是套扣。

钢筋绑扎扣样见表 4.3-3。

钢筋绑扎扣样图示　　　　　　　　　　　　表 4.3-3

名称	图　　示
一面扣顺	
十字花扣	
反十字花扣	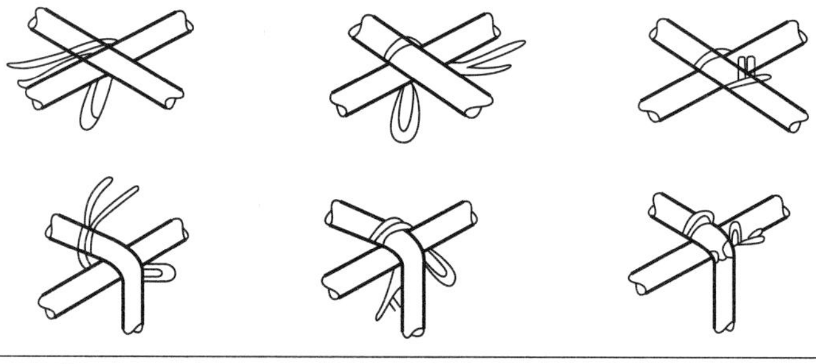
兜扣	
缠扣	

名称	图 示
反十字缠扣	
套扣	

3）钢筋绑扎操作要点

钢筋的交叉点都应扎牢。除设计有特殊要求之外，箍筋应与受力钢筋保持垂直；箍筋弯钩叠合处，应沿受力钢筋方向错开放置，箍筋弯钩应放在受压区。

绑扎方柱形预制构件的钢筋时，角部钢筋的弯钩应与模板成45°角；多边形柱为模板内角的平分角；圆形柱应与模板切线垂直，如图4.3-13所示。

对于薄板预制构件，应事先核算好弯钩立起后会不会超出板厚，如超出，则将钩斜放，甚至放倒。绑扎基础底面钢筋网时，要防止钢筋弯钩平放，应预先使弯钩朝上；如钢筋有带弯起直段的，绑扎前应将直段立起来，并用细钢筋连上，防止直段斜倒，如图4.3-14所示。

图4.3-13 柱形构件钢筋绑扎

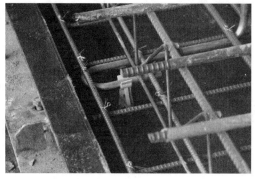

图4.3-14 薄板预制构件钢筋绑扎

绑扎曲线状钢筋时，应事先检查成形尺寸的准确性，尤其要注意在搬移过程中是否因抬动碰撞而有变形现象。一般情况下，曲线钢筋的形状依靠符合箍筋尺寸和间距的方法控制；数量较多的情况下，应采取特别的模架或样板作为工具胎进行绑扎。

单根钢筋的接头绑扎：钢厂生产的钢筋，直径在12mm以下时为盘圆钢筋，而直径在14mm以上时，一般为9～12m长的直条钢筋。因此，在长度上往往不能满足实际使用的要求，这就需要把它接起来使用。钢筋接头除了焊接接头以外，当受到条件限制时也可采用绑扎接头。

（3）钢筋网片

采用钢筋焊接网片的形式有利于节省材料、方便施工、提高工程质量。随着建筑工业化的推进，应鼓励推广混凝土构件中配筋采用钢筋专业化加工配送的方式。全自动点焊网片生产线（图 4.3-15），可以完成钢筋调直、切断、焊接和收集等全系列工作，仅需要 1 名操作人员，可以实现全自动生产。

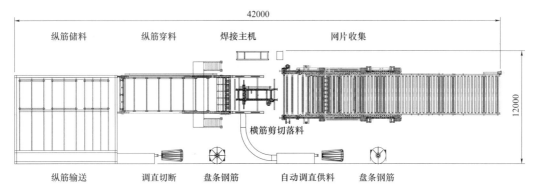

图 4.3-15　钢筋网片自动化生产线

其工作流程如下：

1）将钢铁厂生产的盘条钢筋进行除磷及重新收卷成排列规则及无断头的盘条，然后分别放置到纵筋及横筋储料架上；

2）纵筋及横筋经过调直及切断成所需要的尺寸，然后自动焊接出来相应的网片（图 4.3-16）；

图 4.3-16　钢筋网片焊接主机及控制系统

3）网片焊接完成后可以自动收集。

4.3.4　饰面材料及加工

1. 花岗岩饰材

花岗岩具有结构致密、质地坚硬、耐酸碱、耐腐蚀、耐高温、耐摩擦、吸水率小、抗压强度高、耐日照、抗冻融性好、耐久性好（一般的耐用年限为 75～200 年）的特点。天然花岗岩色彩丰富，晶格花纹均匀细微，经磨光处理后，光亮如镜，具有华丽高贵的装饰效果。

但是某些花岗石还有微量放射形元素，对人体有害，应避免用于室内。根据现行国家标准《建筑材料放射性核素限量》GB 6566 规定，所有石材均应提供放射性物质含量检测证明。《天然石材产品放射性防护分数控制标准》JC 518 中，按放射性比活度把石材分为 A、B、C 三类，A 类石材适用范围不受限制；B 类石材不能用于居室内饰面，但可用于宽敞高大且通风良好的房间；C 类石材只可用于建筑物的外饰面。

花岗岩饰面板材按其加工方法分为以下几种：

（1）磨光板材：经过细磨加工和抛光，表面光亮，结晶裸露，表面具有鲜明的色彩和美丽的花纹。多用于室内外墙面、地面、立柱、纪念碑、基碑等处。但是在北方，由于冬季寒冷，若在室外地面采用磨光花岗石极易打滑，所以不太适用（见图 4.3-17）。

（2）亚光板材：表面经过机械加工，平整细腻，能使光线产生漫射现象，有色泽和花纹。常用于室内墙柱面（图 4.3-18）。

图 4.3-17　磨光板材　　　　　　　　图 4.3-18　亚光板材

（3）烧毛板材：经机械加工成型后，表面用火焰烧蚀，形成不规则粗糙表面，表面呈灰白色，岩体内暴露晶体仍旧闪烁发亮，具有独特装饰效果，多用于外墙面（图 4.3-19）。

（4）机刨板材：是近几年兴起的新工艺，用机械将石材表面加工成有相互平行的刨纹，替代剁斧石。常用于室外地面、石阶、基座、踏步、檐口等处（图 4.3-20）。

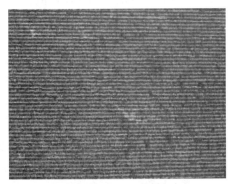

图 4.3-19　烧毛板材　　　　　　　　图 4.3-20　花岗岩机刨板材

（5）剁斧板材：经人工剁斧加工，使石材表面有规律的条状斧纹。用于室外台阶、纪念碑座（图 4.3-21）。

（6）蘑菇石：将块材四边基本凿平齐，中部石材自然突出一定高度。使材料更具有自然和厚实感。常用于重要建筑外墙基座（图 4.3-22）。

成品饰面石材的鉴别方法：

一观。即肉眼观察石材的表面结构。一般来说，均匀的细料结构的石材具有细腻的质感，为石材之佳品；粗粒及不等粒结构的石材其外观效果较差。另外，石材由于地质作用的影响常在其中产生一些细微裂缝，石材最易沿这些部位发生

图 4.3-21　剁斧板材

图 4.3-22　蘑菇石板材

破裂，应注意剔除。至于缺棱角更是影响美观，选择时尤应注意。

二量。即量石材的尺寸规格，以免影响拼接，或造成拼接后的图案、花纹、线条变形，影响装饰效果。

三听。即听石材的敲击声音。一般而言，质量好的石材其敲击声清脆悦耳；相反，若石材内部存在轻微裂隙或因风化导致颗粒间接触变松，则敲击声粗哑。

四试。即用简单的试验方法来检验石材的质量好坏。通常在石材的背面滴上一小粒墨水，如墨水很快四处分散浸出，即表明石材内部颗粒松动或存在缝隙，石材质量不好；反之，若墨水滴在原地不动，则说明石材质地好。

2. 陶瓷外墙面砖

陶瓷砖墙地砖是指应用于建筑物室内外墙面及地面的陶瓷饰面材料。它具有无毒、无味、易清洁、防潮、耐酸碱腐蚀、无有害气体散发、美观耐用等特点。陶瓷砖墙地砖根据使用部位的不同，大体分为是内墙面砖、室内地砖、室外墙面砖和室外地砖四大类。

本小节重点介绍外墙面砖，外墙面砖装饰性强、坚固耐用、色彩鲜艳、防火、易清洗，并对建筑物有良好的保护作用，故其广泛地应用于大型公用建筑的外墙面、柱面、门窗套等立面装饰，有时也应用于墙面的局部点缀。

（1）外墙面砖的分类

外墙面砖根据表面装饰方法的不同，分为无釉和有釉两种。表面不施釉的称为单色砖；表面施釉的称为彩釉砖；表面既有彩釉、又有突起的纹饰或图案的，称为立体彩釉砖，亦称为"线砖"；表面施釉并做出花岗岩花纹的面砖，称为仿花岗岩釉面砖。

（2）外墙面砖的生产工艺

外墙面砖石以优质陶土为原料，再加入其他材料配成生料，经半干压后于 1100℃ 左右煅烧而成。根据制作时加入的着色剂可制成由浅至深的各种色调。为了与基层墙面能很好地粘结，其背面多带有凹凸不平的条纹。外墙面砖的表面质感多种多样，通过配料和改变制作工艺，可制成平面、麻面、毛面、磨光面、抛光面、纹点面、仿花岗石表面、压花浮雕表面、无光釉面、金属光泽面、防滑面、耐磨面等以及丝网印刷、套花图案、单色、多色等多品种制品。

（3）选用要点

外墙面砖使用在露天处，要经受日晒雨淋，且在公共地区，如果瓷砖剥落，会影响行人的生命安全和建筑物的美观，事关重大。因此必须要选用质量符合要求的外墙面砖，一般是瓷质砖。针对不同气候区，应满足表 4.3-4 的要求。

不同气候区的建筑区域面砖要求　　　　　　　　　　　　　　　　表 4.3-4

建筑区域划分	吸水率	冻融循环	放射性核素限量
Ⅰ、Ⅵ、Ⅶ	≤3%	>50 次	符合《建筑材料放射性核素限量》GB 6566 要求
Ⅱ	≤6%	>40 次	
Ⅲ、Ⅳ、Ⅴ	≤6%	—	

（4）瓷砖套的制作

预制构件的瓷砖饰面宜采用瓷砖套的方式进行铺贴成型，即瓷砖饰面反打。常见的瓷砖铺设方式是在采用水泥砂浆使瓷砖和混凝土表面粘结在一起，但是效率极低而且容易出现脱落、间隙不等的现象。

反打工艺铺设瓷砖是指在模具里放置制作好的瓷砖套，待钢筋入模、预埋件固定等工序完成后，在模具内浇筑混凝土，这样混凝土直接与瓷砖内侧接触，粘结强度远高于水泥砂浆（或瓷砖胶粘剂），而且效率高，质量好。

瓷砖套的制作，是在固定模具里一次布置若干片瓷砖，可有效保证瓷砖的平整度，排列整齐，间隙均匀。由于瓷砖套可事先加工好备用，相比常规铺贴方式，无论从质量上还是效率上都具有明显的优势。图 4.3-23 和图 4.3-24 分别是平板式瓷砖套和直角式瓷砖套。

图 4.3-23 平板式瓷砖套　　　　图 4.3-24 直角式瓷砖套

4.3.5 模具拼装

本小节主要介绍模具拼装工艺，图 4.3-25 为模具拼装工艺流程。

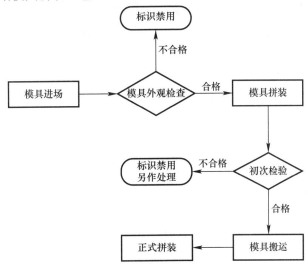

图 4.3-25 模具拼装工艺流程

模具系统一般由模板、支撑和紧固件三部分组成。模板的作用主要是保证混凝土按设计的几何形状、尺寸成型；支撑和紧固件的作用主要是承受模板、钢筋、新浇混凝土的质量，运输工具和施工人员的荷载，以及新浇混凝土对模板的压力和机械的振动力，保证模板的位置正确，防止变形、位移和胀模。

预制构件一般采用钢模和木模两种，其中以钢模为主、木模为辅。一般而言，预制构件模板尺寸较大且重，需借助起吊设备放置到特定位置后再由人工拼装完成，如图 4.3-26和图 4.2-27 所示。而且尺寸固定无法完全适应模数化构件（即以某固定尺寸为单位，如500mm，构件尺寸可按此单位在一定范围内增减）的生产需要。

图 4.3-26　模具吊运

图 4.3-27　模具拼装

随着构件工艺的不断成熟，可调尺寸的组合模具具有更广阔的前景，拼装效率更为高效，通过变换不同模数长度的中段模板，如图 4.3-28 所示，实现一定范围内的尺寸可调，从而满足不同构件的需求。

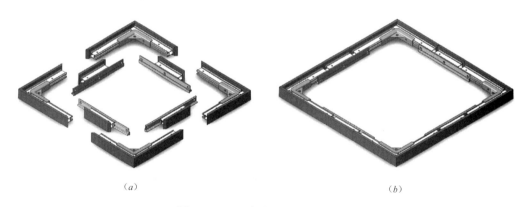

（a）

（b）

图 4.3-28　组合模具拼装前示意图
（a）拼装前；（b）拼装后

组合模具激光定位系统（图 4.3-29）可在生产任务端进行数据输出，在模板底座上以激光方式进行精确定位，使模板拼装工作更为高效和精准。图 4.3-30 为拼装完成的组合模具。

4.3.6　饰面材料铺贴

如前文所述，饰面材料的反打工艺是将加工好的饰面材料铺设到模具中，再浇筑混凝

图 4.3-29 激光定位系统

图 4.3-30 组合模具拼装后实物图

土使两者紧密结合。模具拼装后的第一步工序即为饰面材料的铺贴。本小节除介绍石材和瓷砖的铺贴，还将阐述混凝土饰面的制作工艺。

1. 石材的铺贴

石材的铺贴包括背面处理、铺设及缝隙处理三道工序。

（1）背面处理

1）背面处理剂的涂刷：石材背面上，均匀的涂刷背面处理剂，防止泛碱（图 4.3-31）；

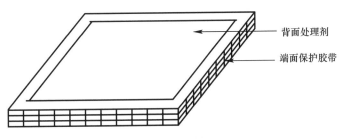

图 4.3-31 石材背面处理剂

2）石材侧面部位的保护：侧面及背面不应涂刷背面处理剂的部位，应贴胶带进行保护。

3）防止石材脱落，需用卡钩固定，如图 4.3-32 所示，通常每平方米石材不应少于 6 个卡钩。卡钩就位后用背面处理剂填充安装孔。根据石材厂家制作的分割图及固定件平面布置图确定卡钩的使用部位、数量、方向。无法安装卡钩的石材作为不良石材，应重新开孔并进行修补，缝隙末端部位根据卡钩和卡钉的分布图来处理。

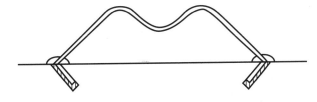

图 4.3-32 卡钩与石材连接

4）石材的堆放与搬运：待石材背面处理剂干燥后方可移动，全部竖向堆放。

（2）铺设

石材的铺设示意图见图 4.3-33。

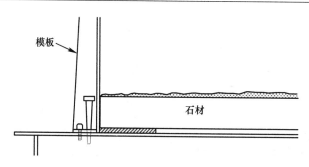

图 4.3-33　石材的铺设

铺设流程如下：

1）石材的布置：石材根据石材分割图，在指定的位置上确认石材产品编号和 PC 板名，再确认左右方位、固定用埋件的安装状态、石材背面处理状态后铺设；

2）定位：为确保指定的缝隙宽度，石材间的缝隙应嵌入硬质橡胶进行定位。为了避免石材表面出现段差，底模上所垫的橡胶片要使用统一的厚度；

3）防漏胶：缝隙内应嵌入两层泡沫条；

4）防止移动：为防止立面部位石材的移动，在拼角处用石材粘结剂粘结。立面部位的石材上部用卡钩或不锈钢棒和不锈钢丝等固定；

5）防止污染：与模板接触部分的石材侧面上，为了防止脱模剂、混凝土等沾污，应贴保护胶带；

6）石材背面间缝隙部位的处理：为增加背面缝隙打胶部位的粘结性，需将石材表面污迹、垃圾清理干净，背面缝隙需用密封胶填充，防止混凝土浆液等流到石材表面。

（3）缝隙施工

1）缝隙间嵌入的泡沫材料深度应一致。

2）填充胶是为了封住石材和石材的间隙而使用，打胶后用铁片压实，如图 4.3-34 所示。

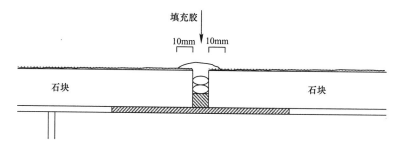

图 4.3-34　石材缝隙的处理

2. 瓷砖的铺设

入模铺设前，应先将单块面砖根据构件加工图的要求分块制成套件，即瓷砖套。其尺寸应根据构件饰面砖的大小、图案、颜色取一个或若干个单元组成，每块套件的尺寸不宜大于 300mm×600mm。

（1）根据面砖的分割图，在模板底面、侧立面弹墨线，弹线原则：每两组面砖套件为一个单位格子；

（2）以弹的墨线为中心，在墨线两侧及模板侧面粘贴双面胶带；

（3）根据面砖分割图进行面砖铺设；

（4）面砖套件放置完成后，要检查面砖间的缝是否贯通，缝深度是否一致，面砖是否有损坏，有无缺角、掉边等，然后用双面胶带粘贴在模板上，见图4.3-35；

（5）铺设完成后，用钢制铁棒沿接缝将嵌缝条压实，见图4.3-36。

图 4.3-35　瓷砖套铺贴到模具　　　　　　图 4.3-36　嵌缝条压实

3. 造型模饰面

随着住宅产业化的不断发展，装配式建筑对饰面的需求越来越高，造型模饰面预制构件逐渐得以应用。尤其在发达国家，造型模饰面建筑比比皆是，且多极具艺术气息。

造型模饰面的制作工序与石材铺贴和瓷砖铺贴是一样的，不同的是需在预制构件模具内侧放置定制加工的硅胶模具（或3D雕刻），随后浇筑混凝土，待混凝土硬化后揭掉饰面模具，则一幅幅生动的图案即刻呈现出来，如图4.3-37所示。

造型模饰面构件对饰面模具和混凝土的工作性要求极高，如混凝土拌合物应具有良好的填充性、较低的含气量、优异的黏聚性，不能有泌水；饰面模具的加工质量也会影响到最终饰面的外观。

图 4.3-37　饰面混凝土图案

4.3.7　钢筋骨架入模及预埋件固定

1. 钢筋骨架吊运

钢筋网与钢筋骨架的搬运和就位：钢筋网和钢筋骨架在整体装运、吊装就位时，必须防止操作过程中发生扭曲、弯折、歪斜等变形。起吊操作要平稳：钢筋骨架起吊挂钩点要预先根据骨架外形确定；对于重量较大、刚度较差的网和骨架，应采用临时加固（绑钢筋）或利用专用吊架的方法处理，也可采用兜底起吊、多点支垫和起吊的方法。

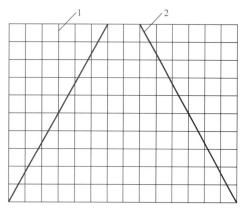

图 4.3-38　绑扎钢筋网的临时加固
1—钢筋网；2—加固筋

钢筋网与钢筋骨架的分段（块），应根据构件配筋特点及起重运输能力而定。钢筋网与钢筋骨架，为防止在运输和安装过程中发生歪斜变形，应采取临时加固措施，图 4.3-38 是绑扎钢筋网的临时加固情况。

钢筋网与钢筋骨架的吊点应根据其尺寸、重量和刚度而定。宽度大于 1m 的水平钢筋网宜采用四点起吊；跨度小于 6m 的钢筋骨架宜采用二点起吊；跨度大、刚度差的钢筋骨架宜采用横吊梁（铁扁担）四点起吊。为了防止吊点处钢筋受力变形，可采取兜底吊或加短钢筋加固。

2. 钢筋骨架入模

（1）钢筋骨架入模（见图 4.3-39）应轻放，防止变形。

（2）从上部吊起钢筋骨架并用塑料（或混凝土）垫块来确保保护层厚度（图 4.3-40 和图 4.3.41）。为了防止遗漏，垫块数量和间距要最终确认。

图 4.3-39　钢筋骨架入模

图 4.3-40　塑料飞轮垫片—侧边保护

钢筋混凝土保护层的处理：钢筋的混凝土保护层厚度应满足相关设计要求。混凝土保护层可用塑料或高强砂浆垫块加垫，垫块数量可视钢筋笼刚度来确定，一般垫块间距不大于 600mm，宜呈梅花形布置。竖向钢筋保护层可采用预埋铁丝的垫块绑在钢筋骨架外侧，也可采用飞轮垫片。

为保证预制构件混凝土浇筑面的钢筋保护层，而构件底部因饰面需要或保温材料无法承受钢筋骨架重量时，可用钢丝将钢筋骨架绑吊在模板附件上，或用钢筋架设侧模上用钢丝吊起钢筋骨架，浇捣完毕或混凝土稍硬后抽去钢丝及承托钢筋。

（3）加强筋：构件连接件、开口部位、特别要求配置加强筋的部位，应根据图纸要求配制加强筋，加强筋要有两处以上部位和钢筋骨架绑扎固定（图4.3-42）。

图4.3-41　混凝土垫块-底部保护

图4.3-42　加强钢筋固定及绑扎丝处理

（4）绑扎丝：绑扎丝的末梢不应接触模板，应向内侧弯折。

3. 预埋件固定

预制构件中预埋件种类繁多、功能各异，往往一个构件有上百个以上的预埋件。从材质上看，有钢、塑料、混凝土预制品；从种类上看，有门窗框、上下水及其他管道、各种设备的预埋件或连接件、施工现场使用的拉接模板、临时支撑、构件生产起吊预埋件等等。预埋件埋置位置应准确，并具有方向性、密封性、绝缘性和牢固性等要求，在施工时切不可因其小而轻率操作。

预埋件要固定在产品尺寸允许误差以内的位置。预埋件必须全部采用夹具固定（图4.3-43）。

图4.3-43　预埋件紧固装置

预埋件通常由模板工、钢筋工安装；或是在浇筑过程中由混凝土工安放，并即时用混凝土埋置。不论是哪种方法，在安装时必须达到设计的各种要求。其操作要点如下：

（1）在混凝土表面平埋的钢板，其短边的长度大于200mm时，应在中部加开排气孔。

（2）带有螺丝牙的预埋件，其外露螺牙部分应先用黄油满涂，再用韧性纸或薄膜包裹保护，用时方可剥除，免致被砂浆涂粘。

4.3.8　门窗及保温材料固定

1. 门窗的相关规定

（1）门窗框应有产品合格证或出厂检验报告，明确其品种、规格、生产单位等。门窗框质量应符合现行有关标准的规定。

（2）门窗框的品种、规格、尺寸、性能和开启方向、型材壁厚和连接方式等应符合设计要求。

（3）门窗框应直接安装在墙板构件的模具中（图 4.3-44），门窗框安装的位置应符合设计要求。生产时应在模具体系上设置限位框或限位件进行固定。

图 4.3-44　窗框预埋

图 4.3-45　夹心外墙板

（4）门窗框在构件制作、驳运、堆放、安装过程中，应进行包裹或遮挡，避免污染、划伤和损坏门窗框。

2. 预制夹心保温外墙板

预制混凝土夹心保温外墙板（以下简称"夹心外墙板"）作为围护结构构件，同时又具有保温节能功能，它集围护、保温、防水、防火、装饰等多项功能于一体，在我国也得到越来越多的推广。夹心外墙板将建筑节能和工业化生产融合为一体，符合"节能、降耗、减排、环保"的基本国策，是实现资源、能源可持续发展的重要手段。

夹心外墙板如图 4.3-45 所示，由内外叶墙板、夹心保温层、连接件及饰面层组成，其基本构造见表 4.3-5。

夹心外墙板基本构造　　　　　　　　　　　表 4.3-5

基本构造					构造示意图
内叶墙板①	夹心保温层②	外叶墙板③	连接件④	饰面层⑤	
钢筋混凝土	保温材料	钢筋混凝土	A. FRP 连接件 B. 不锈钢连接件	A. 腻子＋涂料 B. 饰面砖、石材 C. 无饰面 （清水混凝土）	

（1）保温材料的种类

夹心外墙板可采用有机类保温板和无机类保温板作为夹心保温层材料，有机类保温板燃烧性能等级不应低于 B_1 级，无机类保温板燃烧性能等级应为 A 级，其他性能尚应符合下列规定：

1）有机保温材料

① 聚苯乙烯板

a. 模塑聚苯乙烯板应符合现行国家标准《模塑聚苯板薄抹灰外墙外保温系统材料》GB/T 29906—2013 中 039 级产品的有关规定；

b. 挤塑聚苯乙烯板宜采用不带表皮的毛面板或带表皮的开槽板，性能指标（燃烧性能除外）应符合现行国家标准《挤塑聚苯板（XPS）薄抹灰外墙外保温系统材料》GB/T 30595 的有关规定；

c. 改性聚苯乙烯保温板应符合表 4.3-6 的规定。

改性聚苯乙烯保温板性能指标　　　　　　　　　表 4.3-6

项　目	性能指标	试验方法
表观密度（kg/m³）	30～60	GB/T 6343
导热系数［W/(m・K)］	≤0.036	GB/T 10294 或 GB/T 10295
垂直板面压缩强度（形变 10%）（MPa）	≥0.12	GB/T 8813
垂直板面抗拉强度（MPa）	≥0.12	GB/T 29906
尺寸稳定性（%）	≤0.60	GB/T 8811
体积吸水率（%）	≤3.0	GB/T 10801.1
水蒸气透过系数［ng/(Pa・m・s)］	≤8.0	GB/T 17146
燃烧性能等级	A1（A2）	GB 8624

② 硬泡聚氨酯板应符合现行国家标准《建筑绝热用硬质聚氨酯泡沫塑料》GB/T 21558 中对Ⅲ类产品的有关规定；

③ 酚醛泡沫板应符合现行国家标准《绝热用硬质酚醛泡沫制品（PF）》GB/T 20974 中对Ⅱ类（A）产品的有关规定；

2）无机保温材料

① 发泡水泥板导热系数不应大于 0.070W/(m・K)，其他指标应符合现行行业标准《水泥基泡沫保温板》JC/T 2200—2013 中对Ⅱ类产品的有关规定；

② 泡沫玻璃板应符合现行行业标准《泡沫玻璃绝热制品》JC/T 647 中对Ⅱ类产品的有关规定；

③ 膨胀珍珠岩保温板应符合现行国家标准《膨胀珍珠岩绝热制品》GB/T 10303 中对250 号产品的有关规定。

采用无机类保温板作保温层时，用于板材间填缝的水泥基无机保温砂浆性能应符合现行上海市工程建设规范《无机保温砂浆系统应用技术规程》DG/TJ 08—2088 中对Ⅰ型产品的有关规定。

（2）连接材料

连接件是保证预制夹心保温外墙板内、外叶墙板可靠连接的重要部件。纤维增强塑料（FRP）连接件和不锈钢连接件是目前应用最普遍的两种连接件。

1）纤维增强塑料（FRP）连接件由连接板（杆）和套环组成，宜采用单向粗纱与多向纤维布复合，采用拉挤成型工艺制作。为保证 FRP 连接件具有良好的力学性能，并便于安装和可靠锚固，宜设计成不规则形状，端部带有锚固槽口的形式。由于 FRP 连接件长期处于混凝土碱环境中，其抗拉强度将有所降低，因此其抗拉强度设计值应考虑折减系数（可取 2.0）。其性能指标应符合表 4.3-7 的要求。

FRP 连接件性能指标　　　　　　　　　　　　　表 4.3-7

项目	指标要求	试验方法
拉伸强度（MPa）	≥700	GB/T 1447
拉伸弹模（GPa）	≥42	GB/T 1447
层间抗剪强度（MPa）	≥40	JC/T 773
纤维体积含量（%）	≥40	GB/T3365

2）不锈钢连接件的性能指标应符合表 4.3-8 的要求。

不锈钢连接件性能指标　　　　　　　　　　　　表 4.3-8

项目	指标要求	试验方法
屈服强度（MPa）	≥380	GB/T 228
拉伸强度（MPa）	≥500	GB/T 228
拉伸弹模（GPa）	≥190	GB/T 228
抗剪强度（MPa）	≥300	GB/T 6400

4.3.9　混凝土浇捣、抹面与养护

混凝土的浇捣、抹面和养护是预制构件预制工艺的核心之一，其工艺的成熟度与完成质量最终将直接影响构件的质量，其工艺流程见图 4.3-46。

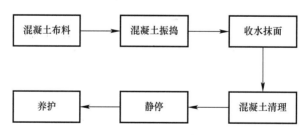

图 4.3-46　混凝土浇捣、抹面与养护工艺流程

1. 混凝土浇捣与抹面

混凝土浇捣包括浇筑（布料）和振捣两部分，应最大限度地保证混凝土的密实度；在振捣后进行一次抹面并于混凝土即将达到初凝状态时进行二次抹面，从而保证预制构件表面的光滑，同时减少裂纹的产生。

（1）浇捣前检查

在浇筑混凝土之前，应检查和控制模板、钢筋、保护层和预埋件等的尺寸、规格、数量和位置，其偏差值应符合现行国家标准《混凝土结构工程施工质量验收规范》GB 50204 的规定。此外，还应检查模板支撑的稳定性以及模板接缝的密合情况。模板和隐蔽工程项

目应分别进行预检和隐蔽验收。符合要求时，方可进行浇筑。检查时应注意以下几点：

1) 模板的标高、位置与构件的截面尺寸是否与设计符合；构件的预留拱度是否正确；

2) 所安装的支架是否稳定，支柱的支撑和模板的固定是否可靠；

3) 模板的紧密程度是否符合要求；

4) 钢筋与预埋件的规格、数量、安装位置及构件接点连接焊缝，是否符合设计要求；

5) 纵向受力钢筋的混凝土保护层最小厚度符合要求。

此外还需落实以下事项：模板内的垃圾和钢筋上的油污、脱落的铁皮等杂物，应清除干净；金属模板中的缝隙和孔洞也应予以封闭；检查安全设施、劳动力配备是否妥当，能否满足浇捣速度的要求。

（2）混凝土的运输

通常情况下预制构件混凝土用量较少，运输距离短，混凝土输送多采用卸料后通过短驳运输车辆（图 4.3-47）的方式进行。但是，短驳运输车的运输效率可能无法满足生产所需，而且运输过程中的颠簸容易造成混凝土的分层甚至离析。罐式混凝土运输车单次运输量远高于前者，而且自带搅拌功能，可有效保证混凝土的匀质性，对于改善预制构件的质量和提高生产效率均有所帮助（图 4.3-48）。

图 4.3-47　混凝土运输车　　　　　图 4.3-48　混凝土罐式运输车

混凝土自搅拌机中卸出后，应根据预制构件的特点、混凝土用量、运输距离和气候条件，以及现有设备情况等进行考虑，应满足以下要求：

1) 要及时将拌好的料用运输车辆运到浇捣地点，并确保浇捣混凝土的供应要求。

2) 混凝土的运输工具要求不吸水、不漏浆、内壁平整光洁，且在运输中的全部时间不应超过混凝土的初凝时间。

3) 运输混凝土时，应保持车速均匀，从而保证混凝土的均一性，防止各种材料分离。

4) 运输过程中，要根据各种配比、搅拌温度和外界温度等，将其控制在不影响混凝土质量的范围之内。在风雨或暴热天气运送混凝土，容器上应加遮盖，以防进水或水分蒸发。冬季施工应加以保温。夏季最高气温超过 40℃时，应有隔热措施。

车载运输混凝土的最大缺点即为混凝土生产地点与浇筑地点的短驳导致生产效率的降低和拌合物质量损失，无法满足自动化生产线的需求。图 4.3-49 所示为预制构件自动化生产线的混凝土输料系统。可以实现搅拌楼和生产线的无缝结合，输送效率大大提高，输料罐自带称量系统，可以精确控制浇筑量并随时了解罐体内剩余的混凝土数量，从而有效提高构件的浇筑质量。

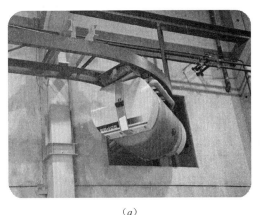

（a）   （b）

图 4.3-49　自动化生产线混凝土输料系统

（3）混凝土布料

预制构件的混凝土布料方式一般包括：手工布料、人工料斗布料和流水线自动布料几种。混凝土拌合料未入模板前是松散体，粗骨料质量较大，在布料时容易向前抛离，引起离析，将导致混凝土外表面出现蜂窝、露筋等缺陷；内部出现内、外分层现象，造成混凝土强度降低，产生质量隐患。为此，在操作上应避免斜向抛送，勿高距离散落。因此混凝土布料工艺也在很大程度上影响了构件的最终质量和生产效率。

1）手工布料

手工布料是混凝土工最基本的技能。在预制构件浇筑过程中，机器无法布料的特殊位置，多采用手工布料的方式。因拌合物是各种粗细不一、软硬不同的几种材料组合而成，其投放应有一定的规律。如贪图方便，在正铲取料后也用正铲投料，则因石子质量大，先行抛出，而且抛的距离较远，而砂浆则滞后，且有部分粘附在工具上，造成人为的离析。如图 4.3-50 所示，注意手柄上的操作方向，直投是错误的，正确的方式是旋转后再投料。

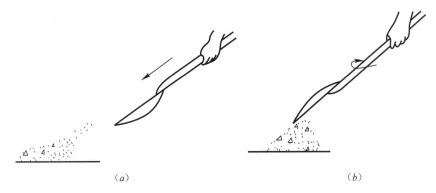

（a）   （b）

图 4.3-50　手工布料示意

2）人工料斗布料

一般 PC 工厂料斗采用吊车方式，混凝土经运输车运送到目的地后，将料斗水平放置在地面，卸入混凝土后，再由吊车吊运至布料位置，人工开启底部阀门，混凝土即可借助自重落下，见图 4.3-51。料斗布料时，需同时配备振动工，分层布料，均匀振动，确保布料的均匀与密实。

图 4.3-51 料斗布料

该方法优点在于方便、灵活，对生产线需求不高，相对于手工布料效率更高，但是与自动布料机相比效率较低。

3）自动布料机布料

随着预制构件生产量的提高，人工布料效率低下限制了生产效率，机械化布料（图 4.3-52）可以扩大混凝土浇筑范围，提高施工机械化水平，对提高施工效率，减轻劳动强度，发挥了重要作用。

图 4.3-52 自动布料机

（4）混凝土振捣

混凝土拌合物布料后，通常不能全部流平，内部有空气，不密实。混凝土的强度、抗冻性、抗渗性、耐久性等都与密实度有关。振捣是在混凝土初凝阶段，使用各种方法和工具进行振捣，并在其初凝前捣实完毕，使其内部密实，外部按模板形状充满模板，达到饱满、密实的要求。

当前混凝土拌合物密实成形的途径主要是借助于机械外力（如机械振动）来克服拌合物的剪应力而使之液化。原理是利用偏心轴或偏心块的高速旋转，使振动器因离心力的作用而振动，水泥浆的凝胶结构受到破坏，从而降低了水泥浆的粘结力和骨料之间的摩擦力，使其能很好地填满模板内部，并获得较高的密实度。

机械振动主要包括以下四种振动器：内部振动器（振动棒）、外部振动器（附着式）、表面振动器（平面振动器）、平台振动器（振动台），如图 4.3-53 所示。

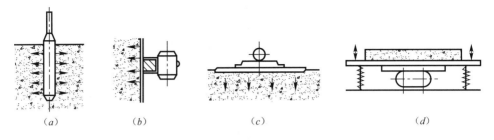

图 4.3-53　四种振动器图示

(a) 内部振动器（振动棒）；(b) 外部振动器（附着式）；(c) 表面振动器（平面式）；(d) 平台振动器（振动台）

1）内部振动器（振动棒）

构造及工作原理：插入式振动器又称内部振动器，是插入混凝土内部起振动作用的，是工地用得最多的一种。该种振动器只用一人操作，且有振动密实、效率高、结构简单、使用维修方便等优点，但劳动强度大，主要用于梁、柱、墙、厚板和大体积混凝土等结构和构件的振捣。当钢筋十分稠密或结构厚度很薄时，其使用会受到一定的限制。其工作部分是一棒状空心圆柱体，内部装有偏心振子，在电动机带动下高速转动而产生高频微幅的振动。分为软轴式、便携式和直联式等，一般采用软轴式振动器居多。

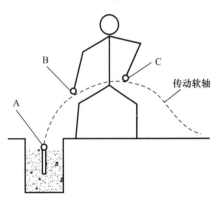

图 4.3-54　操作插入式振动器的方式

操作方法如下：

① 正确使用软轴式振动器的方式如图 4.3-54 所示，前手 B（一般为右手）紧握软轴，距振动棒 A 点的距离不宜大于 500mm，用以控制振点。后手 C（一般为左手），距离前手 B 约 400mm，扶顺软轴。软轴的弯曲半径应不大于 500mm，亦不应有两个弯。

② 软轴式振动器在操作时宜先行起动，但直联式振动器则先插入、后起动。

③ 操作直联式振动器时，因重量较大，宜双手同时掌握手把，同时就近操纵电源开关。

④ 插入时应对准工作点，勿在混凝土表面停留。振动棒推进的速度按其自然沉入，不宜用力往内推。最后的插入深度应与浇筑层厚度相匹配。也不宜将振动棒全长插入，以免振动棒与软轴连接处被粗骨料卡伤。操作时，要"快插慢拔"。"快插"是为了防止先将混凝土表面振实，与下面混凝土产生分层离析现象；"慢拔"是为了使混凝土填满振动棒抽出时形成的空洞。

⑤ 混凝土分层浇筑，由于振动棒下部的振幅比上部大得多，因此在每一插点振捣时应将振动棒上下抽动 50~100mm，使振捣均匀。在振动上层新浇筑混凝土时，可将振动棒伸入仍处于初凝期内的下层混凝土中约 20~50mm，使上下层结合密实。

⑥ 振动时，应上下抽动，抽动的幅度约为 100~200mm。

⑦ 振捣器应避免碰撞钢筋、模板、芯管、吊环、预埋件。

⑧ 模板上方有横向拉杆或其他情况必须斜插振动时，可以斜插振动，但其水平角 α 不能小于 45°，如图 4.3-55 所示。

⑨ 插入式振动器插入的方向有两种：一种是垂直插入，一种是斜向插入。各有其特点，可根据具体情况采用，使用垂直振捣较多。振动器的作用轴线先后应相互平行；如不平行，可能出现漏振，如图 4.3-56 所示。

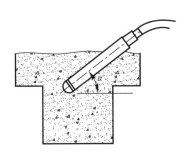

图 4.3-55　振动棒斜插振动时的限制

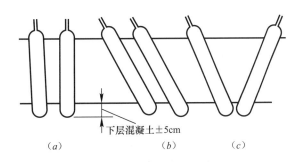

下层混凝土±5cm

（a）　　　　　（b）　　　　　（c）

图 4.3-56　振动棒插入方式
（a）直插法；（b）斜插法；（c）错误方法

⑩ 插点的分布有行列式和交错式两种，如图 4.3-57 所示。各插点的间距要均匀，行列式排列，插点间距不大于 1.5R；对轻骨料混凝土，则不大于 1.0R。交错式排列，插点的距离不能大于 1.75R。R 为作用半径，取决于振动棒的性能和混凝土的坍落度，可在现场试验确定。

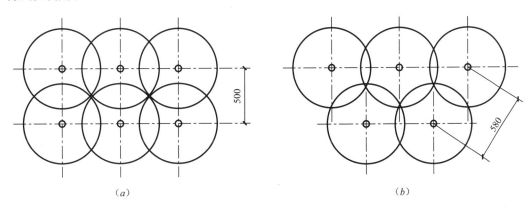

（a）　　　　　　　　　　　　　　（b）

图 4.3-57　振动棒的振点排列
（a）行列式；（b）交错式

⑪ 混凝土振捣时间要掌握好，如振捣时间过短，混凝土不能充分振实，时间过长，又可能使振动棒附近的混凝土发生离析。一般每一插点振动时间约 20～30s，从现象上来判断，以混凝土不再显著下沉、基本上不再出现气泡、混凝土表面呈水平并出现水泥浆为宜。

⑫ 拔出振动棒的过程宜缓慢，以保证插点外围混凝土能及时填充插点留下的空隙。

2）外部振动器（附着式）

外部振动器的工作原理：通过螺栓或夹钳等固定在模板外部，利用偏心块旋转时产生的振动力，通过模板将振动传给混凝土拌合物，因而模板应具有足够的刚度。其振动效果与模板的重量、刚度、面积以及混凝土结构构件的厚度有关，若配置得当，振实效果好。外部振动器体积小，结构简单，操作方便，劳动强度低，但安装固定较为烦琐，适用于钢筋较密、厚度较小、不宜使用软轴式振动器的结构构件。

外部振动器的操作方法如下：

① 外部振动器的振动作用深度约为 250mm。如构件尺寸较厚时，需在构件两侧安设振动器，同时进行振捣。当振捣竖向浇筑的构件时，应分层浇筑混凝土。每层高度不宜超过 1m，每浇筑一层混凝土需振捣一次，振捣时间应不少于 90s，但也不宜过长。待混凝土入模后方可开动振动器，混凝土浇筑高度要高于振动器安装部位。当钢筋较密和构件断面较深较窄时，亦可采取边浇筑、边振动的方法。

② 振动时间和有效作用半径由结构形状、模板坚固程度、混凝土坍落度及振动器功率大小等各项因素而定。一般每隔 1～1.5m 距离设置一个振动器。当混凝土表面成水平面并不再出现气泡时，可停止振动。必要时应通过试验确定。

3）表面振动器（平板振动器）

表面振动器的工作原理与附着式振动器构造原理相近。其主机为电动机，转子主轴两端带有偏心块。当通电主轴旋转时，即带动电动机产生振动，也就带动安装在电动机底下的底板振动。振动力通过平板传给混凝土，由于其振动作用较小，仅适用于面积大且平整、厚度小的结构或构件，如楼板、地面、屋面等薄型构件，不适用于钢筋稠密、厚度较大的结构构件。

表面振动器的操作方法及要点如下：

① 由两人面对面拉扶表面振动器，并顺着振动器运转的方向拖动。如逆向拖动，则费力且工效低。在每一位置上应连续振动一定时间，正常情况下约为 25～40s，以混凝土表面均匀出现浮浆为准。

② 移动表面振动器时，按工程平面形状均匀应成排依次平行移动，振捣前进。前后相邻两行应相互搭接 30～50mm，防止漏振。振动倾斜混凝土表面时，应由低处逐渐向高处移动，以保证混凝土振实。

③ 表面振动器的有效作用深度，在无筋及单筋平板中约为 200mm，在双筋平板中约为 120mm。平板振动器移动时，应同时观察混凝土是否达到密实的要求，达到后方可移动。

④ 操作时表面振动器不得碰撞模板，边角捣实较为困难，因此采用小口径软轴振动器补振，或用人工顺着模板边缘插捣，务求边角饱满密实，棱角顺宜。

4）平台振动器（振动台）

平台振动器（振动台）主要由台底架、振动器弹簧等部件组成，台面与底架均用钢板和型钢焊接而成，振动台是用电动机加一对相同的偏心轮组成。并通过一对吊架联轴器安装在台面（反面）中心位置，起着振实过程中平稳、垂直方向的作用。较为适合流水线作业，在使用过程中，可以通过调节振动电机激振力大小、来使平台上物料实现理想的形式。其操作注意事项如下：

① 振动台使用前需试车，先开车空载 3～5min，停车拧紧全部紧固零件，反复 2～3 次，才能正式投入运转使用。

② 振动台在生产使用中，混凝土试件的试模必须牢固地紧固在工作台上，试模的放置必须与台面的中心线相对称，使负载平衡。

③ 振动电机应有良好的可靠的地线。

④ 振动台在生产过程中如发现噪声不正常，应立即停止使用，拔去电源全面检查紧

固零件是否松动，必要时要检查振动电机内偏心块是否松动或零件损坏，拧紧松动零件，调换损坏零件。

⑤ 使用完毕后，关掉电源，将振动台面清洗干净。

（5）浇捣的一般要求

1）新拌混凝土中水泥与水拌合后，发生水化反应有 4 个阶段：初始反应期、休止期、凝结期和硬化期。各阶段时间的长短，因水泥的品种而异。初始反应期约 30min，休止期约 120min，此段时间内混凝土具有弹性、塑性和黏性及流变性。随后，水泥粒子继续水化，约在拌合后 6～10h，为凝结期。以后为硬化期，一般水泥不迟于 10h。因此在浇筑混凝土时应控制混凝土从搅拌机到浇筑完毕的时间不宜超过表 4.3-9 规定。

混凝土运输、浇筑和间歇的适宜时间　　　　表 4.3-9

混凝土强度等级	气　温	
	≤25℃	>25℃
≤C30	60min	45min
>C30	45min	30min

2）为保证混凝土的整体性，浇筑工作原则上要求一次完成。但对长柱、深梁或因钢筋或预埋件的影响、振捣工具的性能、混凝土内温度的原因等，必须分层浇筑时，应分层、分段进行，浇筑层的厚度应符合表 4.3-10 的规定。浇筑次层混凝土时，捣固时应深入前层 20～50mm，应在前层混凝土出机未超过表 4.3-9 规定的时间内进行。

混凝土浇筑层的厚度　　　　表 4.3-10

序号	捣实混凝土的方法		浇筑层厚度（mm）
1	插入式振捣器		振捣器作用部分的长度的 1.25 倍
2	表面振捣器		200
3	人工捣固	在基础、无筋混凝土或配筋系数的结构中	250
		在梁、墙板、柱结构中	200
		在配筋密列的结构中	150
4	轻骨料混凝土	插入式振捣	300
		表面振捣（振动时需加荷）	200

3）混凝土浇筑要保证混凝土的均匀性和密实性，要保证结构的整体性、尺寸准确和钢筋、预埋件的位置正确，拆模后混凝土表面要平整、光洁。

4）由于混凝土工程属于隐蔽工程，所以在预制构件混凝土浇筑前要认真检查核对所有钢筋、预埋件的品种和数量并加以记录。

5）混凝土捣实的观察：用肉眼观察振捣过的混凝土，具有下列情况者，便可认为已达到沉实饱满的要求：

① 模板内混凝土不再下沉。

② 表面基本形成水平面。

③ 边角无空隙。

④ 表面泛浆。

⑤ 不再冒出气泡。

⑥ 模板的拼缝处，在外部可见有水迹。

（6）浇捣的注意事项

1）在浇筑工序中，应控制混凝土的均匀性和密实性。混凝土拌合物运至浇筑地点后，应立即浇筑入模。在浇筑过程中，如发现混凝土拌合物的均匀性和稠度发生较大的变化，应及时处理。

2）浇筑混凝土时，应注意防止混凝土的分层离析。混凝土由料斗、漏斗、混凝土输送管、运输车内卸出进行浇筑时，如自由倾落高度过大，由于粗骨料在重力作用下，克服粘着力后的下落动能大，下落速度较砂浆快，因而可能形成混凝土离析。为此，混凝土浇筑自高处倾落的自由高度不应超过2m，在竖向结构中限制自由倾落不宜超过3m，否则应沿溜槽、溜管或振动溜管等下料。

3）浇筑混凝土时，应经常观察模板、支架、钢筋、预埋件和预留孔洞的情况，当发现有变形、移位时，应立即停止浇筑，并应在已浇筑的混凝土初凝前修整完好。

4）混凝土在浇筑及静置过程中，应采取措施防止产生裂缝。由于混凝土的沉降及干缩产生的非结构性的表面裂缝，应在混凝土终凝前予以修整。

（7）预埋件部位浇捣方法

预埋件部位浇捣尤其重要，一旦出现缺陷则不可修复，轻则会影响使用功能，重则影响结构安全，除满足上述介绍的一般要求和注意事项之外，以下是预埋件部位浇捣方法和注意事项：

1）混凝土浇捣时严禁振动棒触碰埋件造成埋件移动跑位。

2）平板埋件：混凝土浇筑至距预埋钢板底部约30mm时，可用混凝土填满钢板底部，插捣密实，再继续浇筑外围混凝土。此时，应边布料边捣固，直至敲击钢板无空鼓声，说明钢板底已饱满，再将外围混凝土按设计标高面抹平。

3）立面埋件：预埋在柱、梁侧面上的钢板埋件，其锚固筋应放在主筋的内部，不应放在混凝土保护层部位，以免锚固筋受力时将保护层拉离，影响结构的安全。浇捣时振动棒应尽可能避开埋件锚固筋。

4）埋置垂直管道的设计有两种，一是直接埋置永久性管道；二是先埋置外套管，再安装永久性管道。两者的混凝土浇捣操作方法是相同的。

（8）夹心外墙板的制作工艺

夹心外墙板的制作工艺不同于其他预制构件多采用一次浇筑成型，其特别之处在于需多次浇筑。

1）根据成型次数可分为：

① 一次成型工艺：先浇筑外叶墙板混凝土、铺装保温板、安装连接件及浇筑内叶墙板混凝土；

② 二次成型工艺：先进行外叶墙板混凝土浇筑，随即安装连接件，隔天再铺装保温板和内叶墙板混凝土浇筑。

2）根据模板类型可分为：

① 平模工艺：生产时应先浇筑外叶混凝土层，再安装保温材料和连接件，最后成型内叶混凝土层；

② 立模工艺：生产时应同步浇筑内外叶混凝土层，生产时应采取可靠措施保证内外

叶混凝土厚度、保温材料及连接件的位置准确。

3）注意事项：

① 制作夹心外墙板时，应在边模处设置外叶墙板混凝土、无机类保温板材、外叶墙板混凝土的厚度标记。铺装保温板材前，宜使用振动拖板等工具。

② 应按设计图纸和施工要求，确认连接件和铺装无机类保温板材满足要求后，方可安放连接件和铺装保温板。当铺装有机类保温板时，板材间的缝隙应挤紧。当铺装无机类保温板时，板材间的缝隙宜用水泥基无机保温砂浆进行填补。连接件应锚固到内、外叶墙板混凝土中。

③ 当保温板材铺装以及板缝处理完成后，方可安放并固定上层钢筋并进行内叶墙板混凝土的浇筑，浇筑时应避免振动器触及保温板和连接件。

④ 上层钢筋宜采用垫块和吊挂结合方式确保钢筋保护层满足设计要求。

⑤ 采用一次成型工艺时，连接件安装和内叶墙板混凝土浇筑应在外叶墙板混凝土初凝前完成，且不宜超过 2h。

⑥ 夹心外墙板制作除应符合上述要求外，尚应符合现行上海市工程建设规范《整体装配式住宅混凝土构件制作、施工及质量验收规程》DG/TJ 08—2069 的有关规定。

（9）混凝土抹面

当混凝土振动完成后，用铁抹子或木抹子在混凝土表面反复压抹，直到达到工程所需表面光洁要求，此过程称作混凝土抹面，如图 4.3-58 所示。最佳抹面时间与混凝土的初凝时间关系密切，抹面的好坏，关键在于时间的把握。一般抹面要 2 遍，在振捣完成后收 1 道面，最终是在将要初凝前收第 2 道面，这样收出的混凝土表面比较光滑且不易裂缝。具体做法如下：

图 4.3-58　混凝土抹面

1）清理：浇捣时多余的混凝土应及时清理。预埋件及固定件表面混凝土应清理干净。

2）压实：浇捣后用铁板将混凝土面拖平、压实。

3）找平：找平分金属找平和刷毛找平，找平种类和范围根据制作图要求。

图 4.3-59　表面振捣与抹平设备

4）抹面：混凝土表面应及时用泥板抹平提浆，并对混凝土表面进行抹面。

人工抹面质量可控而且较为灵活，不受构件形状和角度的限制，但是需要占用大量的人工，效率较为低下。自动化生产线的振动抹面一体装置可大幅提高抹面效率，但仅局限于平面的抹面，如遇特殊形状和机器无法抹面的部位，可结合人工抹面实现效率与质量的兼顾。表面振捣与抹面一体装置如图 4.3-59 所示。

2. 构件养护

混凝土浇捣后，之所以能逐渐凝结硬化，主要是因为水泥水化作用的结果，而水化作用则需要适当的温度和湿度条件。因此，为了保证混凝土有适宜的硬化条件，使其强度不断增长，必须对混凝土进行养护。混凝土养护的目的，一是创造条件使水泥充分水化，加速混凝土硬化；二是防止混凝土成形后因暴晒、风吹、干燥、寒冷等环境因素影响而出现不正常的收缩、裂缝等破损现象。

养护条件对于混凝土强度的增长有重要影响。在施工过程中，应根据原材料、配合比、浇筑部分和季节等具体情况，制定合理的施工技术方案，采取有效的养护措施，保证混凝土强度的正常增长。混凝土养护方法分为以下几种：

（1）覆盖浇水养护

利用平均气温高于+5℃的自然条件，用适当的材料对混凝土表面加以覆盖并浇水，使混凝土在一定的时间内保持水泥水化作用所需要的适当温度和湿度。

覆盖养护是最常用的保温保湿养护方法，主要措施是：

1）应在初凝后开始覆盖养护，覆盖所用的覆盖物宜就地取材，在终凝后开始浇水。

2）浇水方式可随混凝土龄期而变动，首日对覆盖物进行喷淋，保证混凝土表面的完整；次日即可改用胶管浇水。浇水次数应以保证混凝土表面保持湿润为度。混凝土的养护用水宜与拌制水相同。

3）养护时间与构件类型、水泥品种和有无掺用外加剂有关，见表4.3-11。

混凝土浇水养护时间表 表 4.3-11

分类		浇水养护时间
拌制混凝土的水泥品种	硅酸盐水泥、普通硅酸盐水泥	不小于 17d
	火山灰硅酸盐水泥、粉煤灰硅酸盐水泥	不小于 14d
	矾土水泥	不小于 3d
抗渗混凝土、混凝土中掺缓凝型外加剂		不小于 14d

注：1. 如平均气温低于5℃，不得浇水。
　　2. 采用其他品种水泥时，混凝土的养护应根据水泥技术性能确定。

（2）薄膜布养护

在有条件的情况下，可采用不透水气的薄膜布（如塑料薄膜布）养护。用薄膜布把混凝土表面敞露的部分全部严密地覆盖起来，保证混凝土在不失水的情况下得到充足的养护。这种养护方法的优点是不必浇水，操作方便，能重复使用，能提高混凝土的早期强度，加速模具的周转，但应该保持薄膜布内有凝结水。

（3）薄膜养生液养护

混凝土的表面不便浇水或使用塑料薄膜布养护时，可采用涂刷薄膜养生液，防止混凝土内部水分蒸发的方法养护。

薄膜养生液是将可成膜的溶液喷洒在混凝土表面上，溶液挥发后在混凝土表面凝结成一层薄膜，使混凝土表面与空气隔绝，封闭混凝土中的水分不再被蒸发，而完成水化作用。这种养护方法一般适用于表面积大的混凝土施工和缺水地区，但应注意薄膜的保护。

混凝土在养护过程中，如发现覆盖不好，浇水不足，以致表面泛白或出现干缩细小裂缝时，要立即仔细加水覆盖，加强养护工作，充分浇水，并延长浇水日期，加以补救。

（4）蒸汽养护

蒸汽养护是缩短养护时间的方法之一，一般宜用 50℃ 左右的温度蒸养。混凝土在较高湿度和温度条件下，可迅速达到要求的强度。施工现场由于条件限制，现浇预制构件一般可采用临时性地面或地下的养护坑，上盖养护罩或用简易的帆布、油布覆盖。

根据场地条件及预制工艺的不同，蒸汽养护可分为：平台养护窑、长线养护窑和立体养护窑等，分别见图 4.3-60～图 4.3.62。其中长线养护窑多用于机组流水线生产组织方式，立体养护窑占地面积小，而且单位产品能耗较低。当气温条件合适，也可不蒸养。上海地区一般 6 月份至 9 月份可不蒸养。

图 4.3-60　平台养护窑

图 4.3-61　长线养护窑

图 4.3-62　立体养护窑

蒸汽养护分四个阶段：

1）静停阶段：就是指混凝土浇捣完毕至升温前在室温下先放置一段时间。这主要是为了增强混凝土对升温阶段结构破坏作用的抵抗能力，一般需 2～6h。

2）升温阶段：就是混凝土原始温度上升到恒温阶段。温度急速上升会使混凝土表面因体积膨胀太快而产生裂缝，因而必须控制升温速度，一般为 10～25℃/h。

3）恒温阶段：是混凝土强度增长最快的阶段。恒温的温度应随水泥品种不同而异，普通硅酸盐水泥的养护温度不得超过 60℃，恒温加热阶段应保持 90%～100% 的相对湿度。

4）降温阶段：在降温阶段内，混凝土已经硬化，如降温过快，混凝土会产生表面裂缝，因此降温速度应控制。一般情况下，构件厚度在 100mm 左右时，降温速度每小时不大于 20℃。针对上海地区，各月份的蒸汽养护曲线可参考图 4.3-63～图 4.3-65。

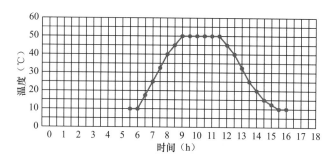

图 4.3-63　1～3 月和 12 月蒸养温度曲线

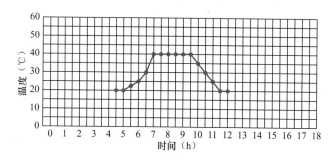

图 4.3-64　4 月和 11 月蒸养温度曲线

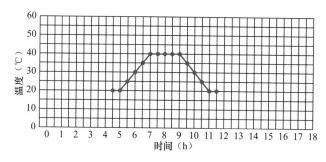

图 4.3-65　5 月和 10 月蒸养温度曲线

4.3.10　脱模与起吊

1. 构件脱模

（1）养护罩脱除

脱除养护罩时，为了避免由于蒸汽温度骤然升降而引起混凝土构件产生裂缝变形，必须严格控制升温和降温的速度。出槽的构件温度与环境温度相差不得大于 20℃。

（2）拆模

拆模先从侧模开始，先拆除固定预埋件的夹具，再打开其他模板。拆侧模时，不应损伤预制构件，见图 4.3-66。

2. 构件起吊

脱模强度要大于设计要求，并采用 4～6 点起吊（根据构件实际情况），如图 4.3-67 所示。

图 4.3-66　构件脱模

图 4.3-67　构件起吊

当检查产品的外观尺寸，需临时放置的时候，为了防止产品产生翘曲、划痕、掉角、裂纹，底部要垫垫木、饰面要用保护薄片。

4.3.11　产品清理

1. 石材构件的清理

表面铺贴石材的预制构件成品的清理步骤如下：

（1）埋件的清扫

临时放置的产品，埋件上的混凝土浆要用刷子等工具去除。

（2）翻转

浇捣面的检查及清扫作业结束之后，迅速用翻转机或脱模用埋件、吊钩等工具进行翻转（图 4.3-68），饰面要向上。

图 4.3-68　构件翻转

（3）石材表面清洗

对石块间缝隙部位里放进去的封条及胶带要去除，石块表面要进行清洗，清洗时用刷子水洗，在平放状态下进行工作（图 4.3-69）。

（4）石材表面检查

1）用目测确认石间缝隙的贯通；

2）确认石材的裂纹、开裂、掉角情况；

3）有开裂、裂纹、掉角的石材要根据石材修补方法及时修补。

图 4.3-69　石材表面清洗

（5）打胶

1）基层处理

基层处理时要把油污、污迹、垃圾等去除并擦拭之后用溶剂进行清洗。

① 泡沫材料的填充；

② 粘贴养护胶带时应防止胶带嵌入；

③ 涂刷粘结剂用毛刷均匀涂刷，防止飞溅、溢出。

2）搅拌材料

硬化剂和颜料同时混入母材中，用机器充分搅拌至均匀。搅拌时按正转→反转→正转的顺序反复进行，罐壁、罐底、搅拌片上留下的材料要在中途用铁片挂下后再均匀搅拌。

3）打胶处理

① 搅拌过的胶材要填充在胶枪里防止气泡进入；

② 枪口使用符合缝宽尺寸，充分施加压力，填充到石缝底部；

③ 从封条的交叉部位开始打胶，断胶要避免在交叉部位，如图 4.3-70 所示。

图 4.3-70　打胶处理

4）整修

① 胶材填充工作中硬化前为了防止材料中混进垃圾及尘埃要进行保护；

② 胶材填充之后要迅速用铁片进行整修；

③ 整修时胶材要比表面低于 3mm，按压要充分、平滑；

④ 胶材整修后迅速揭掉养护胶带，并注意胶带的粘结剂不应残留。

2. 瓷砖构件的清理

表面铺贴瓷砖的预制构件成品的清理如图 4.3-71 所示，步骤如下：

（1）面砖表面清理及接缝除污；

（2）注意瓷砖的掉角，清除灰浆后，用水清洗；

（3）使用配制浓度为 1%～2% 的酸液清洗，再用清水洗干净；

（4）清理后检查面砖的裂缝、掉角、起浮（用敲锤）。肉眼观察面砖的接缝，确认缝隙无错缝；

（5）转角板的角部（立部）要由质检人员全数检查瓷砖的浮起。

图 4.3-71 瓷砖的检查与清洗

4.3.12 密封条粘贴

密封条粘贴工序如下：

（1）确认密封条位置是否欠缺和气泡；

（2）确认粘结面是否干燥状态；

（3）为了防止密封条尺寸过长或过短，切断时要与实物对照，确认无误后进行粘贴；

（4）密封条的粘结位置要根据图纸施工；

（5）粘结剂要在混凝土和密封条两面涂刷，涂刷时应保持均匀；

（6）安装时从两端至中央开始，贴密封条时不能过度张拉或压缩。

4.3.13 质量检查

1. 原材料质量检查

（1）水泥进场时应对其品种、级别、包装或散装仓号、出厂日期等进行检查，并应对其强度、安定性及其他必要的性能指标进行复验，其质量必须符合现行国家标准《通用硅酸盐水泥》GB 175 的规定。

（2）当在使用中对水泥质量有怀疑或水泥出厂超过 3 个月（快硬性水泥超过 1 个月）时，应进行复验，并按复验结果使用。

（3）钢筋混凝土结构、预应力混凝土结构中，严禁使用含氯化物的水泥。

（4）混凝土用的粗骨料，其最大颗粒粒径不得超过构件截面最小尺寸的 1/4，且不得超过钢筋最小净间距的 3/4；对混凝土实心板，骨料的最大粒径不宜超过板厚的 1/3，且不得超过 40mm。

2. 混凝土的质量检查

混凝土质量检查包括施工过程中的质量检查和养护后的质量检查。施工过程中的质量检查，即在混凝土制备和浇捣过程中对原材料的质量、配合比、坍落度等的检查，每一工作班至少检查两次，如遇特殊情况还应及时进行检查。混凝土的搅拌时间应随时检查。

混凝土养护后的质量检查主要指混凝土立方体抗压强度。混凝土抗压强度应以标准立方体试件（边长150mm），在标准条件下（温度20℃±2℃、相对湿度95％以上）养护28d后测得的抗压强度，试块尺寸和换算系数见表4.3-12。

混凝土试件尺寸及其强度换算系数   表4.3-12

骨料最大粒径（mm）	试件边长（mm）	强度的尺寸换算
≤31.5	100	0.95
≤40	150	1.00
≤63	200	1.05

注：对强度等级为C60及以上的混凝土试件，其强度的尺寸换算系数可通过实验确定。

质量检查的一般要求：

（1）混凝土的强度等级必须符合设计要求。用于检查混凝土强度的试件，应在浇捣地点随机抽样留设，不得挑选。

如果对混凝土试件强度的代表性有怀疑，可采用非破损检验方法或从结构、构件中钻取芯样的方法，按有关标准的规定，对结构构件中的混凝土强度进行推定，作为是否应进行处理的依据。混凝土现场检测抽样有回弹法、超声波回弹综合法及钻芯法等检测混凝土抗压强度。

（2）对采用蒸汽法养护的混凝土结构构件，其混凝土试件应先随结构构件同条件蒸汽养护，再转入标准条件养护28d。

（3）当混凝土中掺用矿物掺和料时，确定混凝土强度时的龄期可按现行国家标准《粉煤灰混凝土应用技术规范》GB/T 50146等的规定取值。

（4）检验评定混凝土强度用的混凝土试件的尺寸及强度的尺寸换算系数应按表4.3-12取用；其标准形成方法、标准养护条件及强度试验方法应符合普通混凝土力学性能试验方法标准的规定。

（5）构件拆模、出池、出厂、吊装、张拉、放张及施工期间负荷时混凝土的强度，应根据同条件养护的标准尺寸试件的混凝土强度确定。

3. 构件的质量检查

预制构件需进行尺寸检验和目测检验，两项检验合格为合格品。具体检查内容及方法见"第6章 装配式混凝土结构施工质量检验及验收"的有关规定。

4.3.14 产品标识

储存、发货时要在构件显眼的地方标识生产公司名称和工厂名称、工程名称、构件型号、生产日期、检查合格标志等。

4.4 构件质量通病产生的原因及防治

4.4.1 构件表面缺陷

1. 麻面（图4.4-1）

（1）产生原因

1）模板表面粗糙或清理不干净，粘有干硬水泥砂浆等杂物，拆模时混凝土表面被粘损，出现麻面。

2）模板在浇筑混凝土前没有浇水湿润或湿润不够，浇筑混凝土时，与模板接触部分的混凝土，水分被模板吸去，致使混凝土表面失水过多，出现麻面。

3）模板脱模剂涂刷不均匀或局部漏刷，拆模时混凝土表面粘结模板，引起麻面。

4）模板接缝拼装不严密，浇捣混凝土时缝隙漏浆使混凝土表面沿模板缝位置出现麻面。

5）混凝土振捣不密实，混凝土中的气泡未排出，一部分气泡停留在模板表面，成麻点。

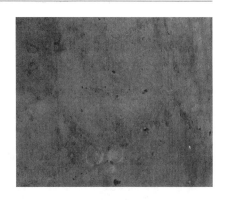

图 4.4-1 麻面

（2）预防措施

1）模板清理干净，不得粘有干硬水泥等杂物；

2）模板要均匀涂刷隔离剂，不得漏刷；

3）混凝土必须分层均匀振捣密实，严防漏振；每层混凝土应振捣至气泡排出为止。

（3）处理办法

1）结构表面作粉刷的，可不处理；

2）表面无粉刷的，应在麻面部位浇水充分湿润后，用水泥1:2水泥砂浆抹平压光。

图 4.4-2 露筋

2. 露筋（图 4.4-2）

（1）产生原因

1）浇筑混凝土时，钢筋保护层垫块发生移位，或垫块太少，漏放或被压碎均有可能导致露筋；

2）钢筋混凝土构件截面小，钢筋过密，石子卡在钢筋上，使水泥砂浆不能充满钢筋周围，造成露筋；

3）混凝土配合比不当，产生离析，靠模板部位缺浆或模板漏浆；

4）混凝土保护层太薄，或保护层处混凝土漏振或振捣不实，或漏振棒撞击钢筋或踩踏钢筋，使钢筋位移，造成露筋。

（2）预防措施

1）浇筑混凝土前，应保证钢筋位置和保护层厚度正确，并加强检查和修正，可采用专用塑料或混凝土垫块；

2）钢筋密集时，应选用适当粒径的石子，保证混凝土配合比正确和良好的和易性；

3）浇筑高度超过1m，应用溜槽进行下料，以防止离析；

4）模板应充分湿润并认真堵好缝隙；

5）混凝土振捣严禁撞击钢筋，以防止钢筋移位，在钢筋密集处，可采用刀片或振动棒进行振捣；

6）操作时，避免踩踏钢筋，如有踩弯或脱扣等应及时调直修正；

7）保护层混凝土要振捣密实，正确掌握脱模时间，防止过早拆模，碰坏棱角。

（3）处理办法

1）表面露筋：刷洗干净后，在表面抹 1∶2 或 1∶2.5 水泥砂浆，将露筋部位抹平；

2）露筋较深：凿去薄弱混凝土和突出颗粒，洗刷干净后，用比原来高一等级标号的细石混凝土填塞压实，并认真养护。

图 4.4-3　蜂窝

3. 蜂窝（图 4.4-3）

（1）产生原因

1）混凝土配合比不当或砂、石子、水泥材料加水量计量不准，造成砂浆少、石子多；

2）混凝土搅拌时间不够，未拌合均匀，和易性差，振捣不密实；

3）未按操作规程浇筑混凝土，下料不当，未设溜槽造成石子砂浆离析，或混凝土振捣不实，或漏振，或振捣时间不够；

4）模板缝隙未堵严，水泥浆流失；

5）钢筋较密，使用的石子粒径过大或坍落度过小。

（2）预防措施

1）严格控制混凝土的配合比，按规定时间或批次检查，做到计量准确；

2）混凝土拌合均匀，坍落度符合设计要求；

3）混凝土下料高度超过 1m 应设溜槽，浇灌应分层下料，分层振捣，防止漏振；

4）模板缝隙应堵塞严密，浇筑中，应随时检查模板支撑情况，防止滑浆。

（3）处理方法

1）小蜂窝：洗刷干净后，用 1∶2 或 1∶2.5 水泥砂浆抹平压实；

2）较大蜂窝：将松动石子和突出颗粒剔除，刷洗干净后，用高一等级标号细石混凝土仔细填塞捣实，加强养护；

3）较深蜂窝：如清除困难，可埋压浆管、排气管、表面抹砂浆或浇筑混凝土封闭后，进行水泥压浆处理。

4. 空洞（图 4.4-4）

（1）产生原因

由于混凝土掏空，砂浆严重分离，石子成堆，砂子和水泥分离而产生，另外，混凝土受冻、泥块杂物掺入等，都会形成空洞。

（2）预防措施

1）在钢筋密集处及复杂部位，采用细石混凝土浇筑，使混凝土充满模板，并认真分层振捣密实；

2）预留孔洞应在两侧同时下料，侧面加开浇筑口；

3）采用正确的振捣方法，防止漏振；

4）若砂石中混有黏土块，模板工具等杂物掉入混凝土内，应及时清除干净。

图 4.4-4　空洞

（3）处理方法

1）对混凝土孔洞的处理，通常要经有关单位共同研究，制定修补方案，经批准后方可处理；

2）一般是将孔洞周围的松散混凝土和软弱浆膜凿除，用压力水冲洗，支设带托盒的模板，洒水充分湿润后，用高强度等级的细石混凝土仔细浇筑捣实；

3）对现浇混凝土梁柱的孔洞，可在梁底用支撑支牢，将孔洞处不密实的混凝土和突出的石子凿除，然后用比原混凝土标号高一等级的细石混凝土浇筑。

5. 缺棱掉角（图 4.4-5）

（1）产生原因

1）混凝土浇筑前模板未充分湿润，造成棱角处混凝土中水分被模板吸去，水化不充分，强度降低，拆模时棱角损坏。

2）常温施工时，拆模过早或拆模后保护不好造成棱角损坏。

（2）预防措施

拆模时混凝土应达到足够的强度，且用力不要过猛，避免表面和棱角破坏。

（3）处理方法

图 4.4-5 缺棱掉角

1）缺棱掉角较小时，可将该处用钢丝刷刷净，清水冲洗充分湿润后，用 1∶2 或 1∶2.5 的水泥砂浆抹补修正；

2）掉角较大时，将松动石子和突出颗粒剔除，刷洗干净后，然后支模用高一等级标号细石混凝土仔细填塞振捣，加强养护。

图 4.4-6 堵孔

6. 堵孔（图 4.4-6）

（1）产生原因

1）在浇筑混凝土前没有认真处理施工表面，或浇筑时振捣不够。

2）施工处锯屑、泥土、砖块等杂物未清除或未清除干净。

3）混凝土浇灌高度过大，未设串筒、溜槽，造成混凝土离析。

（2）预防措施

1）认真按施工验收规范要求处理施工缝及变形缝表面；接缝处锯屑、泥土、砖块等杂物应清理干净并洗净。

2）浇灌前应先浇 5～10mm 厚原配合比无石子砂浆，或 10～15mm 厚减半石子混凝土，以利结合良好，并加强接缝处混凝土的振捣密实。

（3）处理方法

1）缝隙夹层不深时，可将松散混凝土凿去，洗刷干净后，用 1∶2 或 1∶2.5 水泥砂浆强力填嵌密实。

2）缝隙夹层较深时，应清除松散部分和内部夹杂物，用压力水冲洗干净后支模，强力

图 4.4-7 色差

灌细石混凝土或将表面封闭后进行压浆处理。

7. 色差（图 4.4-7）

（1）产生原因

不同批次的原料甚至不同锅料均有可能导致色差；而且振动时间与振动部位深度的差别也会造成一定程度的色差。

（2）预防措施

对构件表面颜色均匀度有一定要求时，应尽可能确保混凝土原料为同一批次，最好计算好方量，确保一模一锅，避免材料的浪费及不同锅料导致的色差；尽量由固定操作人员进行均匀振捣，避免部分过振部分欠振的现象。

（3）处理方法

若构件需做饰面或粉刷处理，则色差可忽视；否则需用水泥浆或同色颜料均匀涂刷表面后晾干；色差严重无法修饰的构件作不合格品处理。

8. 饰面损伤（图 4.4-8）

（1）产生原因

混凝土浇筑前饰面部件未充分固定，造成饰面部件移动；混凝土浇筑时振动棒影响饰面部件，造成饰面部件损坏。

（2）预防措施

饰面部件应稳定牢固，拼接严密，无松动；尺寸应符合要求，并应检查、核对，以防止浇筑过程中发生位移；混凝土浇筑时振动棒切勿直接接触饰面层，以免造成饰面部件损坏。

图 4.4-8 饰面损伤

（3）处理方法

饰面部件较小时，可将该处刷净后，用专用抹补材料修正；较大时，将损坏饰面部件剔除并更换，加强新饰面部件的养护。

4.4.2 构件尺寸位置偏差

1. 位移

（1）现象

中心线对定位轴线的位移以及预埋件等的位移超过允许偏差值。

（2）原因分析

1）模板支撑不牢固，混凝土振捣时产生位移。放线误差大，没有认真校正和核对，或没有及时调整，积累误差过大；

2）门洞口模板及预埋件固定不牢靠，混凝土浇筑、振捣方法不当，造成门洞口和预埋件产生较大位移。

（3）预防措施

1）模板固定要牢靠，以控制模板在混凝土浇筑时不致产生较大水平位移；

2）位置线要准确，要及时调正误差，并及时检查、核对，保证施工误差不超过允许偏差值；

3）模板应稳定牢固，拼接严密，无松动。螺栓紧固可靠、尺寸应符合要求，并应检查、核对，以防止施工过程中发生位移；

4）模板及各种预埋件位置和标高应符合设计要求，做到位置准确，固定牢固，检查合格后，方能浇筑混凝土；

5）防止混凝土浇筑时冲击入料口模板和预埋件，入料口两侧混凝土必须均匀进行浇筑和振捣；

6）振捣混凝土时，不得振动钢筋、模板及预埋件，以免模板变形或预埋件位移或脱落。

（4）处理方法

1）偏差值不影响结构施工质量要求时，可不进行处理；如只需进行少量局部剔凿和修补处理时，应适时整修。用1∶1∶2（普通硅酸盐白水泥∶粉煤灰∶普通硅酸盐水泥）混合水泥砂浆掺入适量专用建筑胶修补，修补颜色须与原混凝土颜色保持一致。

2）偏差值影响结构安全要求时，应按相关程序确定处理方案后再处理。

2. 板面不平整

（1）现象

混凝土的厚度不均匀，表面不平整。

（2）产生原因

振捣方式和表面处理不当，以及模板变形或模板支撑不牢的。另外，混凝土未达到一定强度就上人操作或运料，使板面出现凹坑和印迹。

（3）预防措施

1）浇筑混凝土板应采用平板式振动器振捣，其有效振动深度约为200～300mm，相邻两段之间应搭接振捣30～50mm；

2）混凝土浇筑后12h以内，应进行覆盖浇水养护（如气温低于5℃时不得浇水）；

3）混凝土模板应有足够的强度、刚度和稳定性；

4）在浇筑混凝土过程中，要注意观察模板和支撑，如有变形应立即停止浇筑，并在混凝土凝结前修整加固好。

3. 变形

（1）现象

外形竖向变形和表面平整度超过允许偏差值。

（2）产生原因

模板的安装和支撑不好，或模板本身的强度和刚度不够，此外，混凝土浇筑时不按操作规程浇筑，也会造成跑模或较大的变形。

（3）预防措施

支架的支撑部分和大型竖向模板必须安装坚实；混凝土浇筑前应仔细检查模板尺寸和位置是否正确，支撑是否牢靠，发现问题，及时处理；浇筑时，应由外对内对称顺序进行，不得由一端向另一端推进，防止构件模板倾斜；浇筑混凝土应按要求进行浇筑。

（4）处理办法

竖向偏差、表面平整超过允许值较小，不影响结构工程质量，通过后续施工可以补救的缺陷；竖向偏差值超过允许值较多，影响结构工程质量要求时，应在拆模检查后，根据具体情况把偏差值较大的混凝土剔除，返工重做。

4.4.3 构件内部缺陷

1. 混凝土强度不足

当同一批混凝土试块的抗压强度平均值低于设计要求的强度等级，3 个试件中的最大或最小的强度值与中间值相比超过 15%，即为强度不足。

（1）产生原因

1）混凝土原材料问题：水泥过期或受潮结块，活性降低；砂、石骨料级配不好，空隙大，含泥量大，杂物多；外加剂使用不当，掺量不准等原因造成混凝土强度不足；

2）配合比设计问题：不用试验室规定的申请配合比，随便套用混凝土配合比；计量工具陈旧或维修管理不好，进度不合格；砂、石、水泥不认真过磅，计量不准确等有可能导致混凝土强度不足；

3）搅拌操作问题：施工中随意加水，使水灰比增大；配合比以重量折合体积比，造成配合比称料不准；混凝土加料顺序颠倒，搅拌时间不够，拌合不匀，以上均能导致混凝土强度的降低；

4）浇捣问题：主要是施工中振捣不实及发现混凝土有离析现象时，未能及时采取有效措施来纠正；

5）养护问题：养护管理不善，或养护条件不符合要求，在同条件养护时，早期脱水或外力破坏；冬期施工，拆模过早或早起受冻，以上均能造成混凝土强度低落。

（2）预防措施

1）水泥应有出厂合格证，并其品种、等级、包装、出厂日期等进行检查验收，过期水泥经试验合格方可使用；

2）砂、石子粒径、级配、含泥量等应符合要求，严格控制混凝土配合比，保证计量准确；

3）混凝土应按顺序拌制，保证搅拌时间和均匀；

4）防止混凝土早期受冻，冬季施工用普通水泥配制的混凝土，在遭受冻结前，应达到设计强度 30% 以上；

5）按要求认真制作混凝土试块，并加强对试块的养护。

（3）处理办法

1）混凝土强度偏低，可用非破坏检验方法（如回弹仪法、超声波法等）来测定混凝土的实际强度；

2）当混凝土强度偏低，不能满足要求时，可按实际强度校核结构的安全度，研究处理方案，采用相应的加固或补强措施。

2. 预埋部件位移

（1）原因分析

1）预埋件固定不牢靠，混凝土振捣时产生位移；

2）混凝土振捣不当，造成门洞口和预埋件产生较大位移。

（2）预防措施

1）预埋件固定要牢靠，以控制模板在混凝土浇筑时不致产生较大水平位移；

2）预埋件位置线要准确，要及时调正误差，并及时检查、核对；

3）防止混凝土浇筑时冲击门洞口预埋件，门洞口两侧混凝土必须均匀进行浇筑和振捣；

4）振捣混凝土时，不得振动钢筋、模板及预埋件，以免预埋件位移或脱落。

（3）处理方法

1）位移值不影响结构施工质量可不进行处理；

2）位移值影响结构安全要求时，应按相关程序确定处理方案后，再处理。

3. 保护层性能不良

当混凝土的保护层被破坏或混凝土的保护性能不良时，钢筋会发生锈蚀、铁锈膨胀硬气混凝土开裂。

（1）产生原因

1）钢筋混凝土保护层严重不足，或在施工时形成的表面缺陷如掉角、露筋、蜂窝、孔洞、裂缝等没有处理或处理不当，在外界条件下使钢筋锈蚀；

2）混凝土内掺入了过量的氯盐外加剂，造成钢筋锈蚀，导致混凝土沿钢筋位置产生裂缝，锈蚀的发展使混凝土剥落而露筋。

（2）预防措施

1）混凝土表面缺陷应及时进行修补，并应保证修补质量；

2）不宜采用蒸汽加热养护；

3）混凝土裂缝可用环氧树脂灌缝；

4）对锈蚀钢筋，应彻底清除铁锈，凿除不良混凝土，用清水冲洗，再用比原混凝土高一等级标号的细石混凝土浇捣，并养护。

4.5 预制构件的运输与存放

4.5.1 预制构件运输

1. 场内驳运

预制构件的场内运输应符合下列规定：

（1）应根据构件尺寸及重量要求选择运输车辆，装卸及运输过程应考虑车体平衡。

（2）运输过程应采取防止构件移动或倾覆的可靠固定措施。

（3）运输竖向薄壁构件时，宜设置临时支架。

（4）构件边角部及构件与捆绑、支撑接触处，宜采用柔性垫衬加以保护。

（5）预制柱、梁、叠合楼板、阳台板、楼梯、空调板宜采用平放运输；预制墙板宜采用竖直立放运输。

（6）现场运输道路应平整，并应满足承载力要求。

预制构件场内的平放驳运（图 4.5-1）与竖放驳运（图 4.5-2），可根据构件形式和运输状况选用。各种构件的运输，可根据运输车辆和构件类型的尺寸，采用合理、最佳组合运输方法，提高运输效率和节约成本。

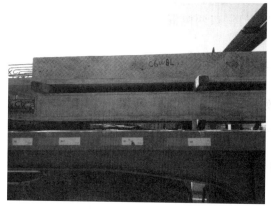

图 4.5-1　构件场内平放驳运

图 4.5-2　构件场内竖放驳运

2. 运输路线的选择

（1）运输车辆的进入及退出路线。

（2）运输车辆必须停放在指定地点，按指定路线行驶。

（3）运输应根据运输内容确定运输路线，事先得到各有关部门的许可。

（4）运输应遵守有关交通法规及以下内容：

1）出发前对车辆及箱体进行检查；

2）驾照、送货单、安全帽的配备；

3）根据运输计划严守运行路线；

4）严禁超速、避免急刹车；

5）工地周边停车必须停放指定地点；

6）工地及指定地点内车辆要熄火、刹车、固定防止遛车；

7）遵守交通法规及工厂内其他规定。

图 4.5-3　构件装卸设备-行车

（2）构件运输车辆

3. 装卸设备与运输车辆

（1）构件装卸设备（图 4.5-3）

构件单件有大小之分，过大、过宽、过重的构件，采用多点起吊方式，选用横吊梁可分解、均衡吊车两点起点问题。单件构件吊具吊点设置在构件重心位置，可保证吊钩竖直受力和构件平稳。吊具应根据计算选用，取最大单体构件重量，即不利状况的荷载取值应确保预埋件与吊具的安全使用。构件预埋吊点形式多样，有吊钩、吊环、可拆卸埋置式以及型钢等形式，吊点可按构件具体状况选用。

重型、中型载货汽车，半挂车载物，高度从地面起不得超过 4m，载运集装箱的车辆不得超过 4.2m。构件竖放运输高度选用低平板车，可使构件上限高度低于限高高度。

4. 运输放置方式

运输时为了防止构件发生裂缝、破损和变形等，选择运输车辆和运输台架时要注意以下事项：

（1）选择适合构件运输的运输车辆和运输台架；

（2）装车和卸货时要小心谨慎；

（3）运输台架和车斗之间要放置缓冲材料，长距离或者海上运输时，需对构件进行包框处理，防止造成边角的缺损，见图4.5-4和图4.5-5；

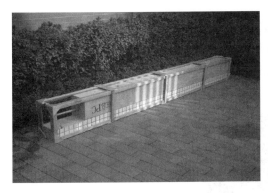

图 4.5-4 梁的保护

图 4.5-5 楼梯保护

（4）运输过程中为了防止构件发生摇晃或移动，要用钢丝或夹具对构件进行充分固定；

（5）要走运输计划中规定的道路，并在运输过程中安全驾驶，防止超速或急刹车现象。

横向装车（图4.5-6）时，要采取措施防止构件中途散落。竖向装车（图4.5-7）时，要事先确认所经路径的高度限制，确认不会出现问题。另外，还应采取措施防止运输过程中构件倒塌。选择构件装车方式有：

图 4.5-6 构件横向装车

图 4.5-7 构件竖向装车

1）柱构件与储存时相同，采用横向装车方式或竖向装车方式；

2）梁构件通常采用横向装车方式，也要采取措施防止运输过程中构件散落。要根据构件配筋决定台木的放置位置，防止构件运输过程中产生裂缝；

3）墙和楼面板构件在运输时，一般采用竖向装车方式或横向装车方式。墙和楼面板构件采用横向装车方式时，要注意台木的位置，还要采取措施防止构件出现裂缝、破损等现象；

4）其他构件包括楼梯构件、阳台构件和各种半预制构件等。因为各种构件的形状和配筋各不相同，所以要分别考虑不同的装车方式。选择装车方式时，要注意运输时的安全，根据断面和配筋方式采取不同的措施防止出现裂缝等现象，还需要考虑搬运到现场之后的施工性能等。

5. 装车状况检查

操作要点如下：

（1）依照要求进行装车；

（2）根据公司制作的产品、现场安装的施工顺序和构件的形状、数量、装卸时的机械能力以及道路状况、交通规则等来决定使用车辆；

（3）装车时要避免构件扭曲、损伤，避免损伤产品；

（4）垫块（支撑点）上应放置垫片，如图 4.5-8 所示，并保持清洁；

塑料垫片

图 4.5-8　构件之间的垫块及垫片保护

（5）装车要考虑运输时外力影响，防止货物倾塌；

（6）装车应尽量采用便于现场卸货的方法；

（7）装车完毕后，按表 4.5-1 进行最终检查确认；

（8）车辆在行驶过程中要注意平稳。

装箱确认表　　　　　　　　　　　　　　　　　　　　　　　表 4.5-1

检查项目	判定标准
产品的外观	没有破损
垫块位置	放在指定位置
固定方法	放入的预制构件位置稳定
密封条	粘贴部位无脱胶或破损

4.5.2 构件存放

1. 注意事项

预制构件的存放要防止外力造成倾倒或落下，注意事项如下：

（1）不要进行急剧干燥，以防止影响混凝土强度的增长。

（2）采取保护措施保证构件不会发生变形。

（3）做好成品保护工作，防止构件被污染及外观受损。

（4）成品应按合格、待修和不合格区分类堆放，并标识如工程名称、构件符号、生产日期、检查合格标志等。

（5）堆放构件时应使构件与地面之间留有空隙，堆垛之间宜设置通道。必要时应设置防止构件倾覆的支撑架。

（6）预制构件堆放避免与地面直接接触，须乘坐在木头或软性材料上（如塑料垫片），堆放构件的支垫应坚实。

（7）连接止水条、高低口、墙体转角等薄弱部位，应采用定型保护垫块或专用式套件作加强保护。

（8）预制构件重叠堆放构件时，每层构件间的垫木或垫块应在同一垂直线上。

（9）预制外挂墙板宜采用插放或靠放，堆放架应有足够的刚度，并应支垫稳固；对采用堆放架立放的构件，宜对称靠放，并与地面倾斜角度宜大于80°；宜将相邻堆放架连成整体。

（10）预制构件的堆放应预埋吊件向上，标志向外；垫木或垫块在构件下的位置宜与脱模、吊装时的起吊位置一致。

（11）应根据构件自身荷载、地坪、垫木或垫块的承载能力及堆垛的稳定性确定堆垛层数。

（12）储存时间很长时，要对结合用金属配件和钢筋等进行防锈处理。

2. 堆放场地

存放场地应为钢筋混凝土地坪，并应有排水措施。

（1）预制构件的堆放要符合吊装位置的要求，要事先规划好不同区位的构件的堆放地点。尽量放置能吊装区域，避免吊车移位，造成工期的耽误。

（2）堆放构件的场地应保持排水良好，防止雨天积水后不能及时排泄，导致预制构件浸泡在水中，污染预制构件。

（3）堆放构件的场地应平整坚实并避免地面凹凸不平。

（4）在规划储存场地的地基承载力时要根据不同预制构件堆垛层数应和构件的重量。

（5）按照文明施工要求，现场裸露的土体（含脚手架区域）场地需进行场地硬化；对于预制构件堆放场地路基压实度不应小于90%，面层建议采用15cmC30钢筋混凝土，钢筋采用φ12@150双向布置。

3. 存放方式

构件存放方法有平放和竖放两种方法，原则上墙板采用竖放方式，楼面板、屋顶板和柱构件采用平放或竖放方式，梁构件采用平放方式。

（1）平放时的注意事项（图4.5-9）：

1）在水平地基上并列放置2根木材或钢材制作的垫木，放上构件后可在上面放置同样的垫木，一般不宜超过6层。

2）垫木上下位置之间如果存在错位，构件除了承受垂直荷载，还要承受弯曲应力和剪切

图4.5-9 构件平放

图 4.5-10　构件竖放

力，所以必须放置在同一条线上。

（2）竖放时的注意事项（图 4.5-10）：

1）要将地面压实并铺上混凝土等，铺设路面要整修为粗糙面，防止脚手架滑动；

2）使用脚手架搭台存放预制构件时，要固定构件两端；

3）要保持构件的垂直或一定角度，并且使其保持平衡状态；

4）柱和梁等立体构件要根据各自的形状和配筋选择合适的储存方法。

4. 存放示例

（1）柱子堆放

柱子堆置时，高度不宜超过 2 层，且不宜超过 2.0m，同时须于两端（0.2～0.25）L 间垫上木头，若柱子有装饰石材时，预制构件与木头连接处需采用塑料垫块进行支承。上层柱子起吊前仍须水平平移至地面上，方可起吊，不可直接于上层就起吊，见图 4.5-11。

（2）大小梁堆放

大小梁堆置时，高度不宜超过 2 层，且不宜超过 2.0m，实心梁须于两端（0.2～0.25）L 间垫上木头，若为薄壳梁则须将木头垫于实心处，不可让薄壳端受力，见图 4.5-12。

图 4.5-11　柱子堆放示例

图 4.5-12　预制梁堆放示例

（3）KT 板堆放

KT 板堆置时，不可超过 5 片高，于两端（0.2～0.25）L 间垫上木头，且地坪必须坚硬，板片堆置不可倾斜。预制板的堆放可以叠层堆放，但叠层数小于 5 层。层与层之间通过枕木隔开，但枕木放置的位置要上下在一条垂直线上。其中最下层板与枕木之间用塑胶垫片隔开，避免地面的水渍通过枕木吸收后污染构件表面，见图 4.5-13。

图 4.5-13　KT 板堆放示例

（4）外挂墙板堆放

墙板平放时不应超过三层，每层支点须于两端（0.2～0.25）L 间，且需保持上下支点位于同一线上；垂直立放时，以 A 字架堆置，如长期储放必须加安全塑料带捆绑（安全荷重 5t）或钢索固定；墙板直立储放时必须考虑上下左右不得摇晃，以及地震时是否稳

固。预制外墙板可以平放，但表面有石材和造型模不能叠层放置。如果施工现场空间有限，可采用钢支架将预制外墙板立放，节约现场施工的空间。板材外饰面朝外，墙板搁置尽量避免与刚性支架直接接触，采用枕木或者软性垫片加以隔开避免碰坏墙板，并将墙板底部垫枕木或者软性的垫片，见图 4.5-14。

图 4.5-14　预制外挂墙板堆放示例

（5）楼梯或阳台堆放

楼梯或异型构件若须堆置 2 层时，必须考虑支撑稳固，且不可堆置过高，必要时应设计堆置工作架以保障堆置安全。

本章小结

本章主要介绍了装配式混凝土结构的预制构件制作和质量检验的基本知识。对构件生产实施方案的确定、模具制作和拼装、钢筋加工及绑扎、饰面材料及加工、混凝土材料及拌合、钢筋骨架入模、预埋件、门窗、保温材料的固定、混凝土浇捣与养护、构件脱模与起吊等进行了论述；介绍了预制构件在制作过程中可能出现的质量问题及其防治措施；阐述了构件存放与储运的方式及操作要点。

复习思考题

1. 简述装配式建筑预制构件制作的基本要求。
2. 确定构件生产实施方案应符合哪几项原则？
3. 请用图例表示装配式建筑预制构件制作的过程。
4. 简述装配式建筑预制构件的质量检查和验收要求。
5. 如何解决装配式建筑预制构件制作工程中出现的质量通病？

第 5 章 装配式混凝土结构施工

5.1 概要

5.1.1 内容提要

本章主要对装配式混凝土结构施工的构件进场、现场施工场地布置、不同结构体系预制混凝土构件的吊装、节点构造、接缝处理方式，以及相应的质量、安全控制措施做了具体阐述。其中，预制混凝土构件因建筑结构体系和连接方式的不同，其吊装施工工艺存在一定较大的差异，需结合工程实际情况灵活运用。

5.1.2 学习要求

（1）了解预制构件进场检查内容、堆放要求；

（2）掌握装配式混凝土结构施工专项方案的编制；

（3）了解起重机械选择、场地布置要求；

（4）熟悉不同结构体系预制构件吊装流程；

（5）了解节点构造要求、接缝处理方式及检查；

（6）了解成品保护、施工质量、安全控制措施及现场管理。

5.2 构件进场检查

5.2.1 检查内容

（1）预制构件进场要进行验收工作，验收内容包括构件的外观、尺寸、预埋件、特殊部位处理等方面。

（2）预制构件的验收和检查应由质量管理员或者预制构件接收负责人完成，检查频率为 100％。施工单位可以根据构件发货时的检查单对构件进行进场验收，也可以根据项目计划书编写的质量控制要求制定检查表进行进场验收。

（3）运输车辆运抵现场卸货前要进行预制构件质量验收。对特殊形状的构件或特别要注意的构件应放置在专用台架上认真进行检查。

（4）如果构件产生影响结构、防水和外观的裂缝、破损、变形等状况时，要与原设计单位商量是否继续使用这些构件或者直接废弃。

（5）通过目测对全部构件进行进场接收检查时的主要检查项目如下：

1）构件名称；

2）构件编号；

3）生产日期；

4）构件上的预埋件位置、数量；

5）构件裂缝、破损、变形等情况；

6）预埋构配件、构件突出的钢筋等状况；

7）预制构件进场验收检查表的参考样式见附表1～附表6。

5.2.2 检查方法

预制构件运至施工现场时的检查内容包括外观检查和几何尺寸检查两大方面。其中，外观检查项目包括：预制构件的裂缝、破损、变形等项目，应进行全数检查。其检查方法一般可通过目视进行检查，必要时可采用相应的专用仪器设备进行检测。预制构件几何尺寸检查项目包括：构件的长度、宽度和高度或厚度以及预制构件对角线等。此外，尚应对预制构件的预留钢筋和预埋件，一体化预制的窗户等构配件进行检测，其检查的方法一般采用钢尺量测。外观检查和几何尺寸检查的检查频率及合格与否的判断标准详见"第6章：装配式混凝土结构施工质量检验与验收"中的相关章节。

5.3 装配式混凝土结构施工方案

在编制装配式混凝土结构施工方案之前，编制人员应仔细阅读设计单位提供的相关设计资料，正确理解深化设计图纸和设计说明所规定的结构性能和质量要求等相关内容，并根据"第3章：装配式混凝土结构施工总体筹划"中明确的施工组织设计大纲的要求，针对不同建筑结构体系预制构件的吊装施工工艺和流程的基本要求进行编制，并应符合国家和地方等相关施工质量验收标准和规范的要求。

施工方案中应包括：预制构件吊装总体流程及工期、单个标准层吊装施工的流程及工期、施工场地的总体布置、预制构件的运输和方法、吊装起重设备和吊装专用器具及管理、作业班组的构成、构件吊装顺序及注意事项、施工吊装注意事项及吊装精度、安全注意事项等相关内容。施工方案编制时，尚应考虑与传统现浇混凝土施工之间的作业交叉，尽可能做到两种施工工艺之间的相互协调和匹配。

5.3.1 预制构件吊装总体流程及工期

装配式结构的主要预制构件包括：预制柱、预制梁、预制楼板、预制楼梯、预制阳台、预制外墙板等。根据建筑结构形式的不同可分为装配整体式框架结构、装配整体式剪力墙结构、装配整体式框架-现浇剪力墙结构三种结构体系。此外，预制外墙板体系又可分为全预制外墙板（含预制夹心保温外墙板）和部分预制部分现浇的PCF外墙板两种结构形式。不同的建筑结构体系和外墙板体系在吊装施工阶段其工艺流程既存在着共性，又有一定的区别。施工实施主体在制定预制构件吊装总体流程时，应正确领会各类结构体系预制构件的吊装顺序和吊装要领，合理安排工期，做到预制构件吊装均衡化施工，实现现场施工设备和劳动力等资源的合理分配和优化利用。

　　预制构件吊装施工的总体流程及工期的制定主要基于单个标准层楼面预制构件施工流程为基础进行循环往复的作业。单个标准层楼面的规划应重点考虑以下几个方面的内容：

　　1）预制构件的数量、重量和吊装施工所需要的时间；

　　2）构件湿式连接部分现浇混凝土的方量及先后顺序；

　　3）构件干式连接部分节点的接头形式和施工要求；

　　4）预制构件吊装时的配合工种和作业人员的配置；

　　5）各类施工机械设备和器具的性能和使用数量等。

1. 预制框架结构体系标准层楼面施工流程

　　装配式混凝土框架结构体系的主要预制构件有预制柱、预制大小梁、预制叠合楼板、预制楼梯、预制阳台、空调板和预制外墙等。其标准层楼面的主要施工流程示例见图 5.3-1，主要预制构件的吊装施工场景示例如图 5.3-2 所示。值得注意的是预制构件在吊装前、吊装就位后以及预制构件节点灌浆连接均需要对该环节的施工完成情况进行检查，在验收合格后方可进行下一个工序施工。

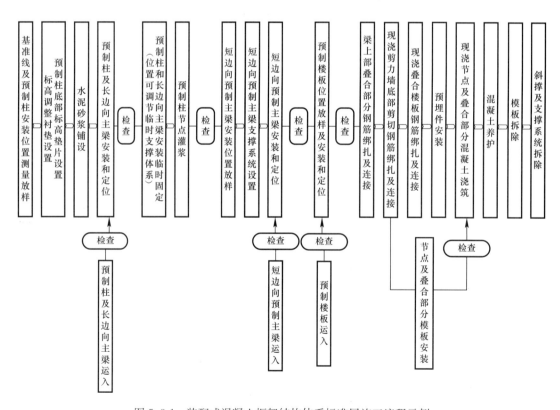

图 5.3-1　装配式混凝土框架结构体系标准层施工流程示例

　　预制构件吊装前的检查内容主要针对预制构件在施工现场驳运过程中是否产生二次裂缝、破损和变形等外观质量进行检查；预制构件吊装就位后主要针对吊装精度进行检查；预制柱连接节点灌浆施工环节是整个预制构件施工过程中最为关键的工序，除了在灌浆前应对灌浆材料的相关指标性能是否满足设计要求进行检查之外，灌浆过程中应采取旁站等方式对其工艺是否符合规定的要求进行严格检查，完成灌浆后尚应对节点灌浆是否密实进行检查，必要时可采取无声检测仪器等设备进行填充效果检测；此外，对于现浇节点以及预制叠合部分的模板安装完成后的精度和接缝密封性等应进行检查。现场施工质量管理员和监理人员等应重点针对上述"四种施工关键环节"进行检查和现场监管。具体的检查方法和质量标准详见"第 6 章 装配式混凝土结构施工质量检验与验收"中的相关章节。

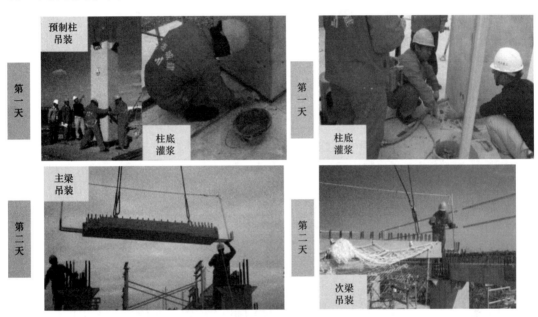

图 5.3-2 预制框架结构体系主要工序施工场景（一）

图 5.3-2 预制框架结构体系主要工序施工场景（二）

图 5.3-2　预制框架结构体系主要工序施工场景（三）

2. 预制剪力墙体系标准层楼面施工流程

预制剪力墙体系主要预制构件为预制剪力墙、预制楼梯、预制楼板、预制空调、阳台板。其标准层楼面的主要施工流程见图 5.3-3，主要预制构件的吊装施工场景如图 5.3-4 所示。值得注意的是预制构件在吊装前、吊装就位后以及预制构件的节点灌浆连接等施工环节均需进行检查，在验收合格后，方可进行下一个工序的施工。具体检查或验收的要求和内容同预制框架体系。

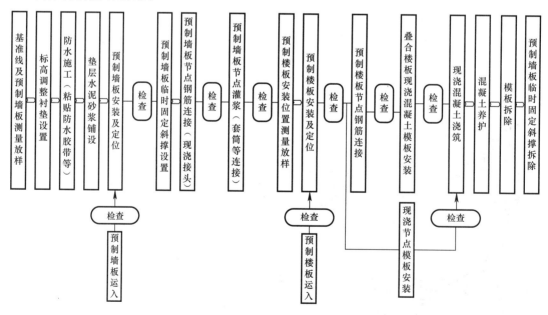

图 5.3-3　预制剪力墙体系标准层施工流程示例

这里，全预制剪力墙的吊装流程与框架体系中湿式节点连接的墙板吊装流程基本相同，同样也是通过预留钢筋锚固到现浇楼板中，但预制剪力墙底部通过留孔或预埋套筒进行灌浆与预留钢筋进行结构连接。

图 5.3-4 预制剪力墙体系主要工序施工场景（一）

图 5.3-4 预制剪力墙体系主要工序施工场景（二）

图 5.3-4　预制剪力墙体系主要工序施工场景（三）

　　预制剪力墙体系中也可采用部分预制部分现浇的单面叠合剪力墙的结构形式（PCF），也有内外预制中间现浇的双面叠合剪力墙结构形式。图 5.3-5 和图 5.3-6 分别为单面叠合剪力墙的施工安装及钢筋绑扎的场景图。单面叠合剪力墙的施工应重点注意钢筋的搭接和节点的处理，施工顺序是先吊装预制剪力墙板，然后进行钢筋绑扎，模板安装以及混凝土现浇等施工环节。

图 5.3-5　PCF 剪力墙现场安装

图 5.3-6　PCF 剪力墙钢筋绑扎

3. 预制框架-剪力墙体系标准层楼面施工流程

预制框架-剪力墙结构体系主要预制构件为预制柱、预制主次梁、预制剪力墙（或现浇)、预制楼梯、预制楼板、预制空调、阳台板等。其标准层楼面的主要施工流程示例见图5.3-7,图中给出的剪力墙是采用预制构件的示例。预制构件在吊装前、吊装就位后以及预制构件的节点灌浆连接均需要进行检查,验收合格后方可进行下一个工序的施工。

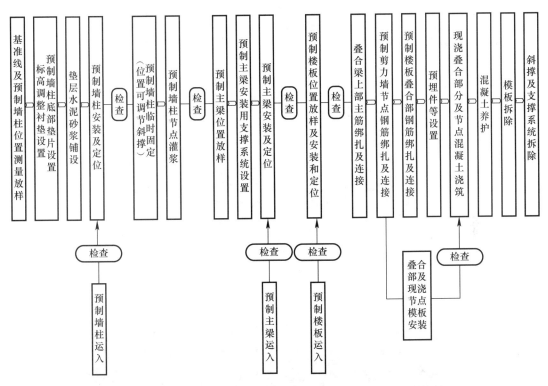

图5.3-7　预制框架-剪力墙体系标准层施工流程示例(剪力墙预制)

4. 预制外挂墙板施工流程

预制外挂墙板根据其施工工艺的不同可分为干式墙板和湿式墙板两种类型。干式墙板为包括预制夹心保温墙板在内的全预制外墙板,也叫全预制外挂墙板。湿式墙板采用半预制半现浇的施工方式施工,即为PCF外墙板。

(1)干式外墙板的施工

图5.3-8给出了全预制外挂墙板的节点连接采用干式连接施工的场景图。如图所示,干式节点预制外墙板通常在预制梁的外侧预留挂靠件,在预制墙板上预留挂板,然后通过挂靠件上设置垫片调整,控制预制外墙板的标高。干式外挂墙板的吊装可选择标准层楼面所有的预制构件吊装完成后进行。

(2)湿式外墙板的施工

湿式外墙板的施工如图5.3-9所示。图中,湿式预制外墙通常在预制部分的墙板上部预留锚筋,锚筋伸入叠合现浇层内。湿式预制外墙的施工工艺为:在墙板上部预留锚筋,锚筋须伸入叠合现浇层内。在外墙板上部与叠合楼板的现浇部分用混凝土现浇的方式形成整体。下部用铁件连接,并应严格按照设计的要求留有一定的缓冲空间,以免在地震等外力作用下产生位移时,墙体结构不至于受到挤压而破坏。

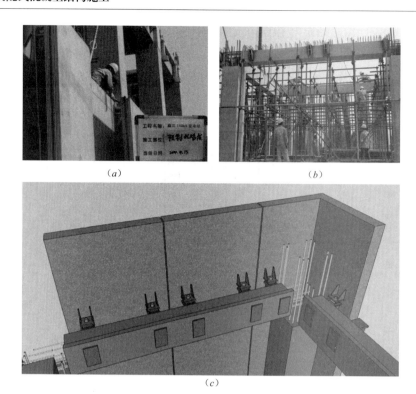

图 5.3-8 干式节点预制外墙连接形式现场施工场景及模型

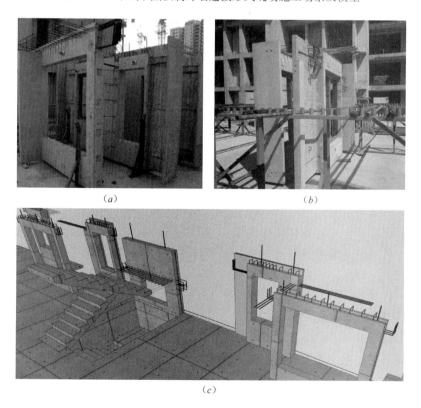

图 5.3-9 湿式预制外墙板连接形式现场施工图及 BIM 模型图

5.3.2 预制构件吊装施工作业时间

预制构件吊装计划应根据总体进度计划进行分解，并制定吊装施工环节的施工计划。由于预制构件吊装计划又直接影响总体施工进度，两者之间相互关联又相互制约，合理安排、科学编制预制构件吊装计划对于装配式结构的施工有着重要的意义。尤其是当前国内装配式混凝土结构的预制率普遍处于30%～40%的情况下，与传统现浇施工工艺的有机衔接是确保预制构件吊装施工工期的重要保障。影响预制构件吊装施工工效的主要因素有：

（1）起重设备资源的配置是否能充分满足吊装的需求；

（2）构件堆放场地的规划，吊装机械设备的使用效率，场地内二次驳运等；

（3）预制构件的运输和进场的安排是否合理，是否能保证连续吊装作业；

（4）上一道工序的准备工作是否到位；

（5）与其他工序的衔接，如钢筋绑扎与预制构件吊装顺序相配合，传统现浇施工工艺的交叉作业等。

通常，预制构件吊装所需要的时间可参考表5.3-1。

预制构件吊装用时表　　　　　　　　　　　　　　　表 5.3-1

构件名称	吊装用时（min）	备注
预制柱	30	包括垫片标高测设、垂直度调整
预制梁	40	包括临时支撑搭设、定位调整
预制楼板	20	包括单管支撑搭设、标高调整
预制楼梯	40	包括楼梯支撑架搭设、定位调整
预制阳台、空调板	20	包括单管支撑搭设、标高调整
预制剪力墙板	30	包括垫片标高测设、垂直度调整
预制外挂墙板	40	包括挂点标高测设、垂直度调整

5.3.3 施工场地的总体布置

临时设施规划包括：施工场地的总体布置、临时施工便道、起重设备及外部脚手架等相关内容。这里，若在施工安装时采取相应的安全措施的前提下，外部脚手架也可省去。

图 5.3-10 给出了采用装配式混凝土结构的建筑施工场地布置的示例。如图所示施工场地的总体布置至少应考虑以下几个方面的内容：

（1）与现场出入口及社会道路的衔接、场内施工便道的硬化、汽车吊或履带吊等起重设备的专用道路设计；

（2）预制构件、钢筋加工、模板、临时材料等的堆场；

（3）起重设备的停放位置及作业半径、临时脚手架、塔吊；

（4）其他必要的设施和设备等。

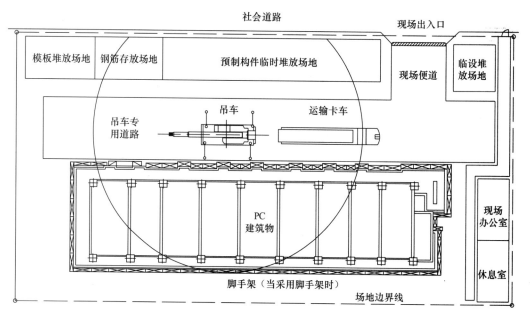

图 5.3-10　装配式混凝土结构现场施工总体布置示例

5.3.4　预制构件临时支撑系统

　　预制构件吊装时所需要的临时支撑系统应根据预制构件的种类及受力情况进行合理规划与设计。临时支撑系统设计时，应根据预制构件种类和重量尽可能做到标准化、重复利用和拆装简便。预制柱和预制墙板等竖向构件的吊装一般采用斜撑系统，预制主次梁和预制楼板等水平向构件吊装一般采用竖向支撑系统。无论是斜撑系统还是竖向支撑系统均应根据其施工荷载进行专项的设计和承载力和稳定性的验算，以确保施工期结构安装的质量和安全。

　　图 5.3-11 和图 5.3.12 给出了主要预制构件的临时支撑系统的示意图。如图所示，斜撑系统中，在斜撑的中下侧设有构件垂直度调节装置和锁定装置。竖向支撑系统也应考虑具有一定高度微调功能的调节装置和锁定装置。

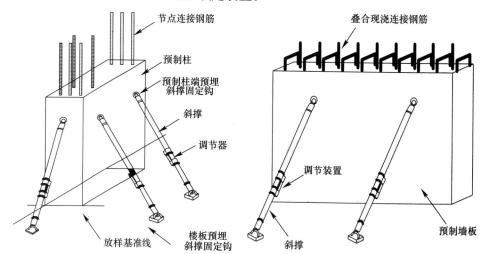

图 5.3-11　预制构件的支撑系统示意图（斜撑系统）

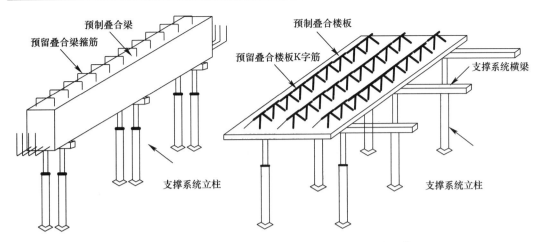

图 5.3-12 预制构件的支撑系统示意图（竖向支撑系统）

1. 斜撑系统的设计

斜撑系统的主要功能是将预制柱和预制墙板等构件吊装就位后起到临时固定的作用，同时，通过设置在斜撑上的调节装置对其垂直度进行微调。当预制构件的吊装达到设计要求精度后，对调节装置实施锁定。斜撑系统应按照以下几个原则进行设计：

（1）预制柱吊装时的斜撑的设置数量应根据其施工工艺和预制柱所处的位置不同，一般采用 3 点支撑，也可采用 4 点支撑。预制剪力墙或预制外墙板的斜撑数量应根据安装工艺进行计算确定。

（2）在预制柱吊装时，柱底应设置专用的铁制垫片拥有调整立柱的底标高。铁制垫片的厚度可采用 2mm、3mm、5mm、10mm 等不同规格，垫片的平面尺寸应根据预制柱的重量及底部封底水泥砂浆的强度计算确定，设置数量一般可采用每根预制柱 4 片垫片。

（3）铁制垫片的设置位置既要考虑预制柱就位后的稳定性，又要考虑垂直度调节装置的可调性。因此，其设置位置应根据预制柱的重量，斜撑的支撑高度和倾角等参数计算确定。

（4）斜撑的表面应采取热浸镀锌防锈处理。斜撑和楼面板之间的倾角一般为 $45°\sim60°$ 之间，通常采用 $55°$，在斜撑两端应设置带有螺纹的锁定装置。

（5）在楼面板上设置斜向支撑的固定位置时，应综合考虑与其他预制构件吊装的交叉施工，预制构件的稳定性和平衡性以及对后续工序施工等的影响。

图 5.3-13 分别给出了斜撑系统在吊装预制立柱和预制外墙板时的现场施工场景的示例。

2. 竖向支撑系统的设计

竖向支撑系统的主要功能是用于预制主次梁和预制楼板等水平承载构件在吊装就位后起到垂直荷载的临时支撑，与斜撑相比竖向支撑不仅要承担预制构件的自重荷载，还要承担此类叠合构件现浇混凝土自重荷载及施工荷载等。因此，竖向支撑系统应根据其施工过程中的各种荷载进行专门的设计，并进行强度及稳定性验算。同时，通过设置在竖向支撑上的调节装置对预制构件的设置标高进行微调。当预制构件的吊装精度达到设计要求后对调节装置实施锁定。竖向支撑系统的设计应按照以下几个原则进行：

（a）　　　　　　　　　　　（b）

图 5.3-13　竖向承载构件斜撑系统施工场景示例

（a）预制立柱；（b）预制墙板

（1）根据施工荷载和跨度等现场施工条件进行支撑系统的设计。为便于支撑系统的现场安装和重复利用，每个支撑系统可由多组支撑架组合应用，单个支撑架可由大、中、小三种类型的框架结构进行组合形成竖向支撑系统。

（2）每个支撑架的设计允许承受的竖向荷载一般可设定为 10t，并根据预制构件施工时需承担的施工荷载进行支撑架的组合。

（3）当预制梁下面有非承重墙时，在决定位置和支撑方法时，必须考虑合理的连接方式。

（4）支撑架一般采用碳钢钢管，其表面应采取热浸镀锌防锈处理（镀层厚度 13 μm）。

（5）在规定的位置和水平面上事先应安装操作架。在操作架的顶端设置方型枕木或 H 型钢等。操作架的设计应根据施工条件，重点考虑杆件的承载能力和变形。对于悬臂楼面板构件，还要考虑悬臂长度及其偏心荷载的作用等影响。

图 5.3-14 分别给出了竖向支撑系统在安装预制梁和预制阳台板时的现场施工场景的示例。图 5.3-15 给出了组成单榀支撑架的组件示例。

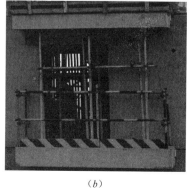

（a）　　　　　　　　　　　（b）

图 5.3-14　水平承载构件竖向支撑系统施工示例

（a）预制梁；（b）阳台板

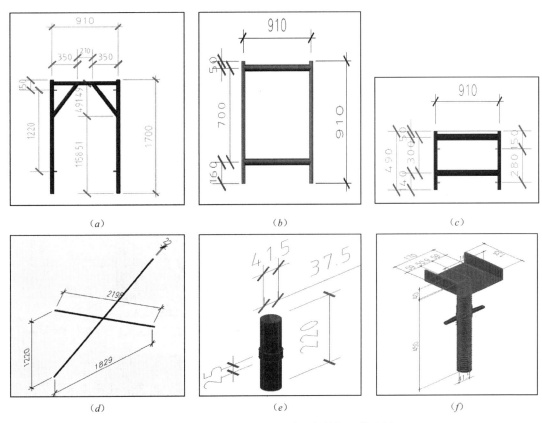

图 5.3-15 竖向支撑系统单榀支撑架组件示例
(a) 大框架；(b) 中框架；(c) 小框架；(d) 斜拉杆；(e) 连接套筒；(f) 标高调整座垫

5.3.5 起重设备和专用吊具的选型

起重设备的选型应充分考虑现场的用地条件和装配式建筑物的形状和建筑高度等因素。装配式建筑施工时需采用起重设备包括汽车轮胎吊和塔吊等。汽车轮胎吊主要用于预制构件进场验收合格后的卸货以及场内的驳运等，对于底层装配式建筑或高层建筑的底层区而言，汽车轮胎吊尚可用于预制构件的吊装施工。塔吊是专门用于中高层装配式建筑预制构件的吊装施工，同时也可作为工程施工时其他材料的垂直运输等的使用。

构件起吊时必备的专用吊具和钢丝绳等的强度和形状应事先进行规划和合理地选择。钢丝绳种类的选择应根据预制构件的大小、重量以及起吊角度等参数来确定其长度和直径，并严格按照有关规范和标准进行使用和日常管理。

1. 汽车轮胎吊的规划

（1）汽车轮胎吊伸开支撑脚时应具有足够的站立空间，并保证地面具有足够的承载力和平整度，以确保汽车轮胎吊起吊时受力均衡和起重设备的稳定性。图 5.3-13 给出了400t 汽车轮胎吊在伸展开支撑脚时所需站立空间的示例。

（2）吊车专用道路

汽车轮胎吊专用道路的设计除了应考虑吊车的自重和预制构件等的荷载及其偏心作用外，尚应考虑起吊是受自然条件等因素的动力附加荷载的影响。由于装载构件的运输车辆频繁地使用起重设备专用通道，所以施工管理方应采取必要的技术措施以防止专用道路出

131

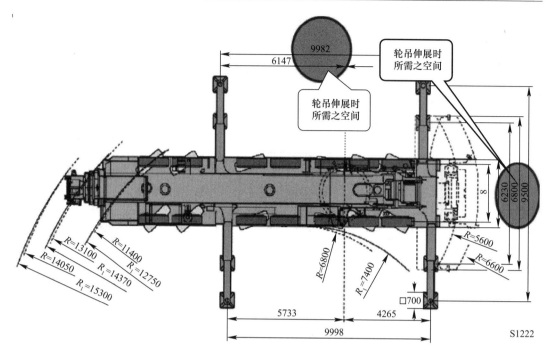

图 5.3-16　400t 的汽车轮胎吊在伸展开支撑脚时所需站立空间示例

现车辙和坑槽，以及吊车专用道路要求较高的平整度且无坡度。此外，还需要采取措施保证道路结构的排水通畅，防止雨水浸泡降低地基承载力和局部塌陷。

表 5.3-2 给出了汽车轮胎吊专用道路的结构示例。如表所示，汽车轮胎吊专用道路的结构类型应根据原状地基条件合理选择。同时，应考虑道路的使用频率和使用周期等因素的影响。

汽车吊专用道路的结构示例　　　　　　　　　　　　　　表 5.3-2

吊车专用道路结构类型	适用地基	使用时间	备注
铺设钢板 （平整地基＋山砂＋钢板）	普通地基	中层建筑物吊装期间	必要时铺设砂石
铺设沙石 （平整地基＋铺设地基）	普通地基	中层建筑物吊装期间	必要时铺设砂石
铺设钢板或覆工板 （平整地基＋土木薄板＋铺设砂石层＋砂石＋ 钢板或覆工板）	柔软地基	中层建筑物吊装期间及高层建筑物吊装期间	必要时可设置排水设备
铺设钢板或覆工板 （平整地基＋排水处理＋铺设砂石层＋山砂＋ 钢板或覆工板）	渗水地基	中层建筑物吊装期间及高层建筑物吊装期间	U 字形排水沟、排水管等排水设施

（3）建筑物高度

预制构件吊装施工时应考虑已吊装完成的建筑物影响，防止吊车碰到建筑物而无法吊装到指定位置。在做吊车规划时应考虑建筑物高度（图 5.3-17）。

（4）旋转碰撞

吊车的回转半径内必须考虑一定间距的净空，不能有影响其旋转的建筑物。

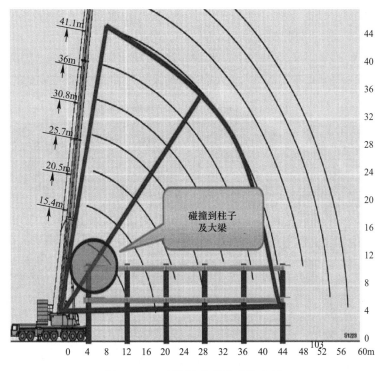

图 5.3-17　预制构件吊装碰撞示例

（5）最小吊装半径

吊车除了对最大吊装半径的规定以外，对最小吊装半径也有限制。因此在吊装设备规划时需要注意最小吊装半径的要求，在最小吊装半径范围内的预制构件将无法吊装（图 5.3-18）。

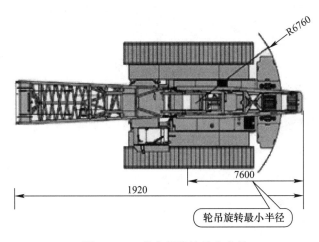

图 5.3-18　汽车吊旋转最小半径

2. 塔吊的规划

（1）塔吊选型

根据工程的现场特点，结合塔吊各方面性能和现场施工场地等实际情况对塔吊进行选型。

（2）塔吊的负荷性能

根据预制构件的重量和起吊伸转半径，分析塔吊负荷性能在最大吊装半径或最小吊装半径内是否能够安全起吊。表 5.3-3 给出了采用主臂 30m 的外置水平臂架小车变幅塔吊型号 TC6515（30m-5.95t）的负荷性能的示例。

（3）塔吊布置

根据塔吊吊装半径合理布置塔吊位置及数量，确保所有预制构件都在安全的吊装范围之内。

TC6515（30m-5.95t）负荷性能示例表　　　　表 5.3-3

R(m)	Max.Capacity m/t	12.5	15.0	17.5	20.0	22.5	25.0	27.5	30.0	32.5	35.0	37.5	40.0	42.5	45.0	47.5	50.0	52.5	55.0	57.5	60.0	62.5	65.0
65m (R=66.75)	2.5-23.7m 6t					6.00	5.64	5.02	4.50	4.07	3.70	3.38	3.10	2.85	2.63	2.44	2.28	2.11	1.96	1.83	1.71	1.60	1.50
	2.5-13.1m 12t	12.0	10.25	8.49	7.23	6.26	5.49	4.87	4.35	3.92	3.55	3.23	2.95	2.70	2.48	2.29	2.11	1.96	1.81	1.68	1.56	1.45	1.35
60m (R=61.75)	2.5-24.5m 6t					6.00	5.86	5.22	4.68	4.23	3.85	3.52	3.23	2.98	2.75	2.55	2.37	2.21	2.06	1.92	1.80		
	2.5-13.5m 12t	12.0	10.57	8.81	7.5	6.5	5.71	5.07	4.53	4.08	3.7	3.37	3.08	2.83	2.6	2.4	2.22	2.06	1.91	1.77	1.65		
55m (R=56.75)	2.5-25.6m 6t						6.00	5.50	4.95	4.48	4.08	3.73	3.43	3.16	2.93	2.71	2.53	2.35	2.20				
	2.5-14.0m 12t	12.0	11.11	9.27	7.90	6.86	6.03	5.35	4.80	4.33	3.93	3.58	3.28	3.01	2.78	2.56	2.28	2.12	2.05				
50m (R=51.75)	2.5-27.2m 6t						6.00	5.92	5.32	4.82	4.40	4.03	3.71	3.43	3.17	2.95	2.75						
	2.5-14.8m 12t	12.0	11.89	9.93	8.48	7.37	6.49	5.77	5.17	4.67	4.25	3.88	3.56	3.28	3.02	2.80	2.60						
45m (R=46.75)	2.5-28.6m 6t							6.00	5.67	5.14	4.69	4.30	3.96	3.66	3.40								
	2.5-15.6m 12t	12.00	10.53	9.00	7.83	6.90	6.14	5.52	4.99	4.54	4.15	3.81	3.51	3.25									
40m (R=41.75)	2.5-29.1m 6t							6.00	5.78	5.25	4.79	4.39	4.05										
	2.5-15.9m 12t	12.00	10.73	9.18	7.99	7.04	6.27	5.63	5.10	4.64	4.24	3.90											
35m (R=36.75)	2.5-29.3m 6t							6.00	5.85	5.31	4.85												
	2.5-16.0m 12t	12.00	10.96	9.29	8.08	7.12	6.35	5.70	5.16	4.70													
30m (R=31.75)	2.5-29.8m 6t							6.00	5.95														
	2.5-16.2m 12t	12.00	11.02	9.43	8.21	7.24	6.45	5.80															

（4）塔吊基础设计参数

塔吊的基础设计参数包括：承台基础、承台混凝土等级、钢筋保护层厚度、钢筋采用等级。塔吊承台面标高所选塔吊的基本参数信息。塔吊的荷载信息包括：独立基础在自由高度（吊装高度）时需满足荷载设计值，垂直荷载和倾覆力矩等。

（5）塔吊基础验算

基础最小尺寸计算、塔吊基础承载力计算、地基基础承载力验算、受冲切承载力验算、承台配筋计算、该部分的设计可采用 PKPM CMIS 软件进行验算。

3. 主要吊装作业器具

主要预制构件吊装所需要的作业器具如表 5.3-4 所示。

主要吊装作业器具一览表 表 5.3-4

序号	名称	图例	用途
1	吊车（塔吊）		吊装预制构件，具体吨位根据规划
2	吊索	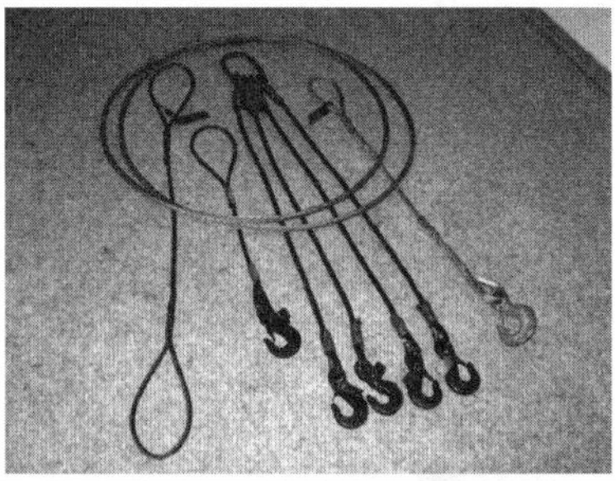	吊装预制构件
3	吊具		吊装构件时吊具
4	无收缩水泥搅拌机		无收缩水泥搅拌
5	无收缩水泥灌浆机		无收缩水泥灌浆

续表

序号	名称	图例	用途
6	手拉葫芦		吊装预制构件
7	手板葫芦		调整预制构件位置
8	千斤顶		调整预制构件位置

4. 主要预埋件和支撑铁件

主要预制构件吊装所需要的预埋件和支撑铁件如表 5.3-5 所示。值得注意的是表中给出的临时铁件仅供参考，具体选用需根据工程实际需求进行合理配置。

预制吊装用临时铁件一览表　　　　　　表 5.3-5

序号	名称	图例	用途
1	蜡烛台		柱主筋位置固定

序号	名称	图例	用途
2	格网箍		柱主筋位置间距控制
3	定位木板		定位柱主筋，矫正柱主筋
4	固定式套筒		保护柱主筋不受混凝土污染
5	可调式套筒		调整套筒和定位木板的高度，保护柱主筋不受混凝土污染
6	斜撑托座预埋件		锁定柱斜撑托座

续表

序号	名称	图例	用途
7	斜撑托座		支承斜撑
8	柱斜撑		调整柱的垂直度
9	墙板连接件		连接相邻预制墙板
10	高程调整铁件		调整墙板的高程
11	大梁托座		梁端承载

序号	名称	图例	用途
12	墙板转接层预埋件		墙板转接层连接铁件
13	支撑架（鹰架）		梁板等构架的支撑架
14	单管支撑		主要用于梁的支撑架
15	H型钢		支撑作用
16	Q座		承载固定墙板上调整铁件

序号	名称	图例	用途
17	边梁安全栏杆		安全栏杆
18	安全网挂钩		固定安全网
19	锚定头		钢筋头锚定，代替钢筋弯锚
20	调整垫片		调整柱，墙板等构件高程

5.4　预制构件吊装前准备

5.4.1　基本要求

预制构件吊装施工流程主要包括构件起吊、就位、调整、脱钩等主要环节。通常在楼面混凝土浇筑完成后开始准备工作。准备工作有测量放样、临时支撑就位、斜撑连接件安放、止水胶条粘贴等。然后开始预制构件吊装施工，期间尚需要与其他作业工序之间的协调和配合工作。为确保吊装施工顺利和有序高效地实施，预制构件吊装前应做好以下几个方面的准备工作。

1. 预制构件堆放区域

构件的堆放位置的确定原则如下：

(1) 构件堆放位置相对于吊装位置正确，避免后续的构件移位；

(2) 不影响轮胎吊或其他运输车辆的通行；

(3) 在轮胎吊或塔吊吊装半径内。

2. 吊装构件吊装顺序

不同的预制构件其吊装顺序各不相同。除了柱、梁、板的吊装顺序大方向以外，同一种构件中也存在不同的吊装顺序。吊装前应详细规划构件的吊装顺序，防止构件钢筋错位。对于吊装顺序可依据深化设计图纸吊装施工顺序图执行。

3. 确认吊装所用的预制构件

确认目前吊装所用的预制构件是否按计划要求进场、验收、堆放位置和吊车吊装动线是否正确合理。

4. 机械器具的检查

机械器具的检查应包括下列内容：

(1) 对主要吊装用机械器具，检查确认其必要数量及安全性；

(2) 构件吊起用器材，吊具等；

(3) 吊装用斜向支撑和支撑架准备；

(4) 焊接器具及焊接用器材；

(5) 临时连接铁件准备。

5. 确认从业人员资格及施工指挥人员

从业人员和施工指挥人员的确认应包括下列内容：

(1) 在进行吊装施工之前，要确认吊装从业人员资格以及施工指挥人员；

(2) 现场办公室要备齐指挥人员的资格证书复印件和吊装人员名单，并制成一览表贴在会议室等地方。

6. 指示信号的确认

吊装应设置专门信号指挥者确认信号指示方法，确保吊装施工的顺利进行。

7. 吊装施工前的确认

吊装施工前的确认应包括下列内容：

(1) 建筑物总长、纵向和横向的尺寸以及标高；

(2) 结合用钢筋以及结合用铁件的位置及高度；

(3) 吊装精度测量用的基准线位置。

8. 预制构件吊点、吊具及吊装设备

预制构件吊点、吊具及吊装设备应符合下列规定：

(1) 预制构件起吊时的吊点合力应与构件重心一致，可采用可调式平衡横梁进行起吊和就位；

(2) 预制构件吊装宜采用标准吊具，吊具可采用预埋吊环或内置式连接钢套筒的形式；

(3) 吊装设备应在安全操作状态下进行吊装。

9. 预制构件吊装

预制构件吊装应符合下列规定：

（1）预制构件应按施工方案的要求吊装，起吊时绳索与构件水平面的夹角不宜小于60°，且不应小于45°；

（2）预制构件吊装应采用慢起、快升、缓放的操作方式。预制墙板就位宜采用由上而下插入式吊装形式；

（3）预制构件吊装过程不宜偏斜和摇摆，严禁吊装构件长时间悬挂在空中；

（4）预制构件吊装时，构件上应设置缆风绳，保证构件就位平稳；

（5）预制构件的混凝土强度应符合设计要求。当设计无具体要求时，混凝土同条件立方体抗压强度不宜小于混凝土强度等级值的75%。

10. 预制构件吊装临时固定措施

预制构件吊装临时固定措施应严格按照施工方案的要求实施。

5.4.2 测量放样

装配式混凝土结构工程的测量放样作业分为预制构件的定位和预留定位钢筋的放样，预制构件定位的测量放样与传统工艺放样相似，在此不作详述，本节以预制柱的预留钢筋定位为例介绍预留定位钢筋的放样流程。以下以基础柱主筋定位为案例对测量放样过程做系统的介绍。

1. 前期工具准备

预制立柱吊装前需要准备的铁件包括蜡烛台、格网箍、固定套筒、可调式套筒和定位木板等。其主要用途和图例参见表 5.3-5。

2. 柱主筋定位施工流程

柱主筋定位施工流程见图 5.4-1。

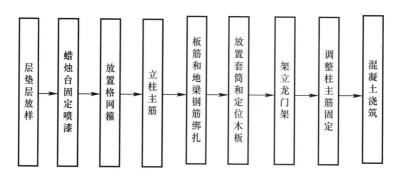

图 5.4-1 柱筋定位流程

3. 基础柱主筋定位施工作业流程

（1）测量定位方式

一般施工现场的测量放样采用传统测量方式，其主要步骤包括：基础施工轴线控制，直接采用基坑外控制桩两点通视直线投测法，向基坑内投测轴线（采用三点成一线及转直角复测），再按投测控制线引放其他细部控制线，且每次控制轴线的放样必须独立施测两次，经校核无误后方可使用。土方开挖时，高程控制在基底打入小木桩，将水准仪架在基坑边，通过塔尺将基坑上口的标高传递到基坑内的小木桩桩顶。在基坑内按 2000mm 左右的间距打入小竹桩，将小木桩上的标高传递到小竹桩上，以此控制整个基坑土方和垫层面的标高。

装配式建筑宜采用测量速度快、精度高的 GPS 测量定位方式。其主要步骤包括：每层楼板（或垫层）浇筑完成后使用四台双频 GPS 分别架设在通过引进场内已知坐标和楼板面布置的两个点，同时进行静态观测，计算出楼层浇筑完成后布置的两点平面坐标。将全站仪架设在已知控制点上，采用另外一个已知点作为参考方向进行设站。待全站仪设站完毕之后，进行楼层放样，采用极坐标放样方法将需要待放样点的坐标导入到全站仪内，全站仪将自动照准设计放样坐标方向，只需要进行距离测量，便可以准确无误的寻找到放样点。完成后在混凝土层面弹墨线，再测放出各分轴线及构件位置。

（2）施工步骤与施工要点

表 5.4-1 为预制柱主筋定位的施工步骤与施工要点示例。预制构件吊装施工时，为了使吊装位置与设计图纸中规定的位置保持一致，同时也为了与施工中要求的建筑物种类、用途、结构施工方法和构件的种类、部位、结合方法、防水及整修方法等保持一致，应该制定吊装精确度管理标准，并制定检查项目、方法、时间和管理体制等。

预制柱主筋定位施工步骤与施工要点示例　　　　　　　表 5.4-1

序号	步骤名称	图例	施工要点
1	柱位放样		根据垫层上放样的轴线采用钢尺和墨线弹放出所有柱的中心轴线和柱的位置线，误差控制在 8mm 以内，以方便基础柱主筋定位
2	蜡烛台定位		根据已有柱位置线定位蜡烛台位置，定位后需要及时用铁钉固定，固定完毕后喷漆，防止蜡烛台被无意移动后可迅速恢复原位
3	放置格网箍（俗称烤肉架）		① 格网箍需要电镀。目的：去除圆棒上面的油渍，防止污染到基础柱柱主筋从而影响基础柱的强度；② 放置在蜡烛台上的格网箍为开放式的格网箍

序号	步骤名称	图例	施工要点
4	基础柱主筋设置		① 基础柱主筋定位的精准控制分为总体测量控制柱心，钢琴线等。局部蜡烛台，格网箍（烤肉架）； ② 立柱基础主筋的加工长度多预留10cm，确保足够的续接长度； ③ 柱主筋的位置通过格网箍进行精确定位
5	底板钢筋绑扎		布置工序不可错乱，底板钢筋在下，格网箍在上
6	格网箍放置		封闭式格网箍应放置在柱主筋上部，一般上下设置两道；当柱基础二次浇筑，需安放三道格网箍。格网箍主要是为了固定立柱外露钢筋的位置
7	地梁钢筋绑扎		按设计要求执行

续表

序号	步骤名称	图例	施工要点
8	套筒及定位木板摆放		① 固定套筒用于定位木板的支托及基础混凝土浇筑时污染立柱预留主筋; ② 四个角点上分别放置一个可调式套筒,用于调整外露钢筋高度,防止柱预留钢筋被埋在混凝土里
9	立龙门架及基准钢丝线拉设	 钢丝线(依据轴线设立,调整依据) 龙门架立	① 龙门架用于柱子位置的精确总体定位; ② 在龙门架上拉一根钢丝线,钢丝线与柱中心轴线上下平行且共面。用经纬仪对钢丝线代替柱主筋位置进行精确测量和调整; ③ 柱主筋调整精度控制在 5mm 以内
10	柱主筋定位		基础柱主筋调整完毕后,将立柱的主筋与地梁钢筋焊接固定
11	柱斜撑铁件预埋件预埋		按设计要求执行

145

续表

序号	步骤名称	图例	施工要点
12	墙板斜撑预埋 铁件预埋		按设计要求执行
13	基础混凝土浇筑		按设计要求执行

4. 测量放样精度要求

测量放样的精度要求按照现行国家标准《工程测量规范》GB 50026 的要求执行。装配式结构在构件吊装时，应重点关注预制构件的标高和平面位置两项指标。表 5.4-2 和表 5.4-3 分别给出了标高传递的竖向误差精度，建筑平面测量精度要求的各项指标。

标高传递的竖向误差精度　　　　　　　　　　　　表 5.4-2

项目		允许偏差（mm）
每层		±3
总高 H（m）	$H \leqslant 30$	±5
	$30 < H \leqslant 60$	±10
	$60 < H \leqslant 90$	±15

建筑平面测量精度要求　　　　　　　　　　　　表 5.4-3

测量项目		测量精度要求
控制点闭合差	高程闭合差	<1mm
	距离闭合差	<2mm
	角度闭合差	<20″
测量控制线	控制点位置	结构体外围 1m 线
	放样线闭合差	小于控制点闭合差 2 倍
平面控制网	测角中误差	±2.5″
	最弱点点位中误差	±15mm
	相邻点的相对中误差	±8mm
	导线全长相对闭合差	1/35000

5.5 预制构件的吊装施工

预制构件的吊装施工应严格按照事先编制的装配式结构施工方案的要求组织实施。预制构件卸货时一般直接堆放在可直接吊装区域，避免出现二次搬运情况。这样不仅能降低机械使用费用，同时也减少预制构件在搬运过程中出现的破损情况。如果因为场地条件限制，无法一次性堆放到位，可根据现场实际情况，选择塔吊或汽车吊在场地内进行二次搬运。

本节重点针对预制柱、预制梁、预制剪力墙板、预制外挂墙板、预制叠合楼板、预制楼梯、预制阳台板和预制空调板等 8 种主要预制构件的吊装流程以及施工要点等内容逐一介绍。预制构件吊装的一般流程如图 5.5-1 所示。图中，预制构件吊装准备工作的主要留意点如下：

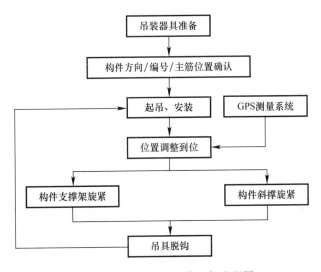

图 5.5-1 预制构件吊装一般流程图

（1）预制构件吊装位置的混凝土层应提前清理干净，不能存在颗粒状物质，以免影响预制构件节点的连接性能。

（2）吊装前需要对楼层混凝土浇筑前埋设的预埋件进行位置数量的确认，避免因不能及时找到预埋件而影响支撑及时性，从而影响整个吊装进度和工期。

（3）构件吊装之前，应根据事先高层测量的结果，必要时需要设置楼面预制构件高程控制垫片，以控制预制构件的底标高。

（4）楼面预制构件外侧边缘预先黏贴止水泡棉条，用于封堵水平接缝外侧，为后续灌浆施工作业做准备。

5.5.1 预制柱吊装

1. 吊装准备

（1）柱续接下层钢筋位置、高程复核，底部混凝土面清理干净，预制柱吊装位置测量放样及弹线（图 5.5-2 和图 5.5-3）。

图 5.5-2　柱续接下层钢筋高程复核

图 5.5-3　柱吊装位置测量弹线

（2）吊装前应对预制柱进行外观质量检查，尤其要对主筋续接套筒质量进行检查及预制立柱预留孔内部的清理（图 5.5-4）。

（3）吊装前应备齐安装所需的设备和器具，如斜撑、固定用铁件、螺栓、柱底高程调整铁片（10mm，5mm，3mm，2mm 四种基本规格进行组合）、起吊工具、垂直度测定杆、铝或木梯等。

图 5.5-5 为预制立柱吊装前柱底高程调整铁片安放的施工场景。铁片安装时应考虑完成立柱吊装后立柱的稳定性以及垂直度可调为原则。

图 5.5-4　吊装前用高压空气对连接套筒内进行清理

图 5.5-5　立柱底标高调整用铁垫片设置

图 5.5-6　立柱顶部放置第一片箍筋及
标注架梁位置

（4）在预制立柱顶部架设预制主梁的位置应进行放样和明晰的标识，并放置柱头第一片箍筋，避免因预制梁安装时与预制立柱的预留钢筋发生碰撞而无法吊装（图 5.5-6）。

（5）应事先确认预制立柱的吊装方向、构件编号、水电预埋管、吊点与构件重量等内容。

2. 吊装流程

预制柱的吊装流程如图 5.5-7 所示。首先预制立柱吊装前应做好外观质量，钢筋垂直度，注浆孔清理等准备工作；就绪后，应对立柱吊装位置进行标高复核与调整；然后进行预制立柱吊装和精度调整；最后锁定斜撑位置，并送吊车的吊钩进入下一根立柱的吊装施工。如此循环往复。值得注意的是，预制立柱和后续的预制梁吊装存在着密切的关系，吊装时应注意两者之间的协调施工。

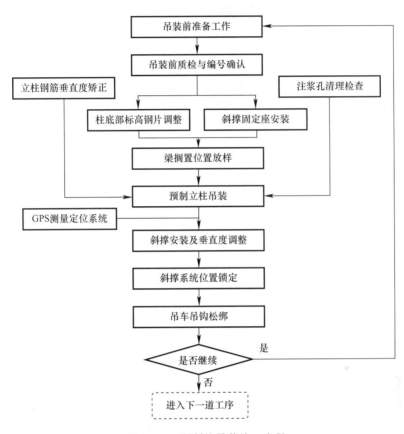

图 5.5-7　预制柱吊装施工流程

3. 垂直度调整

柱吊装到位后应及时将斜撑固定到预埋在预制柱上方和楼板的预埋件上，每根预制立柱的固定至少在不同三个侧面设置斜撑，通过可调节装置进行垂直度调整（图 5.5-8），直至垂直度满足规定的要求后进行锁定。

4. 柱底无收缩砂浆灌浆施工

预制柱节点一般采用预埋套筒并与该层楼面上预留的主筋进行灌浆连接。连接节点的灌浆质量好坏将直接影响预制装配式框架结构主体结构的抗震安全，是整个施工吊装过程中的关键环节。现场施工人员，质量管理员和监理人员应引起高度重视，并严格按照相关规定的要求进行检查和验收。

（1）施工步骤及接缝封堵

预制立柱底部无收缩砂浆灌浆的施工步骤如图 5.5-9 所示。图 5.5-10 分别给出了预制立柱底部节点灌浆封堵采用封堵模板以及使用专用封堵砂浆填塞两种构造的示意图。

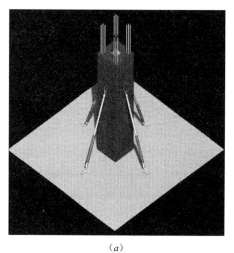 

（a）　　　　　　　　　　（b）

图 5.5-8　立柱垂直度调整

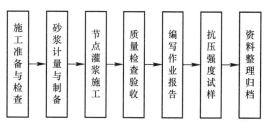

图 5.5-9　无收缩砂浆灌浆施工步骤

（2）质量控制

先检查无收缩水泥是否在有效期内，无收缩水泥的使用期限一般为 6 个月，6 个月以上禁止使用，3～6 个月需用 8 号筛去除水泥结块后方可使用。

每批次灌浆前需要测试砂浆的流度（图 5.5-11），按流度仪的标准流程执行，流度一般应保证在 20～30cm 之间（具体按照使用灌浆料要求），若超过该数值范围不能使用，必须查明原因处理后，确定流度符合要求才能实施灌浆。流度试验环，为上端内径 75mm、下端内径 85mm、高 40mm 不锈钢材质，于搅拌混合后倒入测定。

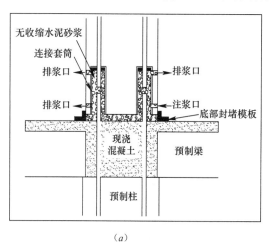 

（a）　　　　　　　　　　（b）

图 5.5-10　柱底接缝无收缩砂浆灌浆封堵示意图
（a）底部封堵模封堵示意；（b）底部水泥砂浆封堵

无收缩砂浆需作抗压强度试块（图 5.5-12），试验强度值应达到 550kgf/cm² 以上，试块为 7.07cm×7.07cm×7.07cm 立方体，需做 7 日及 28 日的强度试验。

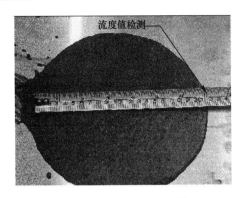

图 5.5-11　无收缩砂浆流度值测定

图 5.5-12　抗压强度试块制作

无收缩水泥进场时，每批需附原厂质量保证书以保证无收缩水泥质量。水质应取用对收缩水泥砂浆无害的水源，如自来水等。对于采用地下水或井水等则需进行氯离子含量检测。

（3）无收缩灌浆施工

灌浆前需用高压空气清理柱底部套筒及柱底杂物如泡绵、碎石、泥灰等，若用水清洁则需干燥后才能灌浆。当灌浆中遇到必须暂停的情况，此时采取循环回浆状态，即将灌浆管插入灌浆机注入口，休息时间以 0.5h 为限。

搅拌器及搅拌桶禁止使用铝质材料，每次搅拌时间需待搅拌均匀后再持续搅拌 2min 以上方可使用。

（4）养护

完成无收缩水泥砂浆灌浆施工后，一般需养护 12h 以上。在养护期间，严禁碰撞立柱底部接缝养护中的立柱，并采取相应的保护措施和标识。

（5）不合格处置

无收缩灌浆只有满浆才算合格，只要未满浆，一律拆掉柱子并清理干净恢复原状为止。当发现有任何一个排浆孔不能顺畅出浆时，应在 30min 内排除出浆阻碍。若无法排除，则应立即吊起预制立柱，并以高压冲洗机等清除套筒内附着的无收缩水泥砂浆，恢复干净状态。在查明无法顺利出浆的原因，并排除障碍后方可再度按照原有的施工顺序重新开始吊装施工。

5.5.2　预制梁的吊装

1. 准备工作

（1）支撑系统是否准备就绪，预制立柱顶标高复核检查。

（2）大梁钢筋、小梁接合剪力榫位置、方向、编号检查。

（3）预制梁搁置处标高不能达到要求时，应采用软性垫片等予以调整。

（4）按设计要求起吊，起吊前应事先准备好相关吊具。

（5）若发现预制梁叠合部分主筋配筋（吊装现场预先穿好）与设计不符时，应在吊装前及时更正。

2. 吊装流程

预制主梁和次梁的吊装流程如图 5.5-13 所示，现场吊装施工场景和总体示意如

图 5.5-14所示。预制次梁的吊装一般应在一组（2 根以上）预制主梁吊装完成后进行。预制主次梁吊装前应架设临时支撑系统并进行标高测量，按设计要求达到吊装进度后及时拧紧支撑系统锁定装置，然后吊钩松绑进行下一个环节的施工。支撑系统应按照前述垂直支撑系统的设计要求进行设计。预制主次梁吊装完成后应及时用水泥砂浆充填其连接接头。

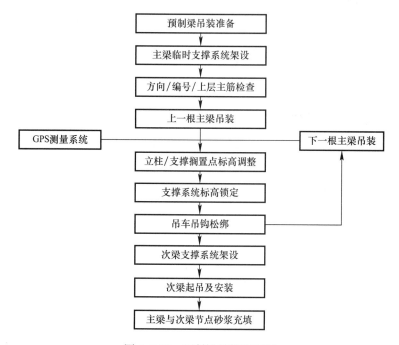

图 5.5-13　预制梁吊装流程图

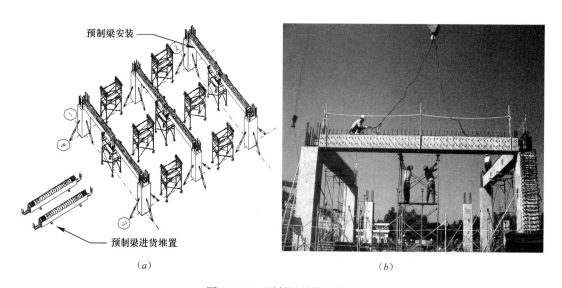

(a) 　　　　　　　　　　　　　　　(b)

图 5.5-14　预制梁吊装示意图

3. 吊装注意事项

（1）当同一根立柱上搁置两根底标高不同的预制梁时，梁底标高低的梁先吊装。同时，为了避免同一根立柱上主梁的预留主筋发生碰撞，原则上应先吊装 X 方向（建筑物长边方向）的主梁，后吊装 Y 方向主梁（图 5.5-15）。

（2）对带有次梁的主梁在起吊前应在搁置次梁的剪力榫处标识出次梁吊装位置（图 5.5-16）。

图 5.5-15　预制梁搁置处立柱钢筋　　　　图 5.5-16　剪力榫处标识出次梁位置

4. 主次梁的连接

主次梁的连接构造如图 5.5-17 所示，主梁与次梁的连接是通过预埋在次梁上的钢板（俗称牛担板）置于主梁的预留剪力榫槽内，并通过灌注砂浆形成整体。根据设计要求，在次梁的搁置点附近一定的区域范围内，尚需对箍筋进行加密，以提高次梁在搁置端部的抗剪承载力。图 5.5-18 给出了主次梁吊装就位后，连接部位砂浆灌注的现场施工场景。值得注意的是，在灌浆之前，主次梁节点处先支立模板，接缝处应用软木材料堵塞，防止漏浆情况的发生。

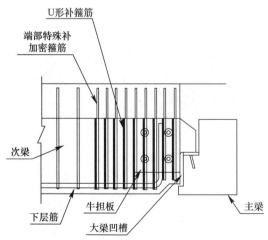

图 5.5-17　主次梁结构连接示意　　　　　图 5.5-18　主次梁接缝处灌浆

5. 主次梁吊装施工要领

预制主梁次梁吊装过程中的施工要领如表 5.5-1 所示。表中给出的吊装要领包括从临时支撑系统架设至主次梁接缝连接等 7 个主要环节。

作业内容	要领说明
① 临时支撑系架设	在预制梁吊装前，主次梁下方需事先架设临时支撑系统，一般主梁采用支撑鹰架，次梁采用门式支撑架。预制主梁若两侧搁置次梁则使用三组支撑鹰架，若单侧背负次梁则使用一点五组支撑鹰架，支撑鹰架设位置一般在主梁中央部位。次梁采用三支钢管支撑，钢管支撑间距延次梁长度方向均匀布置。架设后应注意预制梁顶部标高是否满足精度要求
② 方向、编号、上层主筋确认	梁吊装前应进行外观和钢筋布置等的检查，具体为：构件缺损或缺角、箍筋外保护层与梁箍垂直度、主次梁剪力榫位置偏差、穿梁开孔等项目。吊装前需对主梁钢筋、次梁接合剪力榫位置、方向、编号进行检查
③ 剪力榫位置放样	主梁吊装前，须对次梁剪力榫的位置绘制次梁吊装基准线，作为次梁吊装定位的基准
④ 主梁起吊吊装	起吊前应对主梁钢筋、次梁接合剪力榫位置、方向、编号检查。当柱头标高误差超过容许值时，若柱头标高太低则于吊装主梁前应于柱头置放铁片调整高差。若柱头标高太高则于吊装主梁前须先将柱头凿除修正至设计标高
⑤ 柱头位置、梁中央部高程调整	吊装后需派一组人调整支撑架架顶标高，使柱头位置、梁中央部标高保持一致及水平，确保灌浆后主次梁不至于下垂
⑥ 主梁吊装后吊装次梁	次梁吊装须待两向主梁吊装完成后才能吊装，因此于吊装前须检查好主梁吊装顺序，确保主梁上下部钢筋位置可以交错而不会吊错重叠，然后吊装次梁
⑦ 主梁与次梁接头砂浆填灌	主次梁吊装完成后，次梁剪力榫处木板封模后采用抗压强度 35MPa 以上的结构砂浆灌浆填缝，待砂浆凝固后拆模

梁吊装施工要领表　　　　　　　　　　　　　表 5.5-1

5.5.3　预制剪力墙板吊装

1. 准备工作

（1）预制剪力墙续接下层钢筋位置、高程复核，底部混凝土表面应确保清理干净，预制剪力墙的安装位置弹线；见图 5.5-19 和图 5.5-20。

图 5.5-19　续接下层钢筋高程复核　　　　　　图 5.5-20　吊装位置弹线

（2）吊装前预制剪力墙进行质量检查，尤其注浆孔质量检查及内部清理工作。

（3）吊装前应备妥吊装所需的设备如斜撑、固定用铁件、螺栓、预制剪力墙底高程调整铁片（10mm，5mm，3mm，2mm 四种基本规格进行组合）、起吊工具、防风型垂直尺、滑梯等（见图 5.5-21 和图 5.5-22）。

图 5.5-21 墙底放置标高调整钢垫片

图 5.5-22 黏贴好密封胶条

2. 吊装流程

预制剪力墙的吊装流程如图 5.5-23 所示。剪力墙吊装前应做好外观质量，钢筋垂直度，注浆孔清理等准备工作。剪力墙底部无收缩砂浆灌浆的施工与预制柱底灌浆基本相同，其施工要点及工艺流程详见"5.5.1 预制柱吊装"中的相关内容。

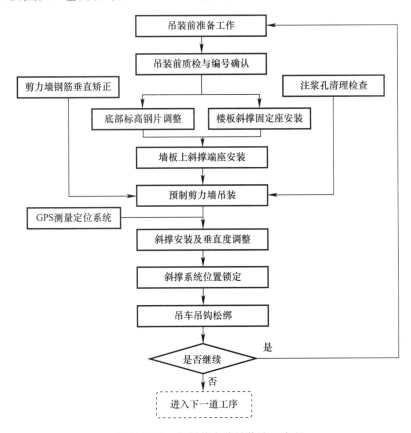

图 5.5-23 预制剪力墙吊装施工流程

3. 预制剪力墙垂直度调整

预制剪力墙吊装到位后应及时将斜撑的两端固定在墙板和楼板预埋件上，然后边通过测量边对垂直度进行复核和调整。同时，通过安装在斜撑上的调节器调整垂直度，当精度达到设计要求后及时进行锁定。剪力墙至少采用两根斜撑固定，与楼面板的夹角可取 $45°\sim 60°$ 之间。图 5.5-24 为剪力墙垂直度调整场景。

图 5.5-24　剪力墙垂直度调整场景

5.5.4　预制外挂墙板吊装

1. 准备工作

（1）吊装前需对下层的预埋件进行安装位置及标高复核；

（2）吊装前应准备好标高调节装置及斜撑系统；

（3）外墙板接缝防水材料等。

2. 吊装流程

外围护体系吊装流程见图 5.5-25。

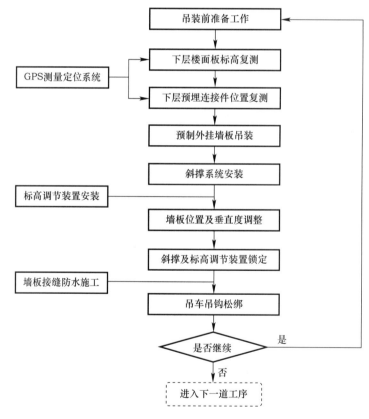

图 5.5-25　外围护体系吊装流程图

3. 标高调节装置

墙板吊装就位后在调整好位置和垂直度前，需要通过带有标高调节装置的斜撑对其进行临时固定。

当全部外墙板的接缝防水嵌缝施工结束后，将预制在外墙板上预埋铁件与吊装用的标高调节铁盒用电焊焊接或螺栓拧紧形成一整体，再进行防水处理。图 5.5-26～图 5.5-28 分别给出了标高调节装置及节点构造的连接示意图。

图 5.5-26　高程调节装置（临时铁件）

图 5.5-27　高程调节装置（吊装位置）

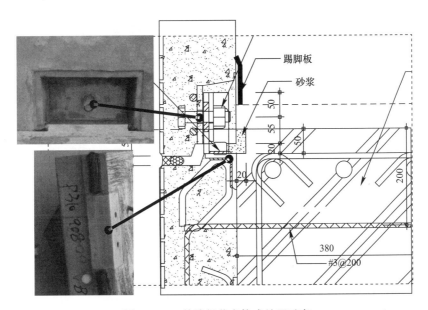

图 5.5-28　外墙板节点构成处理示意

5.5.5　预制叠合楼板的吊装

1. 预制叠合楼板吊装施工要点

预制叠合楼板吊装施工要点应包括下列内容：

（1）预制叠合楼板吊装应控制水平标高，可采用找平软座浆或粘贴软性垫片进行吊装；

（2）预制叠合楼板吊装时，应按设计图纸要求预埋水电等管线；

（3）预制叠合楼板起吊时，吊点不应少于 4 点。

2. 预制叠合楼板吊装

预制叠合楼板吊装应符合下列规定：

（1）预制叠合楼板吊装应事先设置临时支撑，并应控制相邻板缝的平整度；

（2）施工集中荷载或受力较大部位应避开拼接位置；

（3）外伸预留钢筋伸入支座时，预留筋不得弯折；

（4）相邻叠合楼板间拼缝可采用干硬性防水砂浆塞缝，大于 30mm 的拼缝，应采用防水细石混凝土填实；

（5）应在后浇混凝土强度达到设计要求后，方可拆除支撑。

3. 吊装需使用专用平衡吊具

预制楼板吊装需采用专用的平衡吊具，平衡吊具能够更快速安全的将预制楼板吊装到相应位置（图 5.5-29）。

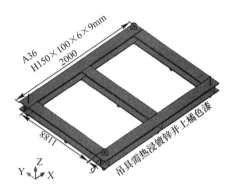

图 5.5-29　预制楼板吊装专用平衡吊具

5.5.6　预制楼梯吊装

1. 准备工作

（1）支撑架是否搭设完毕，顶部高程是否正确；

（2）吊装前需要做好梁位线的弹线及验收工作。

2. 预制楼梯施工步骤

预制楼梯施工应按照下列步骤操作：

（1）楼梯进场后需按单元和楼层清点数量和核对编号；

（2）搭设楼梯（板）支撑排架与搁置件；

（3）标高控制与楼梯位置线设置；

（4）按编号和吊装流程，逐块安装就位；

（5）塔吊吊点脱钩，进行下一叠合板梯段吊装，并循环重复；

（6）楼层浇捣混凝土完成，混凝土强度达到设计、规范要求后，拆除支撑排架与搁置件。

3. 预制楼梯吊装要点

预制楼梯吊装要点应符合下列规定：

（1）预制楼梯采用预留锚固钢筋方式时，应先放置预制楼梯，再与现浇梁或板浇筑连接成整体；

（2）预制楼梯与现浇梁或板之间采用预埋件焊接连接方式时，应先施工现浇梁或板，再搁置预制楼梯进行焊接连接；

（3）框架结构预制楼梯吊点可设置在预制楼梯板侧面，剪力墙结构预制楼梯吊点可设置在预制楼梯板面；

（4）预制楼梯吊装时，上下预制楼梯应保持通直。预制楼梯施工吊装场景见图5.5-30，预制楼梯剖面图见图5.5-31。

（a）　　　　　　　　　　　（b）

图5.5-30　预制楼梯施工吊装场景

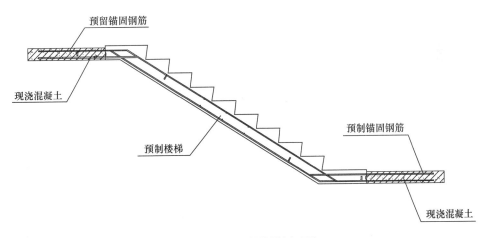

图5.5-31　预制楼梯剖面图

4. 预制楼梯临时支撑架

可采用支撑架与小型型钢作为预制楼梯吊装时的临时支撑架（图5.5-32），此外，应设置钢牛腿作为小型钢与预制楼梯间连接，具体结构形式可参见有关深化设计图纸。

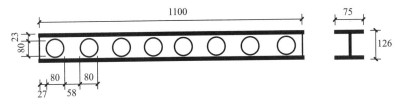

图5.5-32　小型型钢支撑示意

5.5.7　其他预制构件吊装

1. 预制阳台板吊装施工要点

（1）悬挑阳台板吊装前应设置防倾覆支撑架，并应在结构楼层混凝土达到设计强度要求时，方可拆除支撑架；

（2）悬挑阳台板施工荷载不得超过楼板的允许荷载值；

（3）预制阳台板预留锚固钢筋应伸入现浇结构内，并应与现浇混凝土结构连成整体；

（4）预制阳台与侧板采用灌浆连接方式时阳台预留钢筋应插入孔内后进行灌浆处理；

（5）灌浆预留孔的直径应大于插筋直径的 3 倍，并不应小于 60mm，预留的孔壁表面应保持粗糙或设波纹管齿槽。

2. 预制空调板吊装施工要点

（1）预制空调板吊装时，应采取临时支撑措施；

（2）预制空调板与现浇结构连接时，预留锚固钢筋应伸入现浇结构部分，并应与现浇结构连成整体；

（3）预制空调板采用插入式吊装方式时，连接位置应设预埋连接件，并应与预制墙板的预埋连接件连接，空调板与墙板四周的防水槽口应嵌填防水密封胶。

5.6 构件节点现浇连接施工

5.6.1 基本要求

装配式混凝土结构中节点现浇连接是指在预制构件吊装完成后预制构件之间的节点经钢筋绑扎或焊接，然后通过支模浇筑混凝土，实现装配式结构同现浇的一种施工工艺。按照建筑结构体系的不同，其节点的构造要求和施工工艺也有所不同。现浇连接节点主要包括：梁柱节点、叠合梁板节点、叠合阳台、空调板节点、湿式预制墙板节点等。

节点现浇连接构造应按设计图纸的要求进行施工，才能具有足够的抗弯、抗剪、抗震性能，才能保证结构的整体性以及安全性。预制构件现浇节点的施工的注意事项如下：

（1）现浇节点的连接在预制侧接触面上应设置粗糙面和键槽等；

（2）混凝土浇筑量小，需考虑模板和构件的吸水影响。浇筑前要清扫浇筑部位，清除杂质，用水打湿模板和构件的接触部位，但模板内不应有积水；

（3）在混凝土浇筑过程中，为使混凝土填充到节点的每个角落，确保混凝土充填密实，混凝土灌入后需采取有效的振捣措施，但一般不宜使用振动幅度大的振捣装置；

（4）冬季施工时为防止冻坏填充混凝土，要对混凝土进行保温养护；

（5）对清水混凝土工程及装饰混凝土工程，应使用能达到设计效果的模板；

（6）现浇混凝土应达到表 5.6-1 的强度后方可拆除底部模板；

底模拆除时的混凝土强度要求 表 5.6-1

构件类型	构件跨度（m）	应达到设计混凝土立方体抗压强度标准值的百分率（%）
板	≤2	≥50
	>2，≤8	≥75
	>8	≥100
梁、拱、壳	≤8	≥75
	>8	≥100
悬臂构件	—	≥100

（7）固定在模板上的预埋件、预留孔和预留洞均不得渗漏，且应安装牢固，其偏差应符合表5.6-2的规定。检查中心线位置时，应沿纵、横两个方向量测，并取其中的较大值。

预埋件和预留孔洞的允许偏差　　　　　　　　表5.6-2

项目		允许偏差（mm）
预埋钢板中心线位置		3
预埋管、预留孔中心线位置		3
插　筋	中心线位置	5
	外露长度	+10，0
预埋螺栓	中心线位置	2
	外露长度	+10，0
预留洞	中心线位置	10
	尺寸	+10，0

5.6.2 节点现浇连接的种类

节点现浇连接种类详细分类参见表5.6-3。表5.6-4和表5.6-5分别给出了预制剪力墙结构和预制框架体系主要预制构件节点现浇连接的构造形式。

主要预制构件间及其与主体结构间常用的连接形式　　　　　　表5.6-3

连接节点	连接方式	
梁-柱的连接	干式连接：牛腿连接、榫式连接、钢板连接、螺栓连接、焊接连接、企口连接、机械套筒连接等	湿式连接：现浇连接、浆锚连接、预应力技术的整浇连接、普通后浇整体式连接、灌浆拼装等
叠合楼板-叠合楼板的连接	干式连接：预制楼板与预制楼板之间设调整缝	湿式连接：预制楼板与预制楼板之间设后浇带
叠合楼板-梁（或叠合梁）的连接	板端与梁边搭接，板边预留钢筋，叠合层整体浇筑	
预制墙板与主体结构的连接	外挂式：预制外墙上部与梁连接，侧边和底边作限位连接	
	侧连式：预制外墙上部与梁连接，墙侧边与柱或剪力墙连接，墙底边与梁仅作限位连接	
预制剪力墙与预制剪力墙的连接	浆锚连接、灌浆套筒连接等	
预制阳台-梁（或叠合梁）的连接	阳台预留钢筋与梁整体浇筑	
预制楼梯与主体结构的连接	一端设置固定铰，另一端设置滑动铰	
预制空调板-梁（或叠合梁）的连接	预制空调板预留钢筋与梁整体浇筑	

预制剪力墙体系主要预制构件节点现浇连接的构造形式　　　　表5.6-4

名称	图例
预制叠合剪力墙	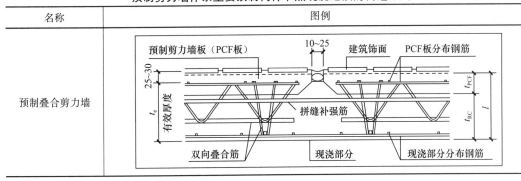

名　　称	图　　例
预制与预制剪力墙	
预制与现浇剪力墙	
叠合楼板	

名称	图例
预制梁现浇柱 （中间）	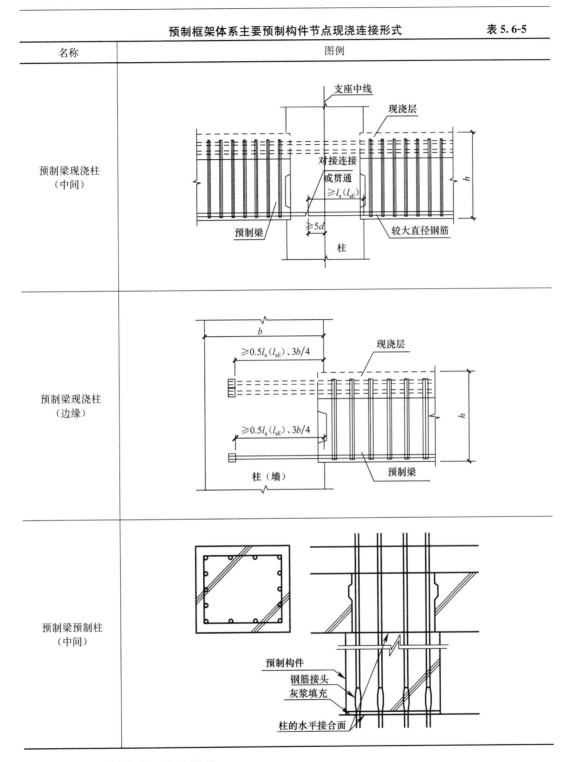
预制梁现浇柱 （边缘）	
预制梁预制柱 （中间）	

预制框架体系主要预制构件节点现浇连接形式　　　　表 5.6-5

1. 预制梁柱节点现浇连接施工

预制梁柱连接节点通常出现在框架体系中（图 5.6-1），立柱钢筋与梁的钢筋在节点部位应错开插入，在预制梁和预制柱吊装完成后，支立模浇筑混凝土。通常预制梁柱节点与叠合楼板中的现浇部分混凝土同时浇筑，并形成整体。

163

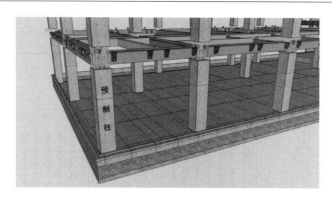

图 5.6-1　预制柱、梁节点示意图

图 5.6-2　叠合梁板节点现浇示意图

2. 叠合梁板节点现浇连接

叠合梁板也通常出现在框架体系中（图 5.6-2），预制梁的上层筋部分设计为现浇部分，箍筋在预制部分梁中预留，梁上层钢筋现场穿筋和绑扎，在梁的一侧需设置 2.5cm 的空隙作为保护层。预制楼板也叫 KT 板，预制部分的板厚通常为 8cm，叠合梁板节点与叠合楼板中的现浇混凝土一起浇筑，在结构上形成一个整体。

3. 叠合阳台、空调板

预制阳台、空调板通常为设计成预制和现浇的叠合形式，与叠合楼板相同，预制部分的厚度通常为 8cm，板面预留有桁架筋，增加预制构件刚度，保证在储运、吊装过程中预制板不会断裂，同时可作为板上层钢筋的支架，板下层钢筋直接预制在板内。

叠合阳台、空调板与楼面连接部位留有锚固钢筋，预制板吊装就位后预留钢筋锚固到楼板钢筋内，与叠合楼板的现浇混凝土进行一次性浇筑。预制阳台、空调板设计时通常有降板处理，所以在楼面混凝土浇筑前需要做吊模处理。

4. 叠合剪力墙

湿式预制墙板现浇混凝土施工流程参见 5.3.2 小节。预制叠合剪力墙通常用于建筑的外墙，预制叠合剪力墙中现浇混凝土施工与叠合楼板基本相同，预制外墙板吊装在墙体的外侧，厚度一般为 7cm，并兼做外模。内侧通过侧钢筋绑扎，立模和现浇混凝土形成整体（图 5.6-3）。

5.6.3　节点现浇连接施工注意事项

（1）为确保现浇混凝土的平整度施工质量，预制装配式结构中现场大体积混凝土的浇筑宜采用铝合金等材料的系统模板。

图 5.6-3　预制剪力墙叠合部分混凝土现场施工场景

（2）由于浇筑在结合部位的混凝土量较少，所以模板的侧面压力较小，但在设计时要保证浇筑混凝土时，铸模不会发生移动或膨胀。

（3）为了防止水泥浆从预制构件面和模板的结合面溢出，模板需要和构件连接紧密。必要时对缝隙采用软质材料进行有效封堵，避免漏浆影响施工质量。

（4）模板脱模之前要保证混凝土达到设计要求的强度。

（5）混凝土浇筑完毕后，应按施工技术方案及时采取有效的养护措施，并应符合下列规定：

1）应在混凝土浇筑完毕后 12h 内对混凝土加以覆盖并保湿养护；

2）混凝土浇水养护的时间：对采用硅酸盐水泥、普通硅酸盐水泥或矿渣硅酸盐水泥拌制的混凝土，不得少于 7d；对掺用缓凝型外加剂或有抗渗要求的混凝土，不得少于 14d；

3）浇水次数应能保持混凝土处于湿润状态，混凝土养护用水应与拌制用水相同；

4）采用塑料布覆盖养护的混凝土，其敞露的全部表面应覆盖严密，并应保持塑料布内有凝结水；

5）混凝土强度达到 $1.2N/mm^2$ 前，不得在其上踩踏或安装模板及支架；

6）当日平均气温低于 5℃时，不得浇水；

7）当采用其他品种水泥时，混凝土的养护时间应根据所采用水泥的技术性能确定；

8）混凝土表面不便浇水或使用塑料布时，宜涂刷养护剂；

9）大体积混凝土的养护，应根据气候条件按施工技术方案采取控温措施；

10）检查与检验方法。

检查数量：全数检查；

检验方法：观察，检查施工记录。

5.7 预制构件钢筋的连接施工

5.7.1 基本要求

预制构件节点的钢筋连接应满足行业标准《钢筋机械连接技术规程》JGJ 107 中 I 级接头的性能要求，并应符合国家行业有关标准的规定。

5.7.2 预制构件主筋连接的种类

预制构件钢筋连接的种类主要有套筒灌浆连接、钢筋浆锚连接以及直螺纹套筒连接。

5.7.3 钢筋套筒灌浆连接施工

1. 基本原理

钢筋套筒灌浆连接的主要原理是预制构件一端的预留钢筋插入另一端预留的套筒内，钢筋与套筒之间通过预留灌浆孔灌入高强度无收缩水泥砂浆，即完成钢筋的续接。钢筋套筒灌浆连接的受力机理是通过灌注的高强度无收缩砂浆在套筒的围束作用下，在达到设计要求的强度后，钢筋、砂浆和套筒三者之间产生的摩擦力和咬合力，满足设计要求的承载力。

2. 灌浆材料

灌浆料不应对钢筋产生锈蚀作用，结块灌浆料严禁使用。柱套筒注浆材料选用专用的高强无收缩灌浆料。

3. 套筒续接器（图 5.7-1 和表 5.7-1）

（1）套筒应采用球墨铸铁制作，并应符合现行国家标准《球墨铸铁》GB/T 1348 的有关要求。球墨铸铁套筒材料性能应符合下列规定：

1）抗拉强度不应小于 600MPa。

2）伸长率不应小于 3%。

3）球化率不应小于 85%。

（2）套筒式钢筋连接的性能检验，应符合《钢筋机械连接通用技术规程》JGJ 107 中 I 级接头性能等级要求。

（3）采用套筒续接砂浆连接的钢筋，其屈服强度标准不应大于 500MPa 且抗拉强度标准值不应大于 630MPa。

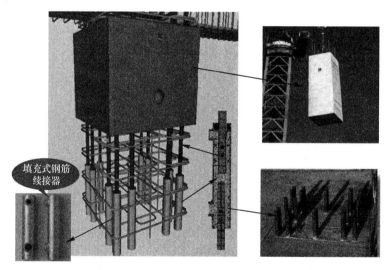

图 5.7-1　套筒续接器

套筒续接器规格表　　　　　　　　　　　　　　　　　　　表 5.7-1

型号	钢筋直径	TOP SLEEVE 尺寸						填缝材尺寸
		全长 L	外径 ϕ	钢筋插入口		注入口位置	排出口位置	
				宽口径 $\phi1$	窄口径 $\phi2$			
4VSA	$\phi12$	190	44	28	16	47	159	17
5VSA	$\phi14,16$	220	47	31	20	47	189	17
6VSA	$\phi18$	250	51	35	24	47	219	17
7VSA	$\phi20,22$	290	59	43	27	47	259	17
8VSA	$\phi25$	320	64	47	31	47	289	17
9VSA	$\phi28$	363	67	50	35	47	332	17
10VSA	$\phi32$	403	72	54	39	47	372	17
11VSA	$\phi36$	443	78	58	43	47	412	17
14VSA	$\phi40$	533	89	65	50	47	502	17

4. 注意事项

采用钢筋套筒灌浆连接时，应按设计要求检查套筒中连接钢筋的位置和长度，套筒灌浆施工尚应符合下列规定：

（1）灌浆前应制订套筒灌浆操作的专项质量保证措施，灌浆操作全过程应有质量监控；

（2）灌浆料应按配比要求计量灌浆材料和水的用量，经搅拌均匀后测定其流动度应满足设计要求；

（3）灌浆作业应采取压浆法从下口灌注，当浆料从上口流出时应及时封堵，持压 30s 后再封堵下口。

（4）灌浆作业应及时做好施工质量检查记录，每个工作班制作一组试件；

（5）灌浆作业时应保证浆料在 48h 凝结硬化过程中连接部位温度不低于 10℃；

（6）灌浆料拌合物应在备制后 30min 内用完；

（7）关于钢筋机械式接头的种类请参照设计图纸施工；

（8）接头的设计应满足强度及变形性能的要求；

（9）接头连接件的屈服承载力和抗拉承载力的标准值应不小于被连接钢筋的屈服承载力和抗拉承载力标准值的 1.10 倍。

5. 钢筋套筒灌浆连接流程

钢筋套筒灌浆连接的施工流程见图 5.7-2。其主要作业工序如下所述。

（1）步骤 1：注浆孔清洁（图 5.7-3）

（2）步骤 2：柱底封模（图 5.7-4）

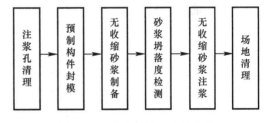

图 5.7-2 注套筒灌浆连接流程

图 5.7-3 注浆孔清洁

图 5.7-4 柱底封模

施工要点如下：

1）立柱底部接缝处四周封模，可采用砂浆（高强砂浆＋快干水泥）或木材，但必须确保避免漏浆。当采用木材封模时应塞紧，以免木材受压力作用跑位漏浆。

2）如果施工过程中遇到爆模发生时必须立即进行处理，每支套筒内必须充满续接砂浆，不能有气泡存在。若有爆模产生的水泥浆液污染结构物的表面必须立即清洗干净，以免影响外观质量。

图 5.7-5　无收缩水泥砂浆搅拌

（3）步骤 3：无收缩水泥砂浆的制备（见图 5.7-5）

施工要点如下：

1）应事先检查灌浆机具是否干净，尤其输送软管不应有残余水泥。防止堵塞灌浆机。

2）先检查套筒续接砂浆用的特殊水泥是否在有效期间内，水泥即使在使用的有效期内，若超过 6 个月的需过 $\phi 8$ 筛去除较粗颗粒，且需要做标准试块（70mm×70mm×70mm）进行抗压试验确认其强度。

3）检查所使用水质是否清洁及碱性含量，非使用自来水时，需做氯离子检测，使用自来水可免检验。海水严禁使用。

（4）步骤 4：无收缩水泥砂浆的流度测试（图 5.7-6）

（5）步骤 5：无收缩水泥灌浆（图 5.7-7）

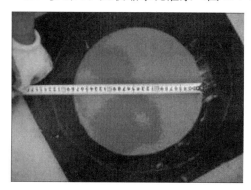

图 5.7-6　无收缩水泥流度测试

图 5.7-7　无收缩水泥注浆

施工要点如下：

1）灌浆时应从预留在柱底部的注浆孔注入，由设置在柱顶部的出浆孔呈圆柱状的注浆体均匀流出后，方可用塑料塞塞紧；

2）如果遇有无法正常出浆，应立即停止灌浆作业，检查无法出浆的原因，并排除障碍后方可继续作业；

3）灌浆作业完成后必须将工作面清洁干净，所有施工机具也需清洗干净。

（6）步骤 6：出浆确认并塞孔（图 5.7-8）

6. 试验和检查

（1）在下列情况时应进行试验：

1）需确定接头性能等级时；

2）材料、工艺、规格进行变更时；

3）质量监督部门提出专门要求时。

（2）每楼层均需做三组水泥砂浆试体，送检相关部门检测，对于砂浆 1d、7d、28d 强度进行测定。做 1d 试块强度的目的是为了确定第

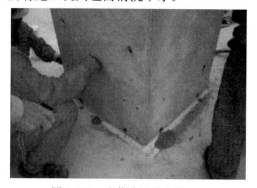

图 5.7-8　出浆确认并塞孔

二天是否可以吊装预制梁的依据，只有试块的强度达
到设计值的 65%～70%，才能进行预制梁的吊装；

（3）套筒灌浆连接及钢筋浆锚搭接的连接接头
检验应以每层或 500 个接头为一个检验批，每个检验
批均应进行全数检查其施工记录和每班试件强度试
验报告；套筒续接器的拉伸试验架见图 5.7-9。

（4）采用套筒灌浆连接时，应检查套筒中连接
钢筋的位置和长度满足设计要求，套筒和灌浆材料
应采用同一厂家经认证的配套产品；

图 5.7-9　套筒续接拉伸试验架

（5）灌浆前应制订套筒灌浆操作的专项质量保
证措施，被连接钢筋偏离套筒中心线的角度不应超过 7°，灌浆操作全过程应由监理人员
旁站；

（6）灌浆料应由经培训合格的专业人员按配置要求计量灌浆材料和水的用量，经搅拌
均匀后测定其流动度，当满足设计要求后方可灌注；

（7）浆料应在制备后半小时内用完，灌浆作业应采取压浆法从下口灌注，当浆料从上
口流出时应及时封堵，持压 30s 后再封堵下口；

接头试件形式检验报告（样式）可参考附表 7，无收缩水泥灌浆施工质量检查表（样
式）可参考附表 8。

5.7.4　钢筋浆锚搭接连接施工

1. 基本原理

传统现浇混凝土结构的钢筋搭接一般采用绑扎连接或直接焊接等方式。而装配式结构
预制构件之间的连接除了采用钢套筒连接以外，有时也采用钢筋浆锚连接的方式。与钢套
筒连接相比钢筋浆锚连接的同样安全可靠、施工方便、成本相对较低。根据同济大学、哈
尔滨工业大学等大量的试验研究结果表明，钢筋浆锚搭接是一种可以保证钢筋之间力的传
递有效连接方式。

钢筋浆锚连接的受力机理是将拉结钢筋锚固在带有螺旋筋加固的预留孔内，通过高
强度无收缩水泥砂浆的灌浆后实现力的传递。也就是说钢筋中的拉力是通过剪力传递到
灌浆料中，再传递到周围的预制混凝土之间的界面中去，也称之为间接锚固或间接
搭接。

连接钢筋采用浆锚搭接连接时，可在下层预制构件中设置竖向连接钢筋与上层预制构
件内的连接钢筋通过浆锚搭接连接。纵向钢筋采用浆锚搭接连接时，对预留孔成孔工艺、
孔道形状和长度、构造要求、灌浆料和被连接的钢筋，应进行力学性能以及适用性的试验
验证。直径大于 20mm 的钢筋不宜采用浆锚搭接连接，直接承受动力荷载构件的纵向钢筋
不应采用浆锚搭接连接。连接钢筋可在预制构件中通常设置，或在预制构件中可靠的
锚固。

2. 浆锚灌浆连接的性能要求

钢筋浆锚连接用灌浆料性能应按照《装配式混凝土结构技术规程》JGJ 1 的要求执行，
具体性能要求详见表 5.7-2。

项目	指标名称	指标性能
泌水率（%）		0
流动度（mm）	初始值	≥200
	30min 保留值	≥150
竖向膨胀率（%）	3h	≥0.02
	24h 与 3h 的膨胀值之差	0.02～0.5
抗压强度（MPa）	1d	≥30
	3d	≥50
	28d	≥70
对钢筋的锈蚀作用		不应有

钢筋浆锚连接用灌浆料性能要求　　　　表 5.7-2

3. 浆锚灌浆连接施工要点

预制构件主筋采用浆锚灌浆连接的方式，在设计上对抗震等级和高度上有一定的限制。在预制剪力墙体系中预制剪力墙的连接使用较多，预制框架体系中的预制立柱的连接一般不宜采用。钢筋浆锚连接的施工流程可参考图 5.7-2 所示的工序进行。图 5.7-10 和图 5.7-11分别给出了钢筋浆锚连接的示意图和预制外墙浆锚灌浆连接及施工场景图。毫无疑问，浆锚灌浆连接节点施工的关键是灌浆材料及施工工艺无收缩水泥灌浆施工质量可参照钢套筒的连接施工相关章节。

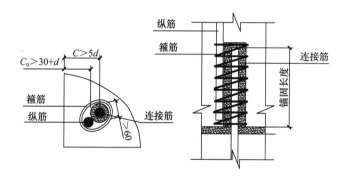

图 5.7-10　浆锚灌浆连接节点示意图

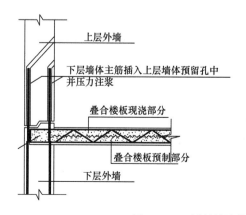

图 5.7-11　预制外墙浆锚灌浆连接及施工场景

5.7.5 直螺纹套筒连接施工

1. 基本原理

直螺纹套筒连接接头施工其工艺原理是将钢筋待连接部分剥肋后滚压成螺纹，利用连接套筒进行连接，使钢筋丝头与连接套筒连接为一体，从而实现了等强度钢筋连接。直螺纹套筒连接的种类主要有冷镦粗直螺纹、热镦粗直螺纹、直接滚压直螺纹、挤（碾）压肋滚压直螺纹。

2. 一般注意事项

（1）技术要求

1）钢筋先调直再下料，切口端面与钢筋轴线垂直，不得有马蹄形或挠曲，不得用气割下料。

2）钢筋下料时需符合下列规定：

① 设置在同一个构件内的同一截面受力钢筋的位置应相互错开。在同一截面接头百分率不应超过50%。

② 钢筋接头端部距钢筋受弯点不得小于钢筋直径的10倍长度。

③ 钢筋连接套筒的混凝土保护层厚度应满足《混凝土结构设计规范》GB 50010中的相应规定且不得小于15mm，连接套之间的横向净距不宜小于25mm。

（2）钢筋螺纹加工

1）钢筋端部平头使用钢筋切割机进行切割，不得采用气割。切口断面应与钢筋轴线垂直。

2）按照钢筋规格所需要的调试棒调整好滚丝头内控最小尺寸。

3）按照钢筋规格更换涨刀环，并按规定丝头加工尺寸调整好剥肋加工尺寸。

4）调整剥肋挡块及滚扎行程开关位置，保证剥肋及滚扎螺纹长度符合丝头加工尺寸的规定。

5）丝头加工时应用水性润滑液，不得使用油性润滑液。当气温低于0℃时，应掺入15%~20%亚硝酸钠。严禁使用机油作切割液或不加切割液加工丝头。

6）钢筋丝头加工完毕经检验合格后，应立即带上丝头保护帽或拧上连接套筒，防止装卸钢筋时损坏丝头。

（3）钢筋连接

1）连接钢筋时，钢筋规格和连接套筒规格应一致，并确保钢筋和连接套的丝扣干净、完好无损。

2）连接钢筋时应对准轴线将钢筋拧入连接套中。

3）必须用力矩扳手拧紧接头。力矩扳手的精度为±5%，要求每半年用扭力仪检定一次。力矩扳手不使用时，将其力矩值调整为零，以保证其精度。

4）连接钢筋时应对正轴线将钢筋拧入连接套中，然后用力矩扳手拧紧。接头拧紧值应满足表5.7-3规定的力矩值，不得超拧，拧紧后的接头应作上标记，放置钢筋接头漏拧。

5）钢筋连接前要根据所连接直径的需要将力矩扳手上的游动标尺刻度调定在相应的位置上。即按规定的力矩值，使力矩扳手钢筋轴线均匀加力。当听到力矩扳手发出"咔哒"声响时即停止加力（否则会损坏扳手）。

6）连接水平钢筋时必须依次连接，从一头往另一头，不得从两边往中间连接，连接时两人应面对站立，一人用扳手卡住已连接好的钢筋，另一人用力矩扳手拧紧待连接钢筋，按规定的力矩值进行连接，这样可避免弄坏已连接好的钢筋接头。

7）使用扳手对钢筋接头拧紧时，只要达到力矩扳手调定的力矩值即可，拧紧后按表5.7-3规定力矩值检查。

滚扎直螺纹钢筋接头拧紧力矩值 　　　　　　　　　　　　　　　　　　　表5.7-3

钢筋直径（mm）	≤16	18～20	22～25	28～32
拧紧力矩值（N·m）	100	200	260	320

8）接头拼接完成后，应使两个丝头在套筒中央位置相互顶紧，套筒的两端不得有一口以上的完整丝扣外露，加长型接头的外露扣数不受限制，但有明显标记，以检查进入套筒的丝头长度是否满足要求。

（4）材料与机械设备

1）材料准备

① 钢套筒应具有出厂合格证。套筒的力学性能必须符合规定。表面不得有裂纹、折叠等缺陷。套筒在运输、储存中，应按不同规格分别堆放，不得露天堆放，防止锈蚀和玷污。

② 钢筋必须符合国家标准设计要求，还应由产品合格证、出厂检验报告和进场复验报告。

2）施工机具

钢筋直螺纹剥肋滚丝机、力矩扳手、牙型规、卡规、直螺纹塞规。

5.7.6 波纹管连接施工

波纹管连接的施工工艺与钢筋套筒灌浆连接和浆锚灌浆连接的施工流程和施工要求基本相同，详细内容可参照执行。图5.7-12为金属波纹管连接示意图。

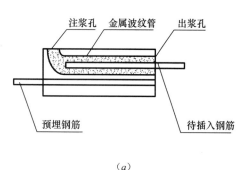

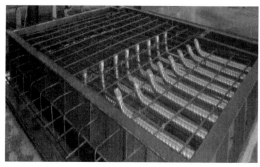

（a）　　　　　　　　　　　　　　　　　　（b）

图5.7-12　金属波纹管连接示意

5.8　构件接缝构造连接施工

5.8.1　接缝材料

预制构件的接缝材料分主材和辅材两部分，辅材根据选用的主材确定。主材密封胶是一种可追随密封面形状而变形，不易流淌，有一定粘结性的密封材料。预制混凝土构件接缝使用建筑密封胶，按其组成大致可分为聚硫橡胶、氯丁橡胶、丙烯酸、聚氨酯、丁基橡胶、硅橡胶、橡塑复合型、热塑性弹性体等多种。预制混凝土构件接缝材料的要求可参照《装配式混凝土结构技术规程》JGJ 1 执行，具体要求如下：

（1）接缝材料应与混凝土具有相容性，以及规定的抗剪切和伸缩变形能力；接缝材料应具有防霉、防水、防火、耐候等性能；

（2）硅酮、聚氨酯、聚硫建筑密封胶应分别符合国家现行标准《硅酮建筑密封胶》GB/T 14683、《聚氨酯建筑密封胶》JC/T 482、《聚硫建筑密封胶》JC/T 483 的规定；

（3）夹心外墙板接缝处填充用保温材料的燃烧性能应满足现行国家标准《建筑材料及制品燃烧性能分级》GB 8624 中 A 级的要求。

5.8.2　接缝构造要求

预制外墙板接缝采用材料防水时，必须用防水性能可靠的嵌缝材料。板缝宽度不宜大于 20mm，材料防水的嵌缝深度不得小于 20mm。对于普通嵌缝材料，在嵌缝材料外侧应勾水泥砂浆保护层，其厚度不得小于 15mm。对于高档嵌缝材料，其外侧可不做保护层。预制外墙板接缝的材料防水还应符合下列要求：

（1）外墙板接缝宽度设计应满足在热胀冷缩及风荷载、地震作用等外界环境的影响下，其尺寸变形不会导致密封胶的破裂或剥离破坏的要求；

（2）外墙板接缝宽度不应小于 10mm，一般设计宜控制在 10～35mm 范围内；接缝胶深度一般在 8～15mm 范围内；

（3）外墙板的接缝可分为水平缝和垂直缝两种形式；

（4）普通多层建筑预制外墙板接缝宜采用一道防水构造做法（图 5.8-1）；

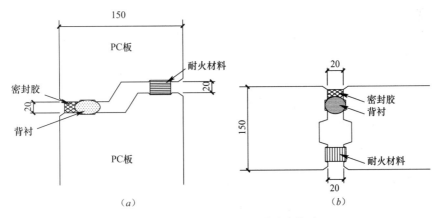

图 5.8-1　预制外墙板缝一道防水构造
（a）水平缝；（b）垂直缝

（5）高层建筑、多雨地区的预制外墙板接缝防水宜采用两道密封防水构造的做法，即在外部密封胶防水的基础上，增设一道发泡氯丁橡胶密封防水构造（图 5.8-2）。

5.8.3　接缝嵌缝施工流程

接缝嵌缝的施工流程如图 5.8-3 所示。其主要工序的施工说明如下：

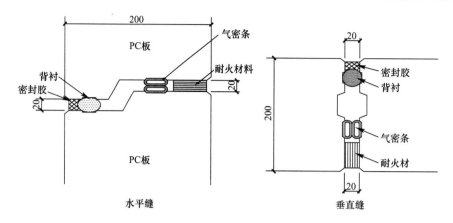

图 5.8-2 预制外墙板缝两道防水构造

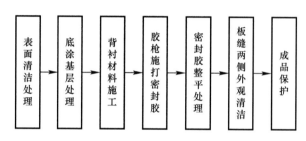

图 5.8-3 预制外墙板接缝嵌缝施工流程

（1）表面清洁处理

将外墙板缝表面应清洁至无尘、无污染或其他污染物的状态。表面如有油污可用溶剂（甲苯、汽油）擦洗干净。

（2）底涂基层处理

为使密封胶与基层更有效粘结，施打前可先用专用的配套底涂料涂刷一道做基层处理。

（3）背衬材料施工

密封胶施打前应事先用背衬材料填充过深的板缝，避免浪费密封胶，同时避免密封胶三面粘结，影响性能发挥。吊装时用木柄压实，平整。注意吊装的衬底材料的埋置深度，在外墙板面以下 10mm 左右为宜。

（4）施打密封胶

密封胶采用专用的手动挤压胶枪施打。将密封胶装配到手压式胶枪内，胶嘴应切成适当口径，口径尺寸与接缝尺寸相符，以便在挤胶时能控制在接缝内形成压力，避免空气带入。此外，密封胶施打时，应顺缝从下向上推，不要让密封胶在胶嘴堆积成珠或成堆。施打过的密封胶应完全填充接缝。

（5）整平处理

密封胶施打完成后立即进行整平处理，用专用的圆形刮刀从上到下，顺缝刮平。其目的是整平密封胶外观，通过刮压，使密封胶与板缝基面接触更充分。

（6）板缝两侧外观清洁

当施打密封胶时，假如密封胶溢出到两侧的外墙板时，应及时进行清除干净，以免影响外观质量。

（7）成品保护

在完成接缝表面封胶后可采取相应的成品保护措施。

5.8.4 接缝嵌缝施工注意事项

根据接缝设计的构造及使用嵌缝材料的不同，其处理方式也存在一定的差异，常用接缝连接构造的施工要点如下：

（1）外墙板接缝防水工程应由专业人员进行施工，橡胶条通常为预制构件出厂时预嵌在混凝土墙板的凹槽内，以保证外墙的防排水质量。在现场施工的过程中，预制构件调整就位后，通过安装在相邻两块预制外墙板的橡胶条，通过挤压达到防水效果；

（2）预制构件外侧通过施打结构性密封胶来实现防水构造。密封防水胶封堵前，侧壁应清理干净，保持干燥，事先应对嵌缝材料的性能质量进行检查。嵌缝材料应与墙板粘结牢固；

（3）预制构件连接缝施工完成后应进行外观质量检查，并应满足国家或地方相关建筑外墙防水工程技术规范的要求，必要时应进行喷淋试验。

5.9 构件成品保护

5.9.1 基本要求

预制构件的成品保护主要包括：

（1）合理安排施工顺序。主要根据工程实际，合理安排不同工序的施工先后顺序，防止后道工序影响或损坏前道工序；

（2）根据产品特点，可分别对成品和半成品采取护、包、盖、封等措施；

（3）加强成品保护责任制度，加强对成品保护的工作巡查，发现问题及时处理。

5.9.2 构件成品保护

依据预制构件成品保护要点，按照预制构件类别分类介绍预制构件成品保护的相关要求。

（1）装配式混凝土结构施工完成后，竖向构件阳角、楼梯踏步口宜采用木条（板）包角保护；

（2）预制构件现场吊装及其他工序等施工整个过程中，宜对预制构件原有的门窗框、预埋件等产品进行保护，装配整体式混凝土结构质量验收前不得拆除或损坏；

（3）预制外墙板饰面砖、石材、涂刷等装饰材料表面可采用贴膜或用其他专业材料保护；

（4）预制楼梯饰面砖宜采用现场后贴施工，采用构件制作先贴法时应采用铺设木板或其他覆盖形式的成品保护措施；

（5）预制构件暴露在空气中的预埋铁件应涂抹防锈漆；

（6）预制构件的预埋螺栓孔应填塞海绵棒。

5.10 施工质量控制

5.10.1 基本要求

　　施工质量控制是在明确的质量方针指导下，通过对施工方案的计划、实施、检查和持续改进，进行施工质量目标的事前控制、事中控制和事后控制的系统过程控制。结合装配式混凝土结构工程的施工特点，以质量文件审核、现场质量检查等方面为重点，形成上述三个环节互相补充，实现动态的过程质量控制，达到质量管理和质量控制的持续改进。

　　装配式结构施工的质量控制由构件生产阶段和现场装配施工阶段来组织，在质量控制与施工质量验收的规范方面，目前已经有完善的相应标准，但对于套筒灌浆等关键工序的质量检验仍以过程控制为主，这不仅要求监理在施工过程中严格监管，还需要进一步组织和培训专业的施工作业班组和确立标准化施工作业流程。对于总包单位来讲，相对粗放的以包代管的管理方式已经不能满足装配式结构施工的质量管理体系控制要求。相对于预制构件的制作质量与吊装质量，更多的标准化模具和成熟专业施工标准做法显得尤为重要。

5.10.2 构件吊装施工质量控制

　　各类预制构件的吊装质量控制要求参见"第 6 章 装配式混凝土结构施工质量检验与验收"中的相关章节的要求执行。装配式混凝土结构主要预制构件吊装施工时的质量控制说明如下。

1. 预制柱

　　（1）预制柱运入现场后，需对预制柱的外观和几何尺寸等项目进行检查和验收。构件检查的项目包括：规格、尺寸以及抗压强度是否满足设计要求。同时观察预制柱内的钢筋套筒是否被异物填入堵塞。检查结果应记录在案，签字后生效；

　　（2）根据施工图准确划线，以控制预制柱准确安放在平面控制线上。若需进行钢筋穿插连接，还要对预留钢筋进行微调，使预留钢筋可顺利插入钢筋套筒；

　　（3）预制柱在起吊前，应选择合适的吊具、钩索，并确保其承受的最小拉应力为构件本身的 1.5 倍。为便于校正预制柱的垂直度，还应在起吊前，在预制柱四角安放金属垫块，并使用经纬仪辅助调节柱的垂直度（图 5.10-1）；

　　（4）预制柱吊装就位时，施工人员可手扶柱子，引导其内的钢筋套筒与预留钢筋试对，施工人员确定无问题后，可缓慢安放预制柱，在确保预留钢筋完美插入钢筋套筒的同时，引导柱底面与平面控制线对准，若出现少量偏移，可采用橡胶锤，扳手等工具敲击柱身，使之精准就位（图 5.10-2）；

　　（5）预制柱就位后可通过灌浆孔灌注混凝土，以及螺栓固定的方式对柱子进行固定。固定过程中，仍需要控制预制柱位置，避免柱子因外

图 5.10-1 预制柱吊装

力作用下错位；

（6）预制柱吊装完成后安装质量记录和检查表（样式）可参见附表9。

2. 预制梁

（1）预制梁运入现场后应对其进行检查和验收，主要检查构件的规格、尺寸、抗压强度以及预留钢筋的形状、型号是否满足设计的要求。

（2）根据图纸，运用经纬仪、钢尺、卷尺等测量工具划出控制轴线。同时检查梁底支撑工具，查看其支撑高度是否与控制轴线平齐，若不足或超出控制轴线，需要对其进行微调。

（3）预制梁吊装过程中，在离地面200mm处对构件水平度进行调整，其中，需控制吊索长度，使其与钢梁的夹角不小于60°（图5.10-3）。

图5.10-2　预制柱校正

图5.10-3　预制梁吊装

（4）预制梁吊装精度检查表见附表10。

3. 预制叠合楼板

（1）预制叠合楼板运入现场后应对其进行检查和验收，主要检查构件的规格、尺寸以及抗压强度是否满足项目要求；

（2）根据图纸，运用经纬仪、钢尺、卷尺等测量工具在预制梁上划出楼板位置的控制轴线。同时检查板底的支撑系统，查看其支撑高度是否与控制轴线平齐，若不足或超出控制轴线，需对其进行微调。支撑工具为竖向支撑系统，通常由承插盘扣式脚手架和可调顶托组成；

（3）预制楼板吊装时，应顺序吊装，不可间隔吊装，同时吊索应连接在楼板四角，保证楼板的水平吊装，并在楼板离开地面200mm左右对其水平度进行调整（图5.10-4）；

（4）楼板下放时，应将楼板预留筋与预制梁的预留筋的位置错开，缓慢下放，准确就位。吊装完毕后对楼板位置进行调整或校正，误差控制在2mm以内。最后利用支撑工具，在固定楼板的同时，调整楼板标高（图5.10-5）；

图5.10-4　预制楼板吊装

图5.10-5　预制楼板校正

（5）叠合楼板的吊装检查表（样式）可参考附表11。

4. 预制楼梯与阳台板

（1）预制楼梯及阳台板运入现场后，对其进行检查与验收，主要检查构件的尺寸、梯段、台阶数以及抗压强度是否满足项目要求。

（2）根据图纸，在楼梯间的预制梁上，运用经纬仪、钢尺、卷尺等测量工具划出楼板的安放轴线。同时检查支撑工具，查看其支撑高度是否与控制轴线平齐，若不足或超出控制轴线，需对其进行微调。

（3）预制楼梯吊装时，将吊索连接在楼梯平台的四个端部，以保证楼梯水平吊装，并在楼梯离开地面200mm左右用水平尺检测其水平度，并通过吊具进行调整（图5.10-6）。

（4）楼梯下放时，应将楼梯平台的预留筋与梁箍筋相互交错，缓慢下放，保证楼梯平台准确就位，再使用水平尺、吊具再次调整楼梯水平度。吊装完毕后可用撬棍对楼梯位置进行调整校正，误差控制在2mm。最后利用支撑系统，在固定楼梯的同时，调整楼板标高（图5.10-7）。

图5.10-6　预制楼梯吊装　　　　　　　图5.10-7　预制楼梯支撑校正

（5）预制楼梯吊装质量检查表（样式）可参考附表12，预制阳台板的吊装质量检查表（样式）可参考附表13。

5. 预制外墙板

预制外墙板施工质量控制基本要求与预制叠合楼板基本相同，此处不再赘述。预制外墙板（含PCF墙板）构件吊装质量检查表（样式）可参考附表14。

5.10.3　构件节点现浇连接质量控制

在混凝土浇筑前，应首先对制备好的混凝土进行坍落度试验，并检测混凝土的强度是否符合设计要求。对浇筑区域要进行清扫，清除浮浆、污水等异物，并洒水使构件连接节点湿润。在混凝土浇筑过程中，对于预制柱和预制墙的水平连接处，可自上而下分层进行浇筑，且每层高度不宜大于2m，同时可用木锤适度敲击模板的侧面以使混凝土密实，必要时可插入微型振动棒进行振捣（图5.10-8）。切勿采用大型振动设备进行振捣以防止模板走模或变形等现象发生。

5.10.4　构件节点钢筋连接质量控制

钢筋连接接头的试验、检查可参照各类连接接头施工方法中规定的方法；钢筋采用机

(a)　　　　　　　　　　　　　　　(b)

图 5.10-8　混凝土浇筑以及振捣

械连接时，其接头质量应符合现行行业标准《钢筋机械连接技术规程》JGJ 107 的有关规定。

　　在对预制墙、预制柱内的钢筋套筒进行灌浆时，应用料斗对准构件的灌浆口，开启灌浆泵进行灌浆，灌浆作业时灌浆要均匀、缓慢（图 5.10-9）。在灌浆前，将不参与作业灌浆孔和排浆孔事先用橡胶塞进行封堵，当发现作业灌浆孔有漏浆现象发生时，应及时封堵当前灌浆孔，并打开下一个灌浆孔继续灌浆，直至所有灌浆口漏浆封堵，排浆孔开始排浆且没有气泡产生时，对排浆孔进行封堵，灌浆作业结后将灌浆孔表面压平。

图 5.10-9　灌浆孔图例

　　（1）采用焊接连接时，应首先制定焊接部位确认表，以选择合适的焊接方式、焊接材料、焊接设备等。在焊接过程中应保证焊接坡口有足够的熔深，焊接部位不会出现气泡、裂缝，焊缝美观且机械性能好。另外，因强风天气可导致焊接电弧不稳定致使焊接质量下降，因此，焊接作业应在风速小于 10m/s 的天气下进行。同时，低温天气也不能进行焊接作业，为配合装配式住宅冬季施工的特点，可以在施焊前，对施焊部分进行加热，将温度提至 36℃以上，再进行作业，以防止因温度的骤然变化，导致构件开裂。

　　（2）采用高强螺栓进行连接时，需根据钢结构设计规范选择螺栓型号，以满足工程要求。由于采用螺栓连接，造成构件刚度增大，无法抵消构件生产时的误差，因此需严格控制螺栓安装精度。另外，螺栓连接常与焊接搭配作业，为防止焊接产生的高温影响螺栓安装精度，需严格把控焊接部位与螺栓之间的距离。

5.10.5　构件接缝施工质量控制

　　构件接缝施工质量控制与施工时注意事项的内容基本相同，预制构件接缝的主要控制措施如下：

　　（1）密封胶应采用建筑专用的密封胶，并应符合国家现行标准《硅酮建筑密封胶》GB/T 14683、《聚氨酯建筑密封胶》JC/T 482、《聚硫建筑密封胶》JC/T 483 等相关的规定；

图 5.10-10　预制外墙板接缝施工的外观质量

（2）外墙板接缝防水工程应由专业人员进行施工；

（3）密封防水胶封堵前，侧壁应清理干净，保持干燥，事先应对嵌缝材料的性能质量进行检查；

（4）嵌缝材料应与墙板粘结牢固；

（5）预制构件连接缝施工完成后应进行外观质量检查，并应满足国家或地方相关建筑外墙防水工程技术规范的要求。图 5.10-10为外墙板接缝施作完成后的外景照片示例。

5.11　施工安全控制

5.11.1　基本要求

装配式结构的施工安全基本要求如下：

（1）装配式混凝土结构施工过程中应按照现行行业标准《建筑施工安全检查标准》JGJ 59、《建筑施工现场环境与卫生标准》JG J146 和上海市地方标准《现场施工安全生产管理规范》DG J08—903 等安全、职业健康和环境保护的有关规定执行；

（2）施工现场临时用电的安全应符合现行行业标准《施工现场临时用电安全技术规范》JGJ 46 和用电专项施工方案的有关规定；

（3）施工现场消防安全应符合现行国家标准《建设工程施工现场消防安全技术规程》GB 50720 的有关规定；

（4）装配式混凝土结构施工宜采用围挡或安全防护操作架，特殊结构或必要的外墙板构件吊装可选用落地脚手架，脚手架搭设应符合国家现行有关标准的规定；

（5）装配式混凝土结构施工在绑扎柱、墙钢筋时，应采用专用登高设施，当高于围挡时必须佩戴穿芯自锁保险带；

（6）安全防护采用围挡式安全隔离时，楼层围挡高度不应低于 1.50m，阳台围挡应不低于 1.10m，楼梯临边应加设高度不小于 0.9m 的临时栏杆；

（7）围挡式安全隔离，应与结构层有可靠连接，满足安全防护需要；

（8）围挡设置应采取吊装一件外墙板，拆除相应位置围挡的方法，按吊装顺序，逐块（榀）进行。预制外墙板就位后，应及时安装上一层围挡。

5.11.2　施工安全保护措施

1. 预制柱吊装安全管理措施及注意事项

（1）起重人员应确认构件重量满足起重机的起吊能力后方可起吊；

（2）预制立柱吊装到位后应立即安装斜撑系统，安装支撑点位以 3 点支撑为原则，大梁的主筋为下层方向，支撑两枝；如大梁先吊装后进行套筒砂浆灌浆连接的，应以 4 点支撑为原则，斜撑承载能力以 1.0t 计算。柱底垫片应采用铁制薄片，规格以 2mm、3mm、5mm、10mm 厚为主，垫片平面尺寸依柱子重量而定，垫片距离应考虑立柱重量与斜撑支撑力臂弯矩的关系，以维持立柱的平衡性与稳定性（图 5.11-1 和图 5.11-2）；

 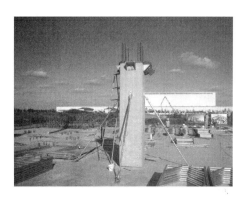

图 5.11-1　标高调整垫片安放　　　　图 5.11-2　斜撑系统安装位置

（3）柱子完成吊装调整后，应于柱子四角加塞垫片增加稳定性与安全性；

（4）在构件吊装作业区的 5~10m 范围外应设置安全警戒线，工地派专人把守，与现场施工作业无关的人员不得进入警戒线，专职安全员应随时检查各岗人员的安全情况，夜间作业，应有良好的照明。

2. 预制梁吊装安全管理措施

（1）在竖向支撑系统（俗称鹰架）中必须安装水平架，可避免支撑杆挫曲；

（2）起吊前：应在地面安装好安全索。在大梁周围的地面上事先安装好刚性安全栏杆，刚性安全栏杆的立杆应采用 $\phi 40$，横杆采用 $\phi 48$ 的钢管。立杆采用螺栓与边梁预埋件连接；

图 5.11-13 和图 5.11-4 分别给出了预制梁施工时在边梁和外墙板上部设置的临时安全栏杆的示例。图 5.11-5 和图 5.11-6 为预制梁吊装和临时安全栏杆现场安装场景照片。

（3）起吊时：起吊离地时须稍作停顿，确定起吊时的平衡性，在确认无误后，方可向上提升；

（4）作业半径：吊车作业时在吊装作业半径内不得站立工作人员，并采取吊车作业期间防止有关人员进入的相关措施；

（5）梁构件必须加挂牵引绳，以利安装作业人员拉引；

（6）吊装大小梁前应依设计图搭好支撑架，以利大小梁放置及减少大小梁中央部标高的调整。

图 5.11-7 给出了预制梁吊装施工时采用的竖向支撑系统的结构及现场安装施工场景照片。图 5.11-8 为竖向支撑系统中设置的预制梁吊装标高调节装置图例，一般调整装置标高的可调范围在 100~300mm 之间。

（7）作业人员在吊装大小梁时应用安全带钩住立柱钢筋或其他安全部位；

（8）梁下支撑架上部设置小型钢确保均布受力（图 5.11-9）；

（9）预制梁吊装完成后应架设安全网（采用 S 形不锈钢钩，直径 4mm）（图 5.11-10）。

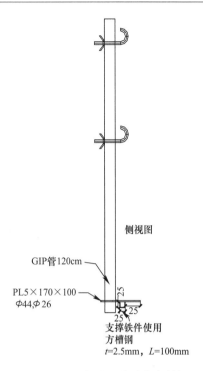

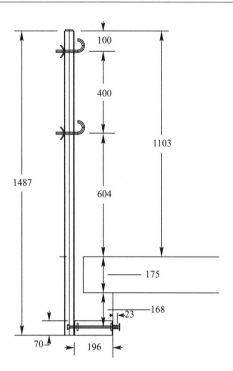

图 5.11-3　边梁施工临时安全栏杆　　　图 5.11-4　外墙板上部临时施工安全栏杆

图 5.11-5　预制梁吊装　　　　　　图 5.11-6　安装安全栏杆

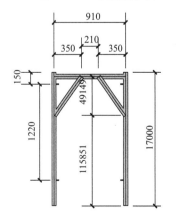

图 5.11-7　支撑架结构图

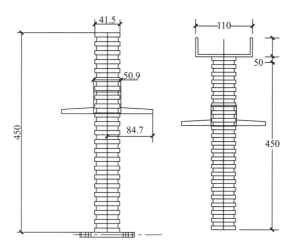

图 5.11-8 上下调整座（标高调整装置）

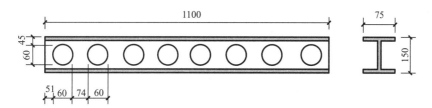

图 5.11-9 小型钢

图 5.11-10 安全网及 S 形不锈钢钩

3. 预制叠合楼板吊装安全管理措施

（1）预制叠合楼板（KT 板）中央部应增加支撑，楼层高度在 3.6m 以下时常以钢管作为支撑，若钢管支撑长度超过 3.5m 时，应加横向 90mm×90mm 断面木条串连，减少无支撑长度（见图 5.11-11）；

（2）KT 板一般以 K-truss 作为吊点，但超大型 KT 板（3m×6m 以上）应采用方形的平衡架作为专用的吊具，以免拉裂；

（3）起吊时应根据设计起吊点数吊装施工，且须备妥合适的吊装工具。

图 5.11-11　预制楼板板吊装场景

4. 外墙版吊装安全管理措施

（1）无论是全预制还是叠合墙板，在吊装时均应遵守标准作业流程；

（2）吊点与侧边的翻转吊点均应事先确认孔内是否清洁；

（3）阳台板与女儿墙板的固定系统除依设计图施工外，现场施工人员应检查墙板吊装后，固定系统是否松动；

（4）墙板吊装后需及时安装墙板专用安全护栏，四周须连接没有破口（图 5.11-12）；

（5）超长板的吊装应采用平衡杆和牵引绳等专用的吊装工具进行施工，以利作业人员拉引（图 5.11-13）。

图 5.11-12　墙板专用安全护栏

图 5.11-13　墙板吊装用的平衡杆和牵引绳

5. 临边梁柱节点施工安全

所有临边框架柱外侧，采用挂篮设计图纸加工施工吊挂篮，并钩挂在预制梁上。可并采用两根 8mm 钢丝绳固定在梁上层主筋和箍筋上（至少 2 根箍筋）上作为保险。施工人员安全带应可靠固定在结构柱的主筋上。

5.11.3　施工人员安全控制

（1）吊运预制构件时下方禁止站人，不得在构件顶面上行走，必须等到被吊的物体降落至离地 1m 以内方准靠近，就位固定后方可脱钩；

（2）高空构件装配作业时严禁在结构钢筋上攀爬；

（3）预制外墙板吊装就位并固定牢固后方可进行脱钩，脱钩人员应使用专用梯子在楼层内操作；

（4）预制外墙板吊装时，操作人员站在楼层内应佩戴带有穿芯自锁功能的保险带并与楼面内预埋件（点）扣牢；

（5）当构件吊至操作层时，操作人员应在楼层内用专用钩子将构件上系扣的揽风绳钩至楼层内，然后将墙板拉到就位位置；

（6）当一榀操作架吊升后，操作架端部出现的临时洞口不得站人或施工。

5.11.4　施工机具设备安全控制

1. 钢丝绳

（1）钢丝绳编结部分的长度不得小于钢丝绳直径的 20 倍并不应小于 300mm，其编结部分应捆扎细钢丝；

（2）每班作业前应检查钢丝绳及钢丝绳的连接部位。当钢丝绳在一个节距内断丝根数达到或超过表 5.11-1 规定的根数时，应予报废。当钢丝绳表面锈蚀或磨损使钢丝绳直径有所减少时，应将表 5.11-1 报废标准按表 5.11-2 的规定折减，按折减后的断丝数报废。

钢丝绳报废标准（一个节距内的断丝数）　　　表 5.11-1

采用的安全系数	钢丝绳规格					
	6×19+1		6×37+1		6×61+1	
	交互捻	同向捻	交互捻	同向捻	交互捻	同向捻
6 以下	12	6	22	11	36	18
6~7	14	7	26	13	38	19
7 以上	16	8	30	15	40	20

钢丝绳锈蚀或磨损时报废标准的折减系数　　　表 5.11-2

钢丝绳表面锈蚀或磨损量（%）	10	15	20	25	30~40	大于 40
折减系数	85	75	70	60	50	报废

2. 群塔作业措施

（1）明确规定塔吊在施工中的运行原则。即：低塔让高塔；后行塔让先行塔；移动塔让静止塔；轻车让重车；

（2）塔吊长时间暂停工作时，吊钩应起到最高处，小车拉到最近点，大臂按顺风向停置。为了确保工程进度与塔吊安全，各塔吊须确保驾驶室内 24h 有塔吊司机值班。交班、替班人员未当面交接，不得离开驾驶室，交接班时，要认真做好交接班记录；

（3）现场作业人员必须严格执行"十不吊"的有关规定；

（4）塔吊与信号指挥人员必须配备对讲机；对讲机经统一确定频率，使用人员无权调改频率；专机专用，不得转借；

（5）指挥过程中，严格执行信号指挥人员与塔吊司机的应答制度，即：信号指挥人员发出动作指令时，先呼叫被指挥的塔吊编号，塔吊司机应答后，信号指挥人员方可发出塔吊动作指令；

（6）指挥过程中，要求信号指挥人员必须时刻目视塔吊吊钩与被吊物，塔吊转臂过程中，信号指挥人员还须环顾相邻塔吊的工作状态，并发出安全提示语言。安全提示语言明确、简短、完整、清晰；

（7）预制构件吊装前，将根据设计图纸构件的尺寸、重量及吊装半径选择合适的吊装设备，并留有足够的起吊安全系数，并编制有针对性的吊装专项方案，吊装期间严格保证吊装设备的安全性，操作人员全部持证上岗。

5.11.5　其他安全控制

（1）预制构件吊装应单件逐件吊装，起吊时构件应水平和垂直；

（2）操作人员在楼层内进行操作，在吊升过程中，非操作人员严禁在操作架上走动与施工；

（3）操作架要逐次安装与提升，不得交叉作业，每一单元不得随意中断提升，严禁操作架在不安全状态下过夜；

（4）操作架安装、吊升时如有障碍应及时查清，并在排除障碍后方可继续；

（5）预制结构现浇部分的模板支撑系统不得利用预制构件下部临时支撑作为支点；

（6）预制构件（叠合楼板等）的下部临时支撑架，应在进场前进行承载力试验，以试验得出的承载力极限作为计算依据，对现场支撑架布置进行计算，严格按照计算书进行支撑架的布置，并在施工前进行核算；

（7）构件吊装到位后需及时旋紧支撑架，支撑架上部采用小型钢作为支撑点，小型钢需要与支撑架可靠连接。支撑架应在现浇混凝土达到设计要求的强度后才能拆除，以现场同条件养护试块作为拆除依据（并最少应不少于 7 天）。

本章小结

施工建造环节是装配式混凝土结构施工中最为重要的环节，是装配式建筑产业链的核心。本章通过对预制构件进场检查和验收、装配式结构施工方案编制、预制构件的吊装施工、构件节点的连接施工、构件接缝构造连接施工、构件成品保护、施工质量控制、施工安全控制等整个施工过程的全面介绍，读者可以认识到，装配式建筑的建造方式上绝非是简单地将高精度的预制构件吊装替代传统的现浇混凝土施工，应该把它理解成为现代工业化建筑的总装车间，并采用信息化管理的手段才能真正实现像造汽车一样造房子。

复习思考题

1. 简述预制构件进场检查的要点和具体内容和方法。
2. 简述装配式结构施工方案编制的主要内容。
3. 简述不同的装配式结构体系在总体流程上的区别和联系。
4. 简述预制构件临时支撑系统分类和使用范围。
5. 简述主要预制构件的吊装工艺流程和施工注意事项。
6. 简述预制构件钢筋连接的种类及施工要点。
7. 简述预制构件接缝施工的主要流程和注意事项。
8. 简述装配式建筑施工质量和安全控制的主要内容。

第6章 装配式混凝土结构施工质量检验与验收

6.1 概要

6.1.1 内容提要

装配式混凝土结构近年在国内快速发展，出现了新一轮的发展热潮，在发展过程中，"技术标准落后"被认为是我国装配式建筑发展的瓶颈之一。在近5年完成的新一轮标准规范制定修订中，针对装配式混凝土结构已完成多项工作，基本满足了当前装配式混凝土结构的施工质量验收要求。本章主要讲述装配式混凝土结构工程中的预制构件生产、运输、进场检查、构件吊装、连接、验收等工序以及现浇混凝土等各工序中的质量验收标准。

6.1.2 学习要求

对于装配式混凝土结构工程，掌握预制构件在工厂生产、现场吊装以及现浇混凝土浇筑等各个工序的质量验收标准。

6.2 预制构件制作质量检验与验收

6.2.1 一般规定

（1）预制构件制作单位应具备相应的生产工艺设施，并应有完善的质量管理体系和必要的试验检测手段。

（2）预制构件制作前，应对其技术要求和质量标准进行技术交底，并应制定生产方案；生产方案应包括生产工艺、模具方案、生产计划、技术质量控制措施、成品保护、堆放及运输方案等内容。

（3）预制构件用混凝土的工作性能应根据产品类别和生产工艺要求确定，构件用混凝土原材料及配合比设计应符合国家现行标准《混凝土结构工程施工规范》GB 50666、《普通混凝土配合比设计规程》JGJ 55 和《高强混凝土应用技术规程》JGJ/T 281 等的规定。

（4）预制结构构件采用钢筋套筒灌浆连接时，应在构件生产前进行钢筋套筒灌浆连接接头的抗拉强度试验，每种规格的连接接头试件数量不应少于 3 个。

（5）预制构件用钢筋的加工、连接与安装应符合国家现行标准《混凝土结构工程施工规范》GB 50666 和《混凝土结构工程施工质量验收规范》GB 50204 等的有关规定。

6.2.2　材料、模具质量检验

（1）预制构件制作前，对带饰面砖或饰面板的构件，应绘制排砖图或排板图；对夹心外墙板，应绘制内外叶墙板的拉结件布置图及保温板排板图。

（2）预制构件模具除应满足承载力、刚度和整体稳定性要求外，尚应符合下列规定：

1）应满足预制构件质量、生产工艺、模具组装与拆卸、周转次数等要求；

2）应满足预制构件预留孔洞、插筋、预埋件的安装定位要求；

3）预应力构件的模具应根据设计要求预设反拱。

（3）预制构件模具尺寸的允许偏差和检验方法应符合表 6.2-1 的规定。当设计有要求时，模具尺寸的允许偏差应按设计要求确定。

预制构件模具尺寸的允许偏差和检验方法　　　　　表 6.2-1

项次	检验项目及内容		图例	允许偏差（mm）	检验方法
1	长度	≤6m		+1，−2	用钢尺量平行构件高度方向，取其中偏差绝对值较大处
		>6m 且≤12m		+2，−4	
		>12m		+3，−5	
2	截面尺寸	墙板		+1，−2	用钢尺测量两端或中部，取其中偏差绝对值较大处
3		其他构件		+2，−4	
4	对角线差			3	用钢尺量纵、横两个方向对角线
5	侧向弯曲			$L/1500$ 且≤5	拉线，用钢尺量侧向弯曲最大处

项次	检验项目及内容	图例	允许偏差（mm）	检验方法
6	翘曲		L/1500	调平尺在两端测量
7	底模表面平整度		2	用2m靠尺和塞尺量
8	组装缝隙		1	用塞片或塞尺量
9	端模与侧模高低差		1	用钢尺量

注：L为模具和混凝土接触面中最长边的尺寸。

（4）预埋件加工的允许偏差应符合表6.2-2的规定。

预埋件加工允许偏差 表6.2-2

项次	检验项目及内容		允许偏差（mm）	检验方法
1	预埋件锚板的边长		0，-5	用钢尺量
2	预埋件锚板的平整度		1	用直尺和塞尺量
3	锚筋	长度	+10，-5	用钢尺量
		间距偏差	±10	用钢尺量

（5）固定在模具上的预埋件、预留孔洞中心位置的允许偏差应符合表6.2-3的规定。

项次	检验项目及内容	允许偏差（mm）	检验方法
1	预埋件、插筋、吊环、预留孔洞中心线位置	3	用钢尺量
2	预埋螺栓、螺母中心线位置	2	用钢尺量
3	灌浆套筒中心线位置	1	用钢尺量

注：检查中心线位置时，应沿纵、横两个方向量测，并取其中的较大值。

（6）应选用不影响构件结构性能和装饰工程施工的隔离剂。

6.2.3　构件制作过程质量检验

（1）在混凝土浇筑前应进行预制构件的隐蔽工程检查，检查项目应包括下列内容：

1）钢筋的牌号、规格、数量、位置、间距等；

2）纵向受力钢筋的连接方式、接头位置、接头质量、接头面积百分率、搭接长度等；

3）箍筋、横向钢筋的牌号、规格、数量、位置、间距，箍筋弯钩的弯折角度及平直段长度；

4）预埋件、吊环、插筋的规格、数量、位置等；

5）灌浆套筒、预留孔洞的规格、数量、位置等；

6）钢筋的混凝土保护层厚度；

7）夹心外墙板的保温层位置、厚度，拉结件的规格、数量、位置等；

8）预埋管线、线盒的规格、数量、位置及固定措施。

（2）带面砖或石材饰面的预制构件宜采用反打一次成型工艺制作，并应符合下列要求：

1）当构件饰面层采用石材时，在模具中铺设面砖前，应根据排砖图的要求进行配砖和加工；饰面砖应采用背面带有燕尾槽或粘结性能可靠的产品。

2）当构件饰面层采用石材时，在模具中铺设石材前，应根据排板图的要求进行配板和加工；应按设计要求在石材背面钻孔、安装不锈钢卡钩、涂覆隔离层。

3）应采用具有抗裂性和柔韧性、收缩小且不污染饰面的材料嵌填面砖或石材之间的接缝，并应采取防止面砖或石材在安装钢筋、浇筑混凝土等生产过程中发生位移的措施。

（3）夹心外墙板宜采用平模工艺生产，生产时应先浇筑外叶墙板混凝土层，再安装保温材料和拉结件，最后浇筑内叶墙板混凝土层；当采用立模工艺生产时，应同步浇筑内外叶墙板混凝土层，并应采取保证保温材料及拉结件位置准确的措施。

（4）应根据混凝土的品种、工作性、预制构件的规格形状等因素，制定合理的振捣成型操作规程。混凝土应采用强制式搅拌机搅拌，并宜采用机械振捣。

（5）预制构件采用洒水、覆盖等方式进行常温养护时，应符合现行国家标准《混凝土结构工程施工规范》GB 50666 的要求。

（6）预制构件采用加热养护时，应制定养护制度对静停、升温、恒温和降温时间进行控制，宜在常温下静停 2～6h，升温、降温速度不应超过 20℃/h，最高养护温度不宜超过 70℃，预制构件出池的表面温度与环境温度的差值不宜超过 25℃。

（7）脱模起吊时，预制构件的混凝土立方体抗压强度应满足设计要求，且不应小于 15N/mm²。

（8）采用后浇混凝土或砂浆、灌浆料连接的预制构件结合面，制作时应按设计要求进行粗糙面处理。设计无具体要求时，可采用化学处理、拉毛或凿毛等方法制作糙面。

（9）预应力混凝土构件生产前应制定预应力施工技术方案和质量控制措施，并应符合现行国家标准《混凝土结构工程施工规范》GB 50666 和《混凝土结构工程施工质量验收规范》GB 50204 的要求。

6.3 预制构件出厂进场质量检验与验收

6.3.1 一般规定

（1）预制构件生产单位应提供构件质量证明文件。

（2）预制构件应具有生产企业名称、制作日期、品种、规格、编号等信息的出厂标识。出厂标识应设置在便于现场识别的部位。

（3）预制构件应按品种、规格分区分类存放，并设置标牌。

（4）进入现场的构件应进行质量检查，检查不合格的构件不得使用。

（5）预制构件的进场质量验收应符合现行国家标准《混凝土结构工程施工质量验收规范》GB 50204 的有关规定。

（6）装配式建筑的饰面质量应符合设计要求，并应符合现行国家标准《建筑装饰装修工程质量验收规范》GB 50210 的有关规定。

6.3.2 质量验收

（1）施工单位和监理单位应对进场构件进行质量检查，质量检查内容应符合下列规定：

1）预制构件质量证明文件和出厂标识；

2）预制构件外观质量、尺寸偏差。

（2）预制构件外观质量应根据缺陷类型和缺陷程度进行分类，并应符合表 6.3-1 的分类规定。

预制构件外观质量缺陷　　　　　　　　　　　　　　　　表 6.3-1

名称	现象	严重缺陷	一般缺陷
露筋	构件内钢筋未被混凝土包裹而外露	主筋有露筋	其他钢筋有少量露筋
蜂窝	混凝土表面缺少水泥砂浆而形成石子外露	主筋部位和搁置点位置有蜂窝	其他部位有少量蜂窝
孔洞	混凝土中孔穴深度和长度均超过保护层厚度	构件主要受力部位有孔洞	孔洞
夹渣	混凝土中夹有杂物且深度超过保护层厚度	构件主要受力部位有夹渣	其他部位有少量夹渣
疏松	混凝土中局部不密实	构件主要受力部位有疏松	其他部位有少量疏松
裂缝	缝隙从混凝土表面延伸至混凝土内部	构件主要受力部位有影响结构性能或使用功能的裂缝	其他部位有少量不影响结构性能或使用功能的裂缝

名称	现　　象	严重缺陷	一般缺陷
连接部位缺陷	构件连接处混凝土缺陷及连接钢筋、连接件松动、灌浆套筒未保护	连接部位有影响结构传力性能的缺陷	连接部位有基本不影响结构传力性能的缺陷
外形缺陷	内表面缺棱掉角、棱角不直、翘曲不平等外表面面砖粘结不牢、位置偏差、面砖嵌缝没有达到横平竖直、转角面砖棱角不直、面砖表面翘曲不平等	清水混凝土构件有影响使用功能或装饰效果的外形缺陷	其他混凝土构件有不影响使用功能的外形缺陷
外表缺陷	构件内表面麻面、掉皮、起砂、沾污等外表面面砖污染、预埋门窗框破坏	具有重要装饰效果的清水混凝土构件、门窗框有外表缺陷	其他混凝土构件有不影响使用功能的外表缺陷，门窗框不宜有外表缺陷

（3）预制构件外观质量不应有严重缺陷，产生严重缺陷的构件不得使用。产生一般缺陷时，应由预制构件生产单位或施工单位进行修整处理，修整技术处理方案应经监理单位确认后实施，经修整处理后的预制构件应重新检查。

检查数量：全数检查。

检查方法：观察，检查技术处理方案。

（4）预制构件的尺寸允许偏差应符合表 6.3-2 的规定。

检查数量：对同类构件，按同日进场数量的 5% 且不少于 5 件抽查，少于 5 件则全数检查。

检查方法：钢尺、拉线、靠尺、塞尺检查。

预制构件尺寸允许偏差及检查方法　　表 6.3-2

项次	检验项目	图	允许偏差（mm）	检验方法
外墙板	长		±3	尺量检测
	宽		±3	钢尺量一端中部，取其中偏差绝对值较大处
	厚		±3	
	对角线差		5	钢尺量两个对角线

项次	检验项目		图	允许偏差（mm）	检验方法
外墙板	翘曲			$L/1000$	调平尺在两端测量
	侧向弯曲			$L/1000$ 且≤20	拉线、钢尺量最大侧向弯曲处
	内表面平整			4	2m靠尺和塞尺检查
	外表面平整			3	
梁、柱	长	＜12m		±5	尺量检查
		≥12m 且＜18m		±10	
		≥18m		±20	
	宽			±5	钢尺量一端中部，取其中偏差绝对值较大处
	厚			±5	

项次	检验项目		图	允许偏差 （mm）	检验方法
梁、柱	侧向弯曲			$L/750$ 且≤20	拉线、钢尺量最大侧向弯曲处
	表面平整			4	2m靠尺和塞尺检查
叠合板、楼梯、阳台等	长	＜12m		±5	尺量检查
		≥12m 且＜18m		±10	
		≥18m		±20	
	宽			±5	钢尺量一端中部，取其中偏差绝对值较大处
	厚			±3	
	对角线差			10	钢尺量两个对角线

项次	检验项目	图	允许偏差 （mm）	检验方法
叠合板、楼梯、阳台等	侧向弯曲		$L/750$ 且≤20	拉线、钢尺量最大侧向弯曲处
	翘曲		$L/750$	调平尺在两端测量
	表面平整		4	2m靠尺和塞尺检查

（5）预制构件预留钢筋规格和数量应符合设计要求，预埋件和预留孔洞的尺寸允许偏差应符合表6.3-3的规定。

检查数量：对同类构件，按同日进场数量的5%且不少于5件抽查，少于5件则全数检查。

检查方法：观察、钢尺检查。

预制构件预留钢筋、预埋件和预留孔洞的尺寸允许偏差　　表 6.3-3

项 目			允许偏差（mm）	检验方法
预埋件	预埋件锚板	中心位置偏移	5	量尺检查
		与混凝土面平面高差	0，—5	
	预埋螺栓	中心位置偏移	2	
		外露长度	±5	
	线管、电盒、吊环	中心位置偏移	20	
		与混凝土表面高差	0，—10	
	套筒、螺母	中心位置偏移	2	
预留洞		中心线位置	5	量尺检查
		洞口尺寸深度	±3	
预留孔		中心线位置	5	量尺检查
		孔尺寸	±5	
预留插筋		中心线位置	3	量尺检查
		预留长度	±5	
预留键槽		中心线位置	5	量尺检查
		长度、宽度、深度	±5	

6.4 预制构件安装质量检验与验收

6.4.1 一般规定

（1）装配式结构采用钢件焊接、螺栓等连接方式时，其材料性能及施工质量验收应符合现行国家标准《钢结构工程施工质量验收规范》GB 50205 的相关要求。

（2）装配式混凝土结构安装顺序以及连接方式应保证施工过程结构构件具有足够的承载力和刚度，并应保证结构整体稳固性。

（3）装配式混凝土构件安装过程的临时支撑和拉结应具有足够的承载力和刚度。

（4）装配式混凝土结构吊装起重设备的吊具及吊索规格，应经验算确定。

6.4.2 质量验收

（1）预制构件与结构之间的连接应符合设计要求。

检查数量：全数检查。

检验方法：观察，检查施工记录。

（2）剪力墙底部接缝坐浆强度应满足设计要求。

检查数量：按批检验，以每层为一检验批，每工作班应制作一组且每层不应少于 3 组边长为 70.7mm 的立方体试件，标准养护 28d 后进行抗压强度试验。

检验方法：检查坐浆材料强度试验报告及评定记录。

（3）预制构件采用焊接连接时，钢材焊接的焊缝尺寸应满足设计要求，焊缝质量应符合现行国家标准《钢结构焊接规范》GB 50661 和《钢结构工程施工质量验收规范》GB 50205 的有关规定。

检查数量：全数检查。

检验方法：按现行国家标准《钢结构工程施工质量验收规范》GB 50205 的要求进行。

（4）预制构件采用螺栓连接时，螺栓的材质、规格、拧紧力矩应符合设计要求及现行国家标准《钢结构设计规范》GB 50017 和《钢结构工程施工质量验收规范》GB 50205 的有关规定。

检查数量：全数检查。

检验方法：按现行国家标准《钢结构工程施工质量验收规范》GB 50205 的要求进行。

（5）预制构件临时安装支撑应符合施工方案及相关技术标准要求。

检查数量：全数检查。

检验方法：观察、检查施工记录。

（6）装配式结构安装完毕后，装配式结构尺寸允许偏差应符合设计要求，并应符合表 6.4-1 的规定。

检查数量：按楼层、结构缝或施工段划分检验批。在同一检验批内，对梁、柱，应抽查构件数量的 10%，且不少于 3 件；对墙和板，应按有代表性的自然间抽查 10%，且不少于 3 间；对大空间结构，墙可按相邻轴线间高度 5m 左右划分检查面，板可按纵、横轴线划分检查面，抽查 10%，且均不少于 3 面。

安装尺寸允许偏差（mm） 表 6.4-1

检查项目		图	允许偏差（mm）	检验方法
柱、墙等竖向结构构件	标高	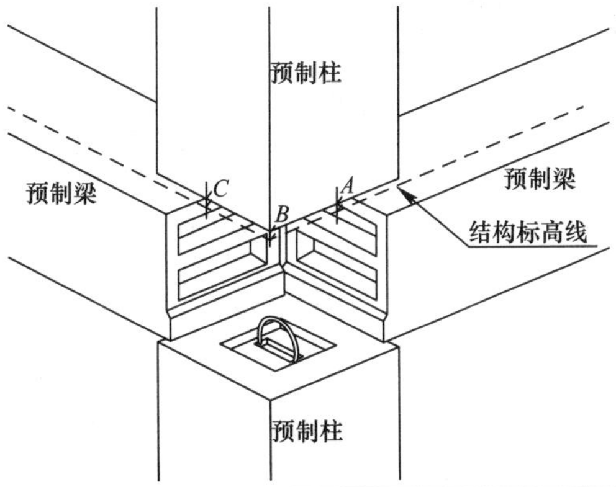	±5	水准仪和钢尺检查
	相对轴线位置	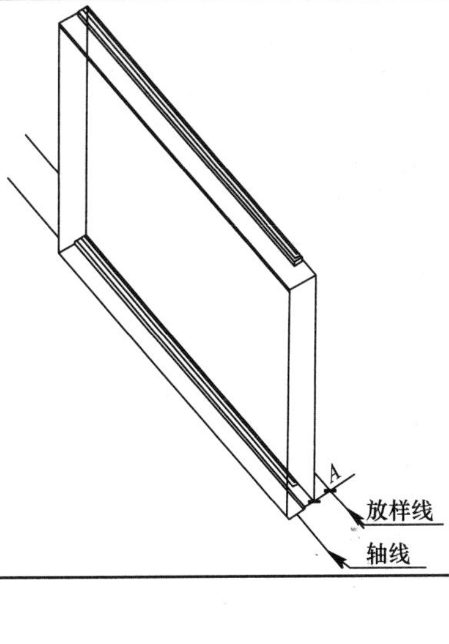	5	钢尺检查

197

检查项目		图	允许偏差（mm）	检验方法
柱、墙等竖向结构构件	垂直度 ＜5m		5	靠尺和塞尺检查
	≥5m且＜10m		10	
	≥10m		20	
	墙板两板对接缝	外墙板　外墙板	±3	钢尺检查
梁、楼板等水平构件	轴线位置	预制梁　楼面轴线　梁边线投影线　楼面放样线	5	钢尺检查

检查项目	图	允许偏差（mm）	检验方法
梁、楼板等水平构件	标高	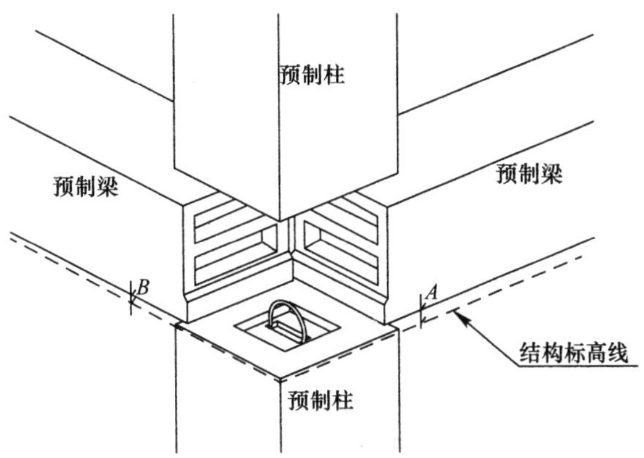 ±5	水准仪和钢尺检查
	相邻两板表面高低差	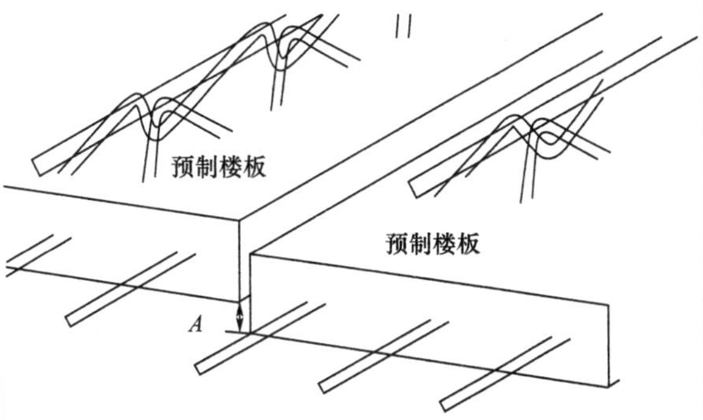 2	靠尺和塞尺检查

（图：上格为预制柱、预制梁、结构标高线，标注 A、B；下格为预制楼板，标注 A）

6.5 预制构件现浇连接质量检验与验收

6.5.1 一般规定

（1）装配式结构的外观质量除设计有专门的规定外，尚应符合现行国家标准《混凝土结构工程施工质量验收规范》GB 50204 中有关现浇混凝土结构的规定。

（2）构件连接部位后浇混凝土及灌浆料的强度达到设计要求后，方可拆除临时固定措施。

（3）在连接节点及叠合构件浇筑混凝土之前，应进行隐蔽工程验收，其内容应包括：

① 现浇结构的混凝土结合面；

② 后浇混凝土处钢筋的牌号、规格、数量、位置、锚固长度等；

③ 抗剪钢筋、预埋件、预留专业管线的数量、位置。

6.5.2 质量验收

（1）后浇混凝土强度应符合设计要求。

检查数量：按批检验，检验批应符合以下要求：

① 预制构件结合面疏松部分的混凝土应剔除并清理干净；

② 模板应保证后浇混凝土部分形状、尺寸和位置准确，并应防止漏浆；

③ 在浇筑混凝土前应洒水润湿结合面，混凝土应振捣密实；

④ 同一配合比的混凝土，每工作班且建筑面积不超过 $1000m^2$ 应制作一组标准养护试件，同一楼层应制作不少于 3 组标准养护试件。

检验方法：按现行国家标准《混凝土强度检验评定标准》GB/T 50107 的要求进行。

（2）承受内力的接头和拼缝，当其混凝土强度未达到设计要求时，不得吊装上一层结构构件，当设计无具体要求时，应在混凝土强度不小于 $10N/mm^2$ 或具有足够的支承时方可吊装上一层结构构件，已安装完毕的装配式结构应在混凝土强度到达设计要求后，方可承受全部设计荷载。

检查数量：全数检查。

检验方法：检查施工记录及试件强度试验报告。

6.6　预制构件机械连接质量检验与验收

6.6.1　一般规定

（1）纵向钢筋采用套筒灌浆连接时，接头应满足行业标准《钢筋机械连接技术规程》JGJ 107 中 I 级接头的要求，并应符合国家现行有关标准的规定。

（2）钢筋套筒灌浆连接接头采用的套筒应符合现行行业标准《钢筋连接用灌浆套筒》JG/T 398 的规定。

（3）钢筋套筒灌浆连接接头采用的灌浆料应符合现行行业标准《钢筋连接用套筒灌浆料》JG/T 408 的规定。

6.6.2　质量验收

（1）钢筋采用机械连接时，其接头质量应符合国家现行标准《钢筋机械连接技术规程》JGJ 107 的要求。

检查数量：按行业标准《钢筋机械连接技术规程》JGJ 107 的规定确定。

检验方法：检查钢筋机械连接施工记录及平行加工试件的强度试验报告。

（2）钢筋套筒灌浆连接及浆锚搭接连接的灌浆应密实饱满。

检查数量：全数检查。

检验方法：检查灌浆施工质量检查记录。

（3）钢筋套筒灌浆连接及浆锚搭接连接用的灌浆料强度应满足设计要求。

检查数量：按批检验，以每层为一检验批；每工作班应制作一组且每层不应少于 3 组 $40mm×40mm×160mm$ 长方体试件，标准养护 28d 后进行抗压强度试验。

检验方法：检查灌浆料强度试验报告及评定记录。

（4）采用钢筋套筒灌浆连接的混凝土结构验收应符合现行国家标准《混凝土结构工程施工质量验收规范》GB 50204 的有关规定，可划入装配式结构分项工程。

（5）灌浆套筒进厂（场）时，应抽取灌浆套筒检验外观质量、标识和尺寸偏差，检验结果应符合现行行业标准《钢筋连接用灌浆套筒》JG/T 398 及《钢筋套筒灌浆连接应用技术规程》JGJ 355 的有关规定。

检查数量：同一批号、同一类型、同一规格的灌浆套筒，不超过 1000 个为一批，每批随机抽取 10 个灌浆套筒。

检验方法：观察，尺量检查。

（6）灌浆料进场时，应对灌浆料拌合物 30min 流动度、泌水率及 3d 抗压强度、28d 抗压强度、3h 竖向膨胀率、24h 与 3h 竖向膨胀率差值进行检验，检验结果应符合规程《钢筋套筒灌浆连接应用技术规程》JGJ 355 的有关规定。

检查数量：同一成分、同一批号的灌浆料，不超过 50t 为一批，每批按现行行业标准《钢筋连接用套筒灌浆料》JG/T 408 的有关规定随机抽取灌浆料制作试件。

检验方法：检查质量证明文件和抽样检验报告。

（7）灌浆套筒进厂（场）时，应抽取灌浆套筒并采用与之匹配的灌浆料制作对中连接接头试件，并进行抗拉强度检验，检验结果均应符合规程《钢筋套筒灌浆连接应用技术规程》JGJ 355 的有关规定。

检查数量：同一批号、同一类型、同一规格的灌浆套筒，不超过 1000 个为一批，每批随机抽取 3 个灌浆套筒制作对中连接接头试件。

检验方法：检查质量证明文件和抽样检验报告。

6.7 预制构件接缝防水质量检验与验收

6.7.1 一般规定

装配式混凝土结构的墙板接缝防水施工质量是保证装配式外墙防水性能的关键，施工时应按设计要求进行选材和施工，并采取严格的检验验证措施。

6.7.2 质量验收

（1）预制构件外墙板连接板缝的防水止水条，其品种、规格、性能等应符合现行国家产品标准和设计要求。

检查数量：全数检查。

检验方法：检查产品的质量合格证明文件、检验报告和隐蔽验收记录。

（2）外墙板接缝的防水性能应符合设计要求。

检查数量：按批检验。每 1000m² 外墙面积应划分为一个检验批，不足 1000m² 时也应划分为一个检验批；每个检验批每 100m² 应至少抽查一处，每处不得少于 10m²。

检验方法：检查现场淋水试验报告。

现场淋水试验应满足下列要求：淋水流量不应小于 5L/(m·min)，淋水试验时间不应小于 2h，检测区域不应有遗漏部位，淋水试验结束后，检查背水面有无渗漏。

6.8　其他

1. 装配式结构作为混凝土结构子分部工程的一个分项进行验收；装配式结构验收除应符合本章节规定外，尚应符合现行国家标准《混凝土结构工程施工质量验收规范》GB 50204 的有关规定。

2. 装配式混凝土结构验收时，除应按现行国家标准《混凝土结构工程施工质量验收规范》GB 50204 的要求提供文件和记录外，尚应提供下列文件和记录：

（1）工程设计文件、预制构件制作和安装的深化设计图；

（2）预制构件、主要材料及配件的质量证明文件、进场验收记录、抽样复验报告；

（3）预制构件安装施工记录；

（4）钢筋套筒灌浆、浆锚搭接连接的施工检验记录；

（5）后浇混凝土部位的隐蔽工程检查验收文件；

（6）后浇混凝土、灌浆料、坐浆材料强度检测报告；

（7）外墙防水施工质量检验记录；

（8）装配式结构分项工程质量验收文件；

（9）装配式工程的重大质量问题的处理方案和验收记录；

（10）装配式工程的其他文件和记录。

本章小结

装配式混凝土结构与传统现浇混凝土结构在建造工艺上有所区别，因此工序的质量验收上存在差异；掌握各工序施工质量验收方法才能确保装配式混凝土结构的整体质量，从而推动装配式混凝土结构在我国的广泛应用。

复习思考题

1. 装配式混凝土结构施工质量验收主要包含哪些内容？

2. 预制构件受力钢筋采用套筒灌浆连接接头，该接头需满足哪些规定？

第7章　安全文明与绿色施工

7.1　概要

7.1.1　内容提示

本章节包括安全生产管理理论、装配式混凝土结构施工现场安全生产管控、标准化施工及绿色施工的概念、特点和实施原则，以及装配式混凝土结构绿色施工的体系建设、实施方法等内容。阐述了事故因果理论、事故预防与控制基本原则、项目安全生产管理体系的构架；着重阐述了装配式混凝土结构施工中主要危险源和针对危险源的安全生产监控措施，并列举了5种安全生产管理措施，用于完善安全生产管理体系，强化施工安全管理；最后，重点介绍了装配式结构从设计、构件生产至施工各环节的绿色施工实施方法。

7.1.2　学习要求

（1）掌握安全生产、安全生产管理、危险源、事故概念；了解事故制因理论和事故预防与控制基本原则；熟悉安全管理体系内容；掌握装配式混凝土结构绿色施工的特点、体系建设；掌握装配式混凝土结构绿色施工全过程实施要点。

（2）熟悉装配式混凝土结构施工安全生产主要措施和管理措施；熟悉标准化施工的基本原则和实施过程；熟悉绿色施工的概念、特点及实施原则。

7.2　安全生产管理

安全生产管理是针对人们在生产过程中的安全问题，进行有关决策、计划、组织和控制等活动，实现生产过程中人与机器设备、物料、环境的和谐，达到安全生产的过程。装配式混凝土结构施工作为新兴行业，其安全施工管理涉及设计中的安全度、混凝土预制构件的生产安全、装配式混凝土结构现场施工安全等各个环节，其规律和特点还需理论结合实践不断摸索和总结。

7.2.1　现代安全生产管理理论

1. 事故因果理论

美国著名安全工程师海因里希（Herbert William Heinrich）（1941年）是最早提出事

故因果连锁理论的，他用该理论阐明导致伤亡事故的各种因素之间，以及这些因素与伤害之间的关系。海因里希理论的核心思想是：伤亡事故的发生不是一个孤立的事件，而是一系列原因事件相继发生的结果，即伤害与各原因相互之间具有连锁关系。

博德（Frank Bird）在海因里希事故因果连锁理论的基础上，提出了与现代安全观点更加吻合的事故因果连锁理论。博德的事故因果连锁过程同样为五个因素，但每个因素的含义与海因里希的都有所不同。

第一，管理缺陷。对于大多数企业来说，由于各种原因，完全依靠工程技术措施预防事故既不经济也不现实，只能通过完善安全管理工作，经过较大的努力，才能防止事故的发生。只要生产没有实现本质安全化，就有发生事故及伤害的可能性，因此，安全管理是工程项目管理的重要一环。

第二，个人及工作条件的原因。这方面的原因是由于管理缺陷造成的。个人原因包括缺乏安全知识或技能，行为动机不正确，生理或心理有问题等；作业条件原因包括安全操作规程不健全，设备、材料不合适，以及存在温度、湿度、粉尘、气体、噪声、照明、工作场地状况（如打滑的地面、障碍物、不可靠支撑物）等有害作业环境因素。只有找出并控制这些原因，才能有效地防止后续原因的发生，从而防止事故的发生。

第三，直接原因。人的不安全行为或物的不安全状态是事故的直接原因。这种原因是安全管理中必须重点加以追究的原因。但是，直接原因只是一种表面现象，是深层次原因的表征。在实际工作中，不能停留在这种表面现象上，而要追究其背后隐藏的管理上的缺陷原因，并采取有效的控制措施，从根本上杜绝事故的发生。

第四，事故。这里的事故被看作是人体或物体与超过其承受阈值的能量接触，或人体与妨碍正常生理活动的物质的接触。因此，防止事故就是防止接触。可以通过对装置、材料、工艺等的改进来防止能量的释放，或者操作者提高识别和回避危险的能力，佩带个人防护用具等来防止接触。

第五，损失。人员伤害及财物损坏统称为损失。人员伤害包括工伤、职业病、精神创伤等。

在许多情况下，可以采取恰当的措施使事故造成的损失最大限度地减小。例如，对受伤人员进行迅速正确地抢救，对设备进行抢修以及平时对有关人员进行应急训练等。

2. 事故预防与控制基本原则

事故预防与控制包括两部分内容，即事故预防和事故控制，前者是指通过采用技术和管理的手段使事故不发生，而后者则是通过采用技术和管理的手段，使事故发生后不造成严重后果或使损失尽可能地减小。

对于事故的预防与控制，应从安全技术、安全教育、安全管理三个方面入手，采取相应措施。因为技术（Engineering）和教育（Education）、管理（Enforcement），三个英文单词的首字母均为 E，人们称之为"3E"对策。这里，安全技术对策着重解决物的不安全状态的问题；安全教育对策和安全管理对策则主要着眼于人的不安全行为的问题，安全教育对策主要使人知道应该怎么做，而安全管理对策则是要求人必须怎么做。

换言之，为了防止事故发生，必须在上述三个方面实施事故预防与控制的对策，而且还应始终保持三者间的均衡，合理地采取相应措施，才能有效地预防和控制事故的发生。

（1）安全技术措施

安全技术措施包括预防事故发生和减少事故损失两个方面，这些措施归纳起来主要有以下几类：

1）减少潜在危险因素。在新工艺、新产品的开发时，尽量避免使用危险的物质，危险工艺和危险设备，这是预防事故的最根本措施。例如：装配式混凝土结构深化设计时，考虑预制构件安装过程中的临边护栏、高处作业过程中安全带安放预埋件等，减少不规则、不对称构件并设计吊点预埋件等，减少施工过程的危险因素。

2）降低潜在危险性的程度。潜在危险性往往达到一定的程度或强度才能施害，通过一些措施降低它的程度，使之处在安全范围以内就能防止事故发生。例如：装配式混凝土结构施工过程中，在洞口、建筑物外围设置防护网，即使有人员坠落或物体坠落仍可被拦截在安全网内，降低危险程度。

3）联锁。当出现危险状态时，强制某些元件相互作用，以保证安全操作。例如，构件起重吊装过程中，起重设备安装限位和报警装置，当起重设备吊重或幅度超限，限位报警使得起重设备停止危险进一步发展。

4）隔离操作或远距离操作。伤亡事故发生必须是人与施害物相互接触。例如在构件吊装过程中，在作业半径和被吊物下方设置警戒区域，无关人员禁止入内。

5）设置薄弱环节。在设备和装置上安装薄弱元件，当危险因素达到危险值之前这个地方预先破坏，将能量释放，保证安全。例如空压机、乙炔瓶等压力容器的泄压阀。

6）坚固或加强。有时为了提高设备的安全程度，可增加安全系数，保证足够的结构强度。例如登高作用使用钢制扶梯或马梯，不使用木质梯；使用粗钢丝绳，不使用细钢丝绳；不使用壁薄的钢管，使用壁厚的钢管等。

7）警告牌示和信号装置。警告可以提醒人们注意，及时发现危险因素或部位，以便及时采取措施，防止事故发生。警告牌示是利用人们的视觉引起注意；警告信号则可利用听觉引起注意。如：在预制构件吊装区域设置禁入标识；在危险品仓库外设置禁止烟火，在构件堆放处设置靠近有危险等警告标识。

随着科学技术的发展，还会开发出新的更加先进的安全防护技术措施，要在充分辨识危险性的基础上，具体选用。安全技术设施在投用过程中，必须加强维护保养，经常检修，确保性能良好，才能达到预期效果。

（2）安全教育措施

安全教育是对现场管理人员及操作工人进行安全思想教育和安全技术知识教育。通过教育提高从业人员安全意识及法制观念，牢固树立安全第一的思想，自觉贯彻执行各项劳动保护法规政策，增强保护人、保护生产力的责任感。安全技术知识教育包括一般生产技术知识、一般安全技术知识和专业安全生产技术知识的教育。施工现场安全教育的种类很多，有三级教育、全员教育、季节教育、长假前后教育、安全技术交底、特种作业人员专项教育等等。现场安全教育的方式也是多样化，但以被教育人听得懂、记得牢为目标。

（3）安全管理措施

安全管理是通过制定和监督实施有关安全法令、规程、规范、标准和规章制度等，规范人们在生产活动中的行为准则，使有劳动保护工作有法可依，有章可循。同时，施工现场安全管理要将组织实施安全生产管理的组织机构、职责、做法、程序、过程和资源等要素有机构成的整体，使得在预制混凝土结构施工过程各个环节、各个要素的安全管理都做到有章可循，安全管理处在一个可控的体系中。施工现场安全管理体系包括以下：

1) 目标制定。目标是整个管理所期望实现的成果。在施工过程中既要有总体安全生产目标，还要对目标进行分解，并配备安全生产目标实施计划和考核办法。所以目标的制定要可细化、可量化、可比较，例如入职人员教育率 100%、隐患整改率 100%、PC 构件堆放倾覆率 0%、PC 构件吊装构件吊装碰撞率 0%，工伤人数 0 等，针对目标有目的的组织实施计划，最终的目标是生产安全"零事故"。

2) 组织机构与职责。建筑施工行业以安全生产责任制为核心，各个岗位均应建立健全安全生产责任制度。

3) 安全生产投入。安全文明施工措施经费是为了确保施工安全文明生产必要投入而单独设立的专项费用。在施工过程中，安全生产投入可以用作安全培训及教育；各种防护的费用；施工安全用电的费用；各类防护棚及其围栏的安全保护设施费用；个人防护用品，消防器材用品以及文明施工措施费等。在施工过程中要保证专款专用。

4) 安全生产法律法规与安全管理制度。施工组织和施工过程中要符合适用的法律、法规及其他应遵守的要求，并建立其获取的渠道，保证生产运行的各个环节均符合法律、法规要求。所以识别、获取、更新与装配式相关的法律、法规，并按照相关要求制定管理制度，培训、实施、操作规程、考核管理办法。

5) 安全生产教育培训。首先要建立教育培训制度，确定教育培训计划，针对不同的教育培训对象或不同的时段，确定培训内容，确定教育培训流程和考核制度。

6) 生产设施设备。设备、设施是生产力的重要组成部分，要制定设备、设施使用、检查、保养、维护、维修、检修、改造、报废管理制度；制定安全设施、设施（包括检查、检测、防护、配备）、警示标识巡查、评价管理制度；制定设备、设施使用、操作安全手册。

7) 作业安全。作业安全管理是指控制和消除生产作业过程中的潜在风险，实现安全生产。PC 施工过程中，包含危险区域动火作业、高处作业、起重吊装作业、临时用电作业、交叉作业等，是施工过程隐患排查、监督的重点。

8) 隐患排查与治理。事故隐患分为一般事故隐患和重大事故隐患。通过隐患和排查治理，不断堵塞管理漏洞，改善作业环境，规范作业人员的行为，保证设施设备系统的安全、可靠运行，实现安全生产的目的。

9) 重大危险源监控。重大危险源辨识依据《重大危险源辨识》GB 18218、建筑工程《危险性较大的分部分项工程安全管理办法》建质［2009］87 号和上海市工程建设规范《危险性较大的分部分项工程安全管理规范》DGJ 08—2077 等进行普查和辨识。针对重大危险源需建立危险源清单与台账，危险源档案，危险源监管、监控、检测记录及设施设置记录和位置分布图等。

10) 职业健康。为了保障职工身体健康，减少职业危害，控制各种职业危害因素，预防和控制职业病的发生。包括以改善劳动条件，防止职业危害和职业病发生为目的的一切措施。职业危害防护用品、设备、设施管理制度等。

11) 应急救援。应急管理是围绕突发事件展开的预防、处置、恢复等活动。按照突发事件的发生、发展规律，完整的应急管理过程应包括预防、响应、处置与恢复重建四个阶段。应急管理者还应该全面开展应急调查、评估，及时总结经验教训；对突发事件发生的原因和相关预防、处置措施进行彻底、系统地调查；对应急管理全过程进行全面的绩效评估，剖析应急管理工作中存在的问题，提出整改措施，并责成有关部门逐项落实，从而提高预防突发事件和应急处置的能力。

12）事故报告调查处理。施工现场必须严格执行《生产安全事故报告和调查处理条例》（国务院令第493号），上报和处理事故。事故处理按照"四不放过"原则，其具体内容是：事故原因未查清不放过；责任人员未受到处理不放过；事故责任人和周围群众没有受到教育不放过；事故制定的切实可行的整改措施未落实不放过。

13）绩效评定持续改进。通过评估与分析，发现安全管理过程中的责任履行、系统运行、检查监控、隐患整改、考评考核等方面存在的问题，提出纠正、预防的管理方案，并纳入下一周期的安全工作实施计划。

7.2.2 装配式混凝土结构施工主要安全管控措施

1. 装配式混凝土结构施工主要危险源

装配式混凝土结构，简要来说就是在工厂预制好混凝土构件，包括梁、板、柱、墙等，然后运输至现场进行吊装拼接，最终完成一栋建筑物的建造。装配式混凝土结构施工主要危险源见表7.2-1。

装配式混凝土结构施工主要危险源 表7.2-1

活动	危险源	可能导致的事故	备注
材料堆放	现场大型构件种类多，现场构件堆放不稳	坍塌、物体打击	现场管理控制
运输	水平运输、垂直运输构件多	机械伤害、交通安全	现场管理控制
吊装	构件结构多样，由于吊装稳定性和控制精度差发生碰撞	物体打击	现场管理控制
	预制吊点不适用	物体打击	前期规划与设计协调设置预埋件
临边防护	构件无预埋件，在不破坏结构情况下无法安装防护设施	高处坠落	前期规划与设计协调设置预埋件
	为方便预制构件吊装、安装时，作业面临边防护常有缺失	高处坠落	现场管理控制
	高处无防护，材料、机具易坠落	物体打击	现场管理控制
高处作业	现场脚手架较少，高处作业时无安全带挂点	高处坠落	现场管理控制 前期规划与设计协调设置预埋件

2. 装配式混凝土结构施工安全生产主要措施

（1）构件的堆放安全措施

装配式混凝土结构储存方法应防止外力造成倾倒或落下，进行整理以保证顺利运输。为保证构件不会发生变形，并防止构件上的泥土乱溅，应明显显示出工程名称、构件符号、生产日期、检查合格标志等；储存时间很长时，应对结合用金属配件和钢筋等进行防锈处理。

堆放方法：构件堆置时，不可与地面直接接触，须乘坐在木头或软性材料上。

1）柱子：柱子堆置时，高度不可超过2层，且须于两端（0.2～0.25）L 间垫上木头，若柱子有装饰石材时，预制构件与木头连接处需采用塑料垫块进行支承。上层柱子起吊前仍须水平平移至地面上，方可起吊，不可直接于上层就起吊。装配式混凝土结构柱堆放图见图 7.2-1。

（a） （b）

图 7.2-1 装配式混凝土结构柱堆放图

2）大小梁：大小梁堆置时，高度亦不可超过 2 层，实心梁须于两端（0.2～0.25）L 间垫上木头，若为薄壳梁则须将木头垫于实心处，不可让薄壳端受力。

3）板类堆放

KT 板则不可超过 4 片高，堆置时于两端（0.2～0.25）L 间垫上木头，且地坪必须坚硬，板片堆置不可倾斜。

外墙板平放时不应超过三层，每层支点须于两端（0.2～0.25）L 间，且需保持上下支点位于同一线上；垂直立放时，以 A 字架堆置，长期储放时必须加安全塑料带捆绑（安全荷重 5t）或钢索固定，墙板直立储放时必须考虑上下左右不得摇晃，以及地震时是否稳固。装配式混凝土结构板类堆放见图 7.2-2。

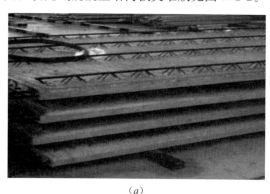 

（a） （b）

图 7.2-2 装配式混凝土结构板类堆放图

4）异型构件

楼梯或异型构件若须堆置 2 层时，必须考虑支撑稳固，且不可堆置过高，必要时应设计堆置工作架以保障堆置安全。

（2）PC 构件的出厂与运输安全措施

在对构件进行发货和吊装前，要事先和现场构件组装负责人确认发货计划书上是否记录有吊装工序、构件的到达时间、顺序和临时放置等内容。

1）运输时安全控制事项

运输时为了防止构件发生裂缝、破损和变形等，选择运输车辆和运输台架时应注意选择适合构件运输的运输车辆和运输台架；装车和卸货时要小心谨慎；运输台架和车斗之间应放置缓冲材料；运输过程中为了防止构件发生摇晃或移动，应用钢丝或夹具对构件进行充分固定；应走运输计划中规定的道路，并在运输过程中安全驾驶，防止超速或急刹车现象。

2）装车时安全控制事项

构件运输一般采用平放装车方式或竖立装车方式。梁构件通常采用平放装车方式，墙和楼面板构件在运输时，一般采用竖向装车方式。其他构件包括楼梯构件、阳台构件和各种半预制构件等，因为各种构件的形状和配筋各不相同，所以要分别考虑不同的装车方式。平放装车时，应采取措施防止构件中途散落。竖立装车时，应事先确认所经路径的高度限制，确认不会出现问题。另外，还应采取措施防止运输过程中构件倒塌。无论根据哪种装车方式，都需根据构件配筋决定台木的放置位置，防止构件运输过程中产生裂缝、破损，也要采取措施防止运输过程中构件散落，还需要考虑搬运到现场之后的施工便捷等。装配式混凝土结构构件装车见图 7.2-3。

（a）　　　　　　　　　　　　　　　　（b）

图 7.2-3　装配式混凝土结构构件装车图

（3）吊装作业安全控制措施

吊装作业是装配式混凝土结构施工总工作量最大、危险因素存在最长的工序。施工过程中应严格执行管控措施，以安全作为第一考虑因素，发生异常无法立即处理时，应立即停止吊装工作，待障碍排除后方可继续执行工作。

1）吊装作业一般安全控制事项

① 起重机驾驶员、指挥工必须持有特殊工种资格证书。

② 吊装前应仔细检查吊具、吊点与吊耳是否正常，若有异物充填吊点应立即清理干净，检查钢索是否有破损，日后每周检查一次，施工中若有异常擦伤，则立即检查钢索是否受伤。

③ 螺丝长度必须能深入吊点内 3cm 以上（或依设计值而定）。起重安装吊具应有防脱钩装置。

④ 应检查塔吊公司执行日与月保养情况，月保养时亦须检查塔吊钢索。

⑤ 异型构件吊装，必须设计平衡用之吊具或配重，平衡时方能爬升。

⑥ 构件必须加挂牵引绳，以利作业人员拉引。

⑦ 所有吊装、墙板调整与洗窗机下方应设置警示区域。

⑧ 起吊瞬间应停顿 0.5min，测试吊具与塔吊之能率，并求得构件平衡性，方可开始往上加速爬升。

2）吊具与支撑架安全控制

① 平衡杆与平衡吊具

墙板与大梁尽量以平衡杆吊装，异型构件一律以平衡吊具吊装；吊装前应检查平衡杆与平衡吊具焊道是否有锈蚀不堪使用情形。装配式混凝土结构构件吊装见图 7.2-4。

(a)   (b)

图 7.2-4　装配式混凝土结构构件吊装平衡杆图

② 吊具与螺丝

吊具使用前应检视是否锈蚀与堪用，螺丝应仔细检视牙纹是否与吊点规格纹路相同，螺丝长度是否足够。

③ 支撑架与支撑木头

支撑架的横向支撑应以小型钢为主，有其他因素难以避免时，方得以木头支撑，且应以新购为原则，鹰架用的木头断面为 120mm×120mm，楼板用的支撑木头断面则为 90mm×90mm，且不得有裂纹；支撑架破孔或有明显变形，则不应使用，支撑时应注意垂直度，不可倾斜。

④ 施工鹰架

支撑鹰架搭设时，必须挂上水平架，水平架的作用在于防止鹰架的挫曲，尤其鹰架高度大于 3.6m 时更显重要。

3）PC 构件吊装安全控制事项

① 柱子吊装安全

柱底垫片应以铁制薄片为主，规格采用 2mm、3mm、5mm、10mm 厚，垫片平面尺寸依柱子重量而定，垫片距离应依柱子重量与斜撑支撑力臂之弯矩关系，维持柱子之平衡性与稳定性。装配式混凝土柱底垫片见图 7.2-5。

柱子斜撑如套筒续接砂浆于柱吊装完成即施作的，应以 3 枝为原则；如大梁先吊装后施作套筒续接砂浆，应以 4 枝为原则，斜撑强度以 1.0t 计算。装配式混凝土柱支撑见图 7.2-6。

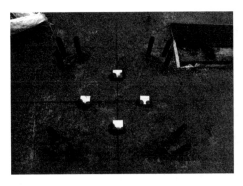

图 7.2-5 装配式混凝土柱底垫片

图 7.2-6 装配式混凝土柱支撑

柱子完成安装调整后，应于柱子四角加塞垫片增加稳定性与安全性。长柱（跨越两个楼层）吊装时不可成为独立柱，应一根柱子配合一根大梁（钢梁）方式吊装，且长柱吊装应以半自动脱钩吊具或用高空作业车载人脱钩为原则，减少作业人员爬上松绑次数。

安装作业区 5～10m 范围外应设安全警戒线，工地派专人把守，非有关人员不得进入警戒线，专职安全员应随时检查各岗人员的安全情况，夜间作业应有良好的照明。

② 大、小梁吊装安全控制事项

工作人员安装大小梁时应以安全带勾住柱头钢筋或安全处。安装大小梁前应依设计图搭好支撑架，以利大小梁乘坐及减少大小梁中央部变位量（装配式混凝土梁支架见图7.2-7）。支撑鹰架之水平架一定要安装，可减少挫曲可能性。起吊前：预制梁应于地面安装好安全母索。四周边大梁应在地面事先安装刚性安全栏杆（装配式混凝土梁护栏安装见图 7.2-8）。

图 7.2-7 装配式混凝土梁支架

图 7.2-8 装配式混凝土梁护栏安装

起吊时：起吊离地时应稍作停顿，确定吊举物平衡及无误后，方能向上吊升。吊车作业应采取吊举物不可通过人员上方及吊车作业半径防止人员进入的措施。梁构件必须加挂牵引绳，以利作业人员拉引。

梁安装完成应立即架设安全网（采用 S 形不锈钢钩，直径 4mm），装配式混凝土梁防护网安装见图 7.2-9。

③ 板类吊装安全管理措施

KT 板：KT 板中央部一定要加支撑，楼层高度在 3.6m 以下时常以钢管作为支撑，若钢管支撑长度超过 3.5m 时，应加横向 90mm×90mm 断面木条串连，减少无支撑长度。KT 板一般以勾住 K-truss 作为吊点，但超大型 KT 板（3m×6m 以上）应以方形平衡架作

211

图 7.2-9　装配式混凝土梁防护网安装

为吊具，以免拉裂。起吊应依设计起吊点数施工，且须备妥适合吊具。

PC 外墙板：吊点与侧边之翻转吊点，均应审查孔内是否清洁。阳台板与女儿墙板固定系统除依设计图施工外，工地主管应检核墙板安装后是否确实不动。墙板安装后需及时安装墙板专用安全护栏，四周须连接没有破口超长板片以平衡杆加挂牵引绳，以利作业人员拉引。装配式混凝土板类吊装见图 7.2-10。

（a）　　　　　　　　　　　　　　　（b）

图 7.2-10　装配式混凝土板类吊装图

④ PC 楼梯（预制楼梯）吊装安全管理措施：

长度超过 3.2m 以上之预制楼梯应以平衡架吊装。曲型预制楼梯翻转时应注意翻转的安全。预制楼梯高程调整垫片于安装调整后应立即电焊固定。

⑤ 预制构件支撑与斜撑拆除时间：

预制支撑应按照设计图要求，若图中未说明时，可依下列原则：

a. 实心预制大小梁系统可于面层灌浆 3d 后拆除支撑。

b. 薄壳预制大小梁系统可于面层灌浆 7d 后拆除支撑。

c. 不论实心预制大小悬臂梁或薄壳预制大小悬臂梁须于面层灌浆 14d 后，方可拆除支撑。

d. 阳台外墙与女儿墙下部无永久支撑且为湿式系统者，亦须于接合部混凝土浇置 14d 后，方可拆除支撑。

e. 柱子于套筒续接砂浆灌浆 24h 后，即可拆除全部斜撑。

（4）装配式混凝土施工临边防护

预制外墙板、周边梁应在堆放区域先锁好安全栏杆后再起吊。装配式混凝土构件临边防护栏杆见图7.2-11。

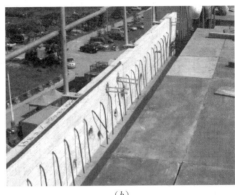

（*a*）　　　　　　　　　　　　　　　（*b*）

图 7.2-11　装配式混凝土构件临边防护栏杆

主次梁完成后即悬挂安全网。装配式混凝土构件临边防护网见图7.2-12。

图 7.2-12　装配式混凝土构件临边防护网

其他洞口处必须增加临边护栏。工作人员安装大小梁时应以安全带勾住柱头钢筋或安全绳。

7.2.3　安全管理措施

1. 零事故目标

（1）零事故目标假设

由于安全事故危及人的生命并浪费大量金钱，所以需要管理，管理的同时也要花费成本。安全事故会造成成本的浪费，是成本的损失。

杜邦公司的理论："任何风险都可以控制，任何事故都可以避免"，对大系统而言：理论上可行，实际上很难做到。但是对小系统而言："理论上可行，实际上也能做到"。对于整个装配式混凝土结构施工而言是个大系统，但是可以划分成多个分项工程，再细化成若干个小环节，就变成小系统，只要各小系统事故为零，则整个装配式混凝土结构施工大系

213

统就实现"零事故"。

（2）零事故目标管理

1）管理计划

相当于政策、策略，包括工作的规划、管理行为的规划。现场的安全提示图，有安全生产多少天，可以时刻提醒作业人员，目标是什么，可以继续做什么。

2）实施

实施主要强调方法，过程中如何用一些方法保证规划、计划获得有效的落实。安全生产责任制度，安全生产检查制度、安全生产宣传教育制度、劳动保护用品的管理制度、特种设备的安全管理制度等。

3）检查纠正

实施完后要检查纠正，对所有的事故或者险兆事故（没有造成伤害的事件）进行调查，一定要发现根本原因，然后采取有效的措施，不断地检查和纠正。

4）管理评审

作为一个体系的话，会有阶段性的评审，整个体系是一个循环的过程。零事故是个目标不是指标，当小系统发生意外，经过纠正，仍然可以以"零事故"为目标开展其他工作。

2. 安全生产讲评

安全生产讲评是指每天将作业现场安全生产状况、危险风险点、违规操作和事故案例以及前一天安全生产实施情况等对所有的施工现场管理人员和作业人员进行集中讲评。使每名人员掌握每天的安全生产状况、危险风险点情况以及动火区域等安全注意事项，及时纠正生产过程中发现的违规操作并引以为戒，确保施工现场的安全生产和防火安全。主讲人必须是项目经理部的经理、副经理、施工技术人员、安全管理人员。

工程项目可根据施工现场实际情况，在临建设施的空地上或作业现场安全场地上设立安全生产讲评板、讲评台开展讲评活动。每天至少在班前安排一次讲评活动，讲评时间控制在 5～10min，要求主讲人必须感人、动情。工程项目安全讲评照片见图 7.2-13。

（a）　　　　　　　　　　　　　　　　　（b）

图 7.2-13　工程项目安全讲评照片

3. 项目安全总监

作为项目的安全管理人员，由于是项目经理直接领导的，经常发生安全管理人员依据项目经理意愿，对发现的安全问题、安全隐患或是安全资金投入不到位等问题进行隐瞒的情况，从而造成施工现场安全的监督整改力度不够，甚至导致安全事故的发生。在施工企业内推行项目安全总监制度能够有效加强对在建项目的安全监督力度，有效提升企业安全管理水平。

项目安全总监是由上级委派的方式对项目进行安全监督指导，直接向上级汇报，不受项目经理制约。其具体工作包括做好安全总监日志、安全总监周、月报等，将工地现场每日、每周、每月的施工进度情况、安全总监工作情况、现场安全隐患及整改情况、下阶段安全工作计划等通过文字及图片进行汇总并用邮件的方式上报给上级委派单位，由上级委派单位审阅批复并转发给工地所属单位领导及安全管理部门，让他们知晓工地现场的安全状况，同时利用他们对项目经理的上下级关系，督促项目经理加强现场安全管理、提高隐患整改力度。

（1）职责

项目安全总监并非项目安全员，主要审核开工前安全生产条件、监督项目安全管理组织架构、监督检查危险性较大分部分项工程安全专项施工方案落实情况，并及时向上传递重大危险源信息。监督施工现场执行公司文明施工标准化有关要求情况等，项目施工现场安全生产管理体系建立和运行情况，以及管理程序。

（2）施工过程监督的流程

1）发现一般违规管理行为或安全隐患，应向项目经理部发出《项目安全隐患整改建议书》或《项目安全隐患整改通知书》。

2）发现严重违规管理行为或安全隐患，应向项目经理部发出《项目停工令》、《项目停工令》中确定的安全隐患，项目经理部必须等安全隐患消除后才能以《工程复工报审单》的形式提出复工申请，获项目安全总监批准后方可恢复施工。

3）对项目经理部出现拒不整改安全隐患或不停止施工的现象，项目安全总监应及时向上级安全管理部门报告。

4. 数字化工地建设

"生产过程数字化"、"生产管理数字化"是企业现代化步伐的必然趋势，是企业走向开放和竞争市场的必经之路。

（1）从业人员实名制管理

我国当前的建筑行业是以施工企业工程总承包为依托，劳务分包为作业主体进行。农民工作为建筑市场的主要劳动力，有其自身的特点，譬如劳动技能水平参差不齐、流动性强等，这就造成了建筑市场技能型作业队伍的鱼龙混杂，并给施工管理造成了巨大的困难。

实行施工现场作业人员实名制管理，是加强施工现场作业人员动态管理的具体举措。可促使各工程项目履行相应的管理和培训教育职责，对施工现场人员数量、基本情况、进出时间、年龄结构、技能培训、工作出勤等基本情况也可充分了解和分析，并制定针对性的管理、教育和服务措施。

实名制管理是指通过健全劳务用工管理机制、完善相关管理制度，利用计算机、互联网等现代科技手段，建立能动态反映施工现场一线作业人员实际情况的数据库和花名册、考勤册和工资册等实名管理台账，形成闭合式的管理体系。可实现在体检和健康档案管理实名制、劳动合同管理实名制、岗前培训和安全教育实名制、工作聘用准入实名制、工作考勤实名制、工资支付实名制的管理目标。国内各地政府逐步建立了施工现场劳务人员实名制管理系统，但管理内容简单，工程项目可根据实际需要拓展实名制管理的信息采集，参考表 7.2-2。

施工现场实名制采集信息表　　　　　　　　　　　表 7.2-2

序号	类　　别	内　　容	备　注
1	角　色	参观检查人员、业主、监理、项目管理人员、现场作业人员、临时工人	
2	劳务人员身份基本信息	编号	身份证号
		姓名、照片、户籍住址、学历、家属联系信息等	
3	劳动关系信息	工种、含劳动合同签订企业、劳动合同审查情况、社会保险卡号、健康体检信息	
4	培训、交底信息	职业技能持证情况、特种作业持证情况、施工现场培训交底及继续教育等信息、交底情况	包含名称、编号、有效期
5	诚信情况	奖惩记录	包含事由、日期、结果
6	准入情况	每日进入时间、出场时间	
7	时效性	进场日期、退场日期	
8	状态	正常、异常、清退、注销	

1）从业人员资格审查

总承包企业的分支机构（各子公司、分公司）、各专业承包企业、劳务分包企业应在各自作业人员进场前向总承包项目部申报用工计划和作业人员基本信息。由项目部进行初审，必须符合以下基本条件：

① 验证专业承包企业、劳务分包企业的施工资格，将"三证一书"（即：营业执照、资质证书、安全生产许可证、法人授权委托书等）复印件整理归档；

② 务工人员的招用，必须由劳务公司依法与务工人员签订劳动合同。劳动合同必须明确规定工资支付标准、支付形式和支付时间等内容。

③ 用工范围：熟练的技术操作工，有中、高级技能职称的操作工优先录用，特殊工种人员必须具备行业执业资格证。年龄 18～60 岁，身体健康。

④ 岗前培训：根据员工素质和岗位要求，实行职前培训、职业教育、在岗深造培训教育以及普法维权培训教育，提高员工的职业技能水平和职业道德水平。

2）信息备案与筛选

工程项目管理部应在作业人员办理进场登记 1 天内，将各类基本信息进行采集，以身份证号为唯一编号。采集作业人员初次进入工地的刷卡数据生成本工地人员名单，并将教育培训等动态数据，及时更新。

3）信息卡发放

对参观、检查等短期进场非施工人员发放临时信息卡，对项目业主、监理、项目管理人员、施工人员发放实名制信息卡。

4）数据分析

通过对采集的信息进行分析，或建立数据采集分析系统，发挥综合协调作用，强化专业分包、专业承包、劳务分包的管理、企业的联动机制、综合协调运行机制。可以通过信息数据对工程项目人员进行关键信息查找；查询进场人员数量、工时、人员状态；建立工时统计，分析用工成本；规范管理流程，审查从业人员保险、资质、岗前培训、专项交底等必要监管程序的实施，不按时完成或违章进行警示；建立从业人员个人诚信评价体系，由项目部对处罚信息进行填写，并与分包单位评价相结合等。

（2）门禁管理系统

门禁管理系统是实名制管理中准入现场的重要手段，是数字化工程的子系统，具备人员考勤及出入人员身份认定，控制通行的功能。系统设备安装于人员出入处，主要由通道闸机、读卡设备、嵌入式控制计算机、摄像机及显示器构成。其通过验证证件的合法性及有效性来控制人员的进出，同时显示证件所对应照片，供保安人工判断是否与刷卡人一致，从而保证了人、证一致。

1）使用范围

可实施封闭式管理的建设工程项目，均可设置施工现场管理门禁系统，对所有出入作业区域的人员进行刷卡管理。

2）基本硬件配置

① 各工程项目明确分隔施工区域与非施工区域。在施工现场或作业区布置人员进出通道和车辆运输通道，除保留进出主要通道和必要的安全消防通道，将施工区域全部封闭，并安排准专职值班人员值守，避免与工程无关的闲杂人员进入。

② 车辆运输通道由警卫负责进出登记管理，人员进出通道设置考勤及出入管理门禁管理设施，并由警卫室进行监管。

③ 门禁管理系统通道机采用三辊闸式，并具备防翻跃设施及紧急情况人员快速疏散功能。布置于主要通道用于记录功能可采用门式。施工现场门禁通道见图 7.2-14。

（a）   （b）

图 7.2-14　施工现场门禁通道

④ 门禁管理系统应能实时、醒目显示当前在作业区域的持有实名卡、临时卡的人数。

⑤ 门禁系统警卫室内有电脑、视频等显示进出人员基本信息、系统报警的硬件设施，判断了证件的有效性后显示该证件对应的照片、姓名等资料，保安可以据此进一步判断证件与证件持有人是否相符，杜绝借用、冒用证件的情况。

门禁管理系统核心是放行具有资格、符合管理流程的作业人员，对不具备资格、不符合管理流程的作业人员进行预警并禁止入内，通过项目部的管理转变成符合要求的人员予以放行或清退出场。

（3）人员和设备定位管理

人员和设备定位管理系统是集施工人员考勤、区域定位、安全处罚、监督整改、安全预警、灾后急救、日常管理等功能于一体的系统。使管理人员能够随时掌握施工现场人员、设备的分布状况及其运动轨迹，有利于进行更加合理的调度管理以及安全监控管理；

当事故发生时，救援人员可根据该系统所提供的数据、图形，迅速了解有关人员的位置情况，及时采取相应的救援措施，提高应急救援工作的效率。这一科技成果的实现，促使建筑工程建设的安全生产和日常管理再上新台阶。

【案例】　隧道股份人员定位管理系统

隧道股份上海城建市政工程（集团）有限公司的人员定位管理系统是在进入工地施工的工人安全头盔外侧贴上一个 2.45G 有源 RFID 电子标签，利用微波技术掌握和追踪工人的行踪。该系统既可以通过安装在工人头盔中的 RFID 标签同门禁闸机联动控制人员出入，直接统计所有人员的工时数量；也能够提升项目安全生产监督的及时性和有效性。在工地主要位置设置数据接收器，采集人员位置信息，在管理系统进行标示，见图 7.2-15。当项目安全监管人员在管理巡视中发现现场施工人员或设备发生违章操作时，可以直接通过数据接收器读取违章操作的人员身份信息，并对个人或所属分包队伍开具罚单、跟踪整改等，实现安全生产监督；同时在设备中利用定位芯片，还能够实现人员与设备间的安全距离监控，有效减少施工误操作引发的安全事故。

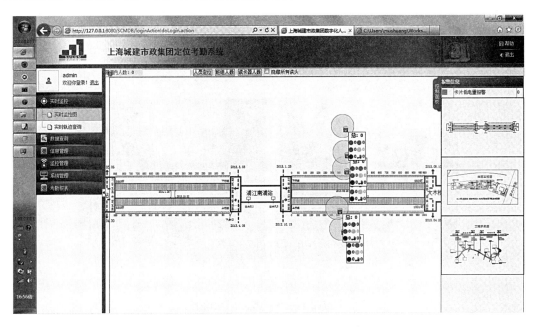

图 7.2-15　人员定位管理系统界面示例

（4）远程视频监控

利用电子视频监控系统对建设工程施工现场的生产调度、施工质量、安全与现场文明施工和环境保护实现实时的、全过程的、不间断的安全监管监控技术，近年来已被广泛应用。其不但可以做到动静皆管的立体管理机制，还更有效地对建筑工程施工进行管理。

远程监控的应用使领导和管理部门能随时、随地直观地视查现场的施工生产状况，通过对工程项目施工现场重点环节和关键部位进行监控，尤其是对施工现场操作状况与施工操作过程中的施工质量、安全与现场文明施工和环境卫生管理等方面起到了施工过程中应有的监督。施工过程被录像存储备份，可随时查看监控信息，即使发生了一些不可预测的事件，也利于事件发生后第一时间内查明发生原因，明确事件责任。

1）远程视频监控功能

① 网络化监控。通过计算机网络，能做到在任何时间、从任何地点、对任何现场进行实时监控。

② 可实现网络化的存储，可以实现本地或远程的录像存储及录像查询和回放。

③ 通过镜头及云台，对现场的部分细节进行缩放检视。通过视频监控系统对重点环节和关键部位进行监控，可有效增加监控面，及时制止安全隐患及违章行为发生。

④ 通过手机版、PAD版以及安卓版软件的开发，可在任何有网络的地方实现全方位监视等。

2）视频监控摄像头安装位置

视频监控摄像头的位置应根据监控范围和监控目的要求设置。摄像头一般安装于结构附设塔吊的塔身上，随着操作层的升高，监控点也将同步上升，除对施工操作层进行全面监控外，同时可以鸟瞰整个施工工区。此外，摄像头也可安装于工地进门处横梁上，以观察门卫管理情况；还可针对重大风险源实施位置设置摄像头。

3）远程视频可监控内容

① 重大危险源监控

通过视频监控系统对工程项目施工中的重大危险源进行重点监控，及时掌握与了解危险性较大工程的施工进度和安全状态，对监控中发现的安全隐患或其他违规行为，责令施工现场立即进行施工整改或停工检查。必须进行远程监控的重大危险源包括：a. 深基坑支护；b. 人工挖孔桩施工；c. 现场高支模施工作业；d. 外墙脚手架的搭设与施工；e. 大型施工用起重机械（塔吊、施工电梯与施工井架）等具有危险性较大的大型工程机械的拆装、加节、提升等施工和使用情况。

② 施工现场安全防护情况监控

a. 对深基坑土方开挖时，对出现超挖施工等未按施工方案进行的违法违规行为实时监控，如：深基坑坑边荷载堆载过大、临边防护未设置栏杆，深基坑支护结构出现明显开裂、渗漏等异常情况，深基坑支护工程未做完即进行基坑内的施工作业等情况；

b. 现场人工挖孔桩洞口边施工时，对洞口无防护、洞口附近堆放土石方、工人下井作业时未使用安全防护用品（安全帽、安全带）等情况进行实时监控；

c. 对高大模板工程和外墙脚手架工程的搭设与施工过程作业等情况进行实时监控；

d. 对大型施工用起重机械（塔吊、施工电梯与施工井架）等具有危险性较大的大型工程机械的拆装、加节、提升等施工和使用、防护等情况进行重点实时监控；

e. 对高空危险作业人员不按要求使用安全带、施工现场人员未戴安全帽，未在施工现场入口处、施工起重机械、临时用电设施、脚手架、出入通道口、基坑边沿设置明显的安全警示标志，施工现场乱接、乱拉电线、电缆，以及随意拖地等情况进行实时监控。

4）监控结果处理

视频监控系统发现违章事项，均可截图发放相应的工程项目管理部门进行针对性整改。

【案例】 隧道股份远程视频监控系统

随着工程地域范围不断扩大，传统的"飞行检查"成本大、时间长，隧道股份开发了工程项目远程视频监控系统，并设置了视频监控中心（见图 7.2-16），对在建工程项目进行视频监控。

图 7.2-16 远程视频监控中心

目前国内可实现远程视频监控的技术服务企业很多。隧道股份使用了中国电信的"全球眼"技术，其架构见图 7.2-17。

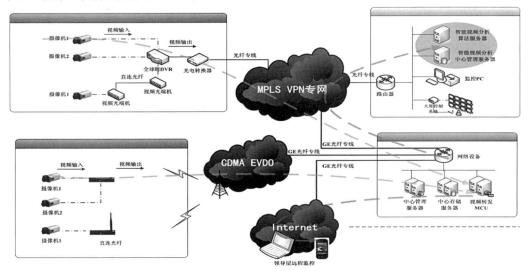

图 7.2-17 远程视频监控架构图

7.3 标准化施工

7.3.1 标准化施工意义

许多建筑施工现场实行的是粗放式管理，机械、材料、人工等浪费严重，生产成本高，经济效益低，能源消耗和发展效率极不匹配。若施工现场的安全管理不规范、不标准，会导致模板支撑系统坍塌、起重机械设备事故等群死群伤的重大事故发生，这显然与时代要求发展不符，施工现场安全质量标准化是实现施工现场本质安全的重要途径，也是必要途径。

在施工过程中科学地组织安全生产，规范化、标准化管理现场，使施工现场按现代化施工的要求保持良好的施工环境和施工秩序，强化安全措施，展示企业形象，减少施工事故发生。

施工现场实体安全防护的标准化主要包括四个方面，即：各类安全防护设施标准化；临时用电安全标准化；施工现场使用的各类机械设备及施工机具的标准化；各类办公生活设施的标准化。

7.3.2 标准化施工实施

1. 个人防护用品

个人防护用品是为使劳动者在生产作业过程中免遭或减轻事故和职业危害因素的伤害而提供的，直接对人体起到保护作用。主要包括：安全帽类，呼吸护具类、眼防护具、听力护具、防护鞋、防护手套、防护服、防坠落具等。进入施工现场必须按照规定佩戴个人防护用品，见图 7.3-1。

图 7.3-1 个人防护用佩戴图

2. 物料堆放标准

生产场所的工位器具、工件、材料摆放不当，不仅妨碍操作，而且引起设备损坏和工伤事故。为此，生产场所要划分毛坯区，成品、半成品区，工位器具区，废物垃圾区。原材料、半成品、成品应按操作顺序摆放整齐且稳固，尽量堆垛成正方形；生产场所的工位器具、工具、模具、夹具要放在指定的部位，安全稳妥，防止坠落和倒塌伤人；工件、物料摆放不得超高，堆垛的支撑稳妥，堆垛间距合理，便于吊装。流动物件应设垫块楔牢；各类标识清晰，警告齐全，见图 7.3-2。

(a)

(b)

图 7.3-2 物料堆放图

3. 完工保护标准

在施工阶段为避免已完工部分及设备受到污染等人为因素损伤，各项设施必须以塑料布、海绵、石膏板等材料加以保护，见图 7.3-3。需保护的设施有：石材、门框、电梯、卫浴设施、玄关、电表箱、木地板、窗框等特殊建材。有关设施的保护应符合下列要求：

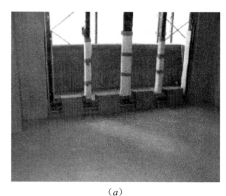

（a）　　　　　　　　　　　　　　（b）

图 7.3-3　门框保护图

（1）门框、窗框：以海绵保护，防止污染及碰撞。

（2）窗框轨道：落地窗框轨道必须以 n 形铁板加以保护、防止损伤。

（3）玻璃：必须贴警示标贴，必要时贴膜保护，防止碰撞刮伤。

（4）地面等石材：石材地面或地板等以石膏板或者夹板加以保护，防止碰撞和污染。

（5）电梯：电梯门、框、内部、地板都应贴板材加以保护，见图 7.3-4。

（6）卫浴设施：浴缸等安装完成后，防止后续施工损害，用夹板包裹海绵加以保护。马桶安装好后用胶带粘贴好，并粘贴警示标语。

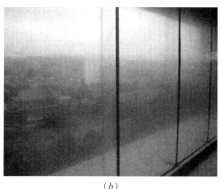

（a）　　　　　　　　　　　　　　（b）

图 7.3-4　墙及玻璃保护图

4. 运输车洗车槽

工地洗车槽是建筑工地上用来清洗工程运输车的清洁除尘设备，见图 7.3-5。工地洗车槽的清洁效果显著，能把工程运输车的车身、轮胎和车底盘等位置做到全方位的冲洗，确保工程运输车辆干净整洁。冲洗应满足以下要求：

（1）洗车槽四周应设置防溢装置，防止洗车废水溢出工地；

（2）设置废水沉淀处理池，进行泥砂沉淀。

（a） （b）

图 7.3-5 洗车槽样式图

5. 暴露钢筋防护

工地内暴露钢筋随处可见，极易造成人员跌倒时或坠落时被刺穿，应对工地内向上暴露的钢筋、钢材、尖锐构件等加装防护套或防护装置，见图 7.3-6。

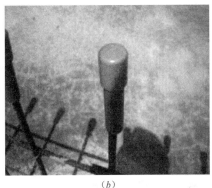

（a） （b）

图 7.3-6 竖向外露钢筋防护照片

6. 临边防护网

建筑工程临边、洞口处较多，为防止人员坠落或物体飞落时能将其拦截，在必要位置需设置防护网，见图 7.3-7。防护网可分为临时性和永久性。主要设置部位有建筑物临时性平台、塔吊开口、电梯井、管道间、屋顶等位置。

（a） （b）

图 7.3-7 防护网安装示意

安全网材料、强度、检验应符合国家标准，落差超过2层及以上设置安全网，其下方有足够的净空以防止坠落物下沉，撞及下面结构。安全网使用前应进行检查并进行耐冲击试验，确认其性能。

7.4 绿色施工

7.4.1 绿色施工原则

1. 绿色施工概念

绿色施工是指工程建设中，在保证质量、安全等基本要求的前提下，通过科学管理和技术进步，最大限度地节约资源与减少对环境负面影响的施工活动，实现"四节一环保"（节能、节地、节水、节材和环境保护）。绿色施工是以保护生态环境和节约资源为目标，对工程项目施工采用的技术和管理方案进行优化并严格实施，确保施工过程安全高效、产品质量严格受控。

绿色施工采用的强制性条文、主要的法规文件、施工规范和检验评定标准如下：

《绿色施工导则》【建质（2007）223号】；

《上海市建筑节能条例》（2010）；

《建筑工程绿色施工评价标准》GB/T 50640；

《建设工程绿色施工管理规范》DG/TJ 08—2129；

《建筑工程绿色施工规范》GB/T 50905。

2. 装配式混凝土结构绿色施工的重要意义

传统住宅建筑中，钢筋混凝土结构占有很大的比重，而且目前均采用能耗高、环境污染严重的全现浇湿作业生产。国内外大量工程实践表明，采用预制混凝土结构替代传统的现浇结构可节约混凝土和钢筋的损耗，每平方米建筑面积可节约25%～30%的人工，总体工期也能缩短。同时，这种新模式打破了传统建造方式受工程作业面和气候条件的限制，在工厂里可以成批次的重复建造，使高寒地区施工告别"半年闲"。可见，采用混凝土预制装配技术来实现钢筋混凝土建筑的工业化生产节能、省地、环保，具有重要的社会经济意义。

近些年发展迅速的装配式混凝土结构建筑及住宅，受到了地产、施工界的广泛关注，其省材、省工、节能、环保的特点与绿色施工的要求十分契合，为绿色施工提供了一个很好的平台。

3. 装配式结构绿色施工原则

（1）绿色施工是装配式结构全寿命周期管理的一个重要部分。实施绿色施工，应进行总体方案优化。在规划、设计阶段，应充分考虑绿色施工的总体要求，为绿色施工提供基础条件。

（2）实施绿色施工，应对施工策划、材料采购、现场施工、工程验收等各阶段进行控制，加强对整个施工过程的管理和监督。

（3）绿色施工所强调的"四节"（即节能、节地、节水、节材）并非只以项目"经济效益最大化"为基础，而是强调在环境和资源保护前提下的"四节"，是强调以"节能减排"为目标的"四节"。

7.4.2 绿色施工管理体系建设

1. 绿色施工总体框架

绿色施工总体框架由施工管理、环境保护、节材与材料资源利用、节水与水资源利用、节能与能源利用、节地与施工用地保护六个方面组成（图7.4-1）。这六个方面涵盖了绿色施工的基本指标，同时包含了施工策划、材料采购、现场施工、工程验收等各阶段的指标的子集。

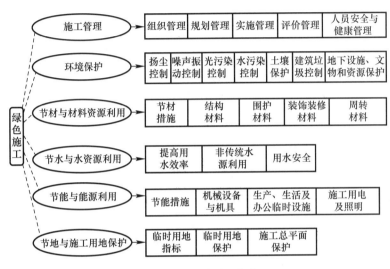

图 7.4-1　绿色施工框架

2. 绿色施工目标

施工项目应确立"四节一环保"目标，并科学合理地分解与落实到工程各实施环节。项目工程施工阶段"四节一环保"目标内容应包括：

（1）施工期内万元施工产值能源消耗指标。通常以吨标准煤/万元施工产值为表述。

（2）施工期内万元施工产值水资源消耗指标及非传统水资源利用指标。通常以 m³/万元施工产值为表述。

（3）主要材料定额损耗率降低指标。通常状态下主要材料应包括钢材、商品混凝土及木料。如砌体砌量大的工程，还应包括商品砂浆及主要砌体等。指标值的控制是按行业定额损耗率，降低不小于30%。

（4）节地与施工用地保护指标。一般应包括严格执行国家关于禁限使用黏土制品等规定，及减少对土地及周边道路的占用与控制施工的土地扰动等。

（5）施工扬尘、光污染、施工噪声及施工污水排放控制指标，建筑垃圾再利用及周边环境保护指标。其中，扬尘、光污染、噪声、污水均应达到国家与地方政府排放标准的要求；建筑垃圾产生量的回收及利用指标一般不低于30%。

3. 各层级管理职责分解

绿色施工管理体系应涵盖业主（建设单位）、设计（深化设计）单位、构件加工单位、施工单位等项目参建各方。其全过程管理见图 7.4-2。为了达到绿色施工的目标，项目参建各方应进行全方位、立体式的团队合作，明确分工，各尽其能、各尽其责，但必须明确的是，施工单位是具体落实绿色施工的责任主体。

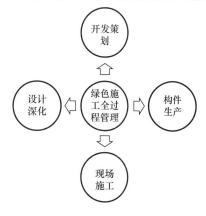

图 7.4-2　绿色施工全过程管理

（1）建设单位

建设单位应向施工单位提供建设工程绿色施工的相关资料，保证资料的真实性和完整性；在编制工程概算和招标文件时，建设单位应明确建设工程绿色施工的要求，并提供包括场地、环境、工期、资金等方面的保障；应会同建设工程参建各方接受工程建设主管部门对建设工程实施绿色施工的监督、检查工作；组织协调建设工程参建各方的绿色施工管理工作。

（2）设计（深化设计）单位

装配式结构在设计（包括深化设计）阶段应充分考虑工程项目绿色施工的可实施性和建设单位对绿色施工的要求，推广应用国家、行业和地方倡导的绿色施工相关新技术，为绿色施工提供技术支持和基础条件。

（3）构件生产单位

预制构件生产单位应负责对预制构件的图纸进行审核，注意节约、杜绝浪费。推广应用国家、行业和地方倡导的绿色施工相关新技术，鼓励使用再生材料及绿色环保材料。

（4）施工单位

负责组织绿色施工各项工作的全面实施；编制绿色施工组织设计、绿色施工方案或绿色施工专项方案，负责绿色施工的教育培训和技术交底；开展施工过程中绿色施工实施情况检查，对存在的问题进行整改；收集整理绿色施工的相关资料。

7.4.3　绿色施工实施

1. 项目立项

在编制工程概算和招标文件时，建设单位应明确建设工程绿色施工的要求，并提供包括场地、环境、工期、资金等方面的保障。

2. 设计（深化）阶段

（1）装配式建筑设计较常规建筑设计增加两个阶段：前期策划分析阶段与后期构件深化设计阶段。PC 结构与现浇结构相比其中一个特点就是"前置"，前期的设计是整个工程绿色节能环保能够实现的关键。设计前期就应考虑构件划分、制作、运输、安装的可行性和便利性，杜绝现场返工，提高效率。PC 设计与常规设计的区别见图 7.4-3。

（2）给排水点位留置、强弱电点位、机电管线预埋、施工防护架所需孔洞等，这些都需要各

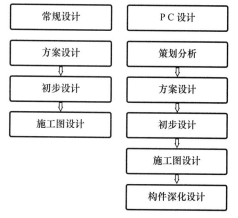

图 7.4-3　PC 设计与常规设计区别

个专业包括建筑、结构、机电、给排水等反复沟通、统一图纸,装配式住宅有一体化设计需求(图 7.4-4),各专业间互为条件、互相制约,通过配合便于构件生产,最大限度实现最优方案,为现场绿色施工创造条件。

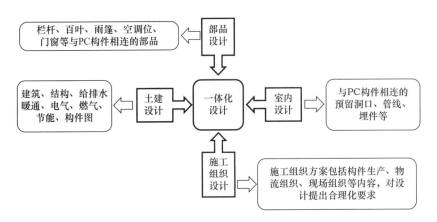

图 7.4-4 一体化设计

3. 构件生产阶段

(1) 模具加工制作

为了减少模具投入量,提高周转效率,可将尺寸不一的预制构件划分为几个流水段(图 7.4-5),按照每一流水段模板的材料重复可利用原则,将预制构件按从大件至小件的顺序进行施工,拼装模具的通用部分可连续周转使用。另外高精度可组合模板体系的应用进一步降低了建造成本,提高了资源的利用效率。

(a)   (b)

图 7.4-5 构件生产流水施工

(2) 钢筋加工及混凝土浇筑

相比现场的钢筋平面连接通常采用绑扎或套筒机械连接,在加工厂生产钢筋基本采用焊接,精细化的生产可以减少钢筋废料、断料产生,并能大幅减少混凝土余料浪费。

4. 施工阶段

绿色施工应对整个施工过程实施动态管理,加强对施工策划、施工准备、材料采购、现场施工、工程验收等各阶段的管理和监督。

（1）管理措施

针对装配式结构绿色施工，可以参照"七定"施工管理，如图 7.4-6 所示，"七定"即：定质（定型、定尺）、定量、定时、定点、定资源、定搬运动线、定储放位置。其中定质（定尺、定型）：物料、模具于进入厂区时即与设计图规格尺寸一致，减少二次加工重工所耗用的资源与人力。定量、定时：物料、模具、构件、人力须在计划需求时程内以固定需求量于预订的时间进入厂区，勿让人等料。定资源、定搬运动线、定储放位置、定点：任何的人、机、料均需在事前规划的计划下进行

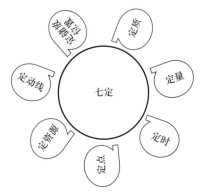

图 7.4-6　七定图示

生产、仓储、运输及吊装。以固定的资源经由特定路线到达固定的点编码储放。除"七定"理论指导施工外，再加上 ERP（Enterprise Resource Planning）企业资源计划系统辅助所有相关的企业决策层及员工提供决策运行手段的管理平台方式，图 7.4-7 为 ERP 管理系统。

图 7.4-7　ERP 管理系统

（2）技术措施

1）节能与能源利用

① 设备节电

由于装配式建筑将大量使用起重吊装设备，因此在前期施工策划阶段即应合理布局各施工阶段塔吊（图 7.4-8），优化塔吊数量、型号、规格。优化塔吊施工方案，减少塔吊投入，同时应优选使用高效、低能耗用电设备，如变频塔吊、变频人货梯节约施工用电。

装配式结构大量混凝土浇筑在工厂完成，施工现场需要浇筑的混凝土量大大减少，相比传统施工工艺，可减少现场混凝土振捣棒及电焊机的使用数量和使用时间。

② 照明节电

工业化施工相比传统施工，因为有了要求精确的构件吊装，避免了夜间施工，减少了照明用电。同时，由于减少了用工量，工人宿舍的照明用电也大有节约。

③ 节约工期降低能耗

穿插施工（图 7.4-9），即在主体结构施工后将后续工序分层合理安排，实现主体－外围－公共－户内各工种分段分层施工完成，做到三楼结构体吊装、一楼进行管道、设备安装和内部装修，通过高效的现场施工组织管理，可以降低劳动强度、减少建设周期，从而达到提高效率、缩短工期的目的。同时采用预制装配式技术，外墙免去抹灰，可以大幅提高施工速度，为穿插施工提供条件。

图 7.4-8　优化塔吊布置　　　　　　　　　图 7.4-9　穿插施工

2) 节水与水资源利用

① 施工养护及生活节水

预制构件全部在工厂制造，现场干法装配，区别于传统泥瓦匠施工模式的"干法造房"，用于冲洗模板、洗泵等水量能大幅度减少。同时预制构件在加工场内采用循环水养护，现场现浇混凝土量减少。且因为劳动力及施工机械减少，可节约大量施工及生活用水。

② 雨水、养护水的回收重复利用

楼层内预留孔用盖板封闭，施工及养护废水通过集水管收集，导出至楼底储水桶中；经过沉淀后，通过压力泵将水送至楼上工作面用于养护，多余水用于施工路面降尘。场地内及洗车池设置雨水收集和利用设施，将雨水收集到一起，经过简单的过滤处理，用来浇灌花坛、冲刷路面。施工用水利用见图 7.4-10。

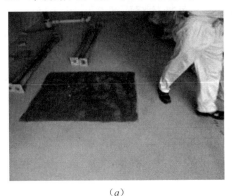

（a）　　　　　　　　　　　　　　（b）

图 7.4-10　施工用水利用措施

3）节材与材料资源利用

① 装配式建筑外墙采用预制构件，仅在连接节点处为现浇混凝土；预制墙体构件包含了预制混凝土主体墙结构层、外墙外保温层及饰面层。在连接节点的暗柱处，其外侧模板采用预制外墙构件延伸过来的外保温层，符合绿色施工中所提倡的采用外墙保温板替代混凝土施工模板的技术。采用此项技术，可大大节约模板用量，达到节材的目的。

② 装配式建筑的顶板采用叠合板形式，底座在工厂预制，上部叠合层在吊装完毕后现场浇筑。采用这样的工艺可省去顶板模板，且叠合板支撑体系可采用独立钢支撑配合铝合金或木工字梁的体系，如图 7.4-11 所示，这种体系不用横向连接，且立杆间距较大，可以减少立杆的用量。

（a）　　　　　　　　　（b）

图 7.4-11　独立钢支撑配合铝合金及木工字梁体系

图 7.4-12　外架体系

③ 新型外架体系。装配式结构可应用无外架体系的概念，采用的是在外墙外侧支设一圈外挂架的形式。外挂三脚架利用高强螺栓与预制外墙连接，立面防护网及架体脚手板采用冲压钢板网片，轻便美观，仅准备 2 层材料，周转使用，可大大减少钢管及扣件和安全网的使用量。外架体系如图 7.4-12 所示。

④ 常规现浇结构中有大量施工材料需转运，运输次数及二次周转费用相应增加，由于装配式结构中各种材料减少，运输及二次周转成本大大降低，可节约大量物力并可提高工作效率，也降低了运输过程中的潜在危险。

4）节地措施

装配式建筑主要占用场地的材料为预制构件、模板，周转材量很少，基本可置于楼内，周转逐层向上使用。由于现场钢筋、干粉砂浆等材料用量大幅降低，堆场所需场地空间缩小，对于难以在楼层内放置的大型构件，可以制作简易构件支架竖向放置，进一步缩小用地空间（图 7.4-13）。

图 7.4-13　构件堆放

5）环境保护

装配式混凝土结构的预制构件在工厂集中生产，极大地减少了现场混凝土浇筑、钢筋绑扎等工序作业量，现场浇筑混凝土量减少，装修采用干法施工，现场砌筑、抹灰等工程量大幅降低，采用集中装修现场拼装方式，减少了二次装修产生的建筑垃圾污染。建筑构件及配件可以全面使用环保材料，减少有害气体及污水排放，减少施工粉尘污染，缓解施工扰民的现象，有利于环境保护。工程实例见图 7.4-14。

（3）资料收集

施工单位应建立企业管理层面的绿色施工资料管理制度，并指导项目部制定相应的制度。为使制度得到有效实施还应制订相应的责任制。总包单位是实施绿色施工的责任单位，总包单位施工项目部是具体落实绿色施工的责任主体，应负责记录收集、整理绿色施工的各类管理资料（制度、规划、文件、台账、检查记录等）。分包单位应记录、收集各自分包施工部分的相应资料，并及时提交总包项目部。总包项目部负责项目部绿

图 7.4-14　隧道股份浦江 PC 一期项目

色施工记录通过统一组卷分类，装订成册。绿色施工管理资料的及时性、真实性和完整性是衡量资料管理质量的基本要求。所有资料上的数据必须要有可靠的依据。项目部定期组织相关人员就绿色施工专项方案的实施情况开展检查活动，并做好检查记录。对项目部检查和上级部门检查中提出和发现的问题，项目部应认真组织整改，并做好整改记录。

（4）考核与评价

绿色施工是项目施工全过程，确定"四节一环保"目标，制定技术措施并实施和管理的施工活动。施工项目的类别、特点是制定技术措施的主要依据。"四节一环保"目标的成效也应反映在项目施工过程中。因此绿色施工的考核评价必须以施工项目为对象，并贯

穿施工全过程。企业和项目部根据相应奖惩制度在实施绿色施工的过程中针对相关部门、相关分包单位及相关人员的优劣表现，开展奖惩活动，并做好奖惩记录。项目部根据相关制度对绿色施工的实施情况定期做出评价，并做出书面评价报告。评价报告应在总结和肯定成绩的同时，找出存在的差距和问题，提出整改和改进措施。

施工单位是绿色施工活动的责任主体。施工单位对施工项目下达"四节一环保"目标，并对目标的落实实行检查、考核与评价，是企业开展绿色施工活动的主要手段。考核评价应落实责任、明确要求、形成制度。

项目部绿色施工考核不合格的施工项目必须按照考核标准整改，直至评价合格。考核评价实为绿色施工推进的手段，只有通过对发现问题的整改到位，才能实现绿色施工的实际推进。

项目工程发生下列情况之一者，不得评为绿色施工工程：

1）发生安全生产伤亡责任事故；

2）发生质量事故，直接损失在100万元以上，或造成严重社会影响的事件；

3）媒体曝光造成严重社会影响。

本章小结

装配式混凝土结构施工的安全生产、文明施工要充分考虑事故发生的因果关系和潜在因素，以安全生产管理体系建设为根本进行全面管控，根据行业施工的特点重点分析危险因素采取针对性的防范措施，并利用现代先进的安全生产管理手段提升管控效果，保持良好的安全生产态势。在绿色施工中，应在设计（深化设计）、构件生产、施工等各环节通过科学管理和技术进步，最大限度地节约资源与减少对环境负面影响的施工活动，实现四节一环保（节能、节地、节水、节材和环境保护）。

复习思考题

1. 安全生产管理包括哪些方面？

2. 装配式混凝土结构施工易发的生产安全事故有哪些？

3. 列举针对装配式混凝土结构施工易发事故的防控措施。

4. 装配式混凝土结构绿色施工与传统工程绿色施工有何区别？

5. 装配式混凝土结构施工对推进绿色施工有何意义？

第 8 章　BIM 技术在工业化建筑中应用

8.1　概要

8.1.1　内容提要

本章重点针对 BIM 技术在工业化建筑各阶段中的应用作介绍。内容从 BIM 最基本的概念开始，阐述了 BIM 技术的特点、BIM 技术应用的价值、BIM 技术中对于 nD 维度以及 BIM 模型精细度的定义和概念。在澄清相关基础概念之后，又对 BIM 技术起源、发展历程以及美国、欧洲、日本、韩国、新加坡、中国香港、中国台湾、中国大陆等地区 BIM 应用的现状进行了介绍。第 8.2.3 重点介绍了 BIM 在装配式建筑中总体的应用情况。

从本章第 8.3 节开始重点对 BIM 在 PC 设计及深化设计阶段的应用；BIM 技术在构件制造中的应用；BIM 施工阶段的应用以及 BIM 技术在运营阶段应用分阶段做了系统全面的介绍。其中包括了像基于 BIM 的 PC 协同设计、BIM 模型筑性能分析、构件及钢筋碰撞检查要点、图纸的生成与工程量统计、构件生产过程管理、BIM 现场施工仿真筹划以及基于 BIM 的 PC 建筑全生命周期管理等行业内最新的专项 BIM 技术应用也做了一定广度和深度的介绍。

8.1.2　学习要求

（1）掌握 BIM 的基本概念；BIM 技术的特点；BIM 技术应用的价值；BIM 维度的定义；BIM 模型精细度的定义和概念；

（2）了解 BIM 技术的发展历程以及国内外发展现状；

（3）了解 BIM 技术在装配式建筑建设各阶段的应用情况，并重点了解和掌握 BIM 在 PC 设计及深化设计阶段的应用内容。

8.2　BIM 技术简介

8.2.1　BIM 基本概念和价值

1. BIM 基本概念

BIM 的英文全称是 Building Information Modeling，国内较为一致的中文翻译为：建筑信息模型，是以建筑工程项目的各项相关信息数据作为模型的基础，进行建筑模型的建立，通过数字信息仿真模拟建筑物所具有的真实信息。

从BIM设计过程的资源、行为、交付三个基本维度，给出设计企业的实施标准的具体方法和实践内容。BIM（建筑信息模型）不是简单地将数字信息进行集成，而是一种数字信息的应用，并可以用于设计、建造、管理的数字化方法。这种方法支持建筑工程的集成管理环境，可以使建筑工程在其整个进程中显著提高效率、大量减少风险。

住房和城乡建设部将BIM定义为一种应用于工程设计建造管理的数据化工具。通过参数模型整合各种项目的相关信息，在项目策划、运行和维护的全生命周期过程中进行共享和传递，使工程技术人员对各种建筑信息作出正确理解和高效应对，为设计团队以及包括建筑运营单位在内的各方建设主体提供协同工作的基础，在提高生产效率、节约成本和缩短工期方面发挥重要作用。

美国国家BIM标准（NBIMS）对BIM的定义由三部分组成：

（1）BIM是一个设施（建设项目）物理和功能特性的数字表达；

（2）BIM是一个共享的知识资源，是一个分享有关这个设施的信息，为该设施从建设到拆除的全生命周期中的所有决策提供可靠依据的过程；

（3）在项目的不同阶段，不同利益相关方通过在BIM中插入、提取、更新和修改信息，以支持和反映其各自职责的协同作业。

2. BIM技术应用的价值

真正的BIM具有可视化、协调性、模拟性、优化性和可出图性五大特点。建立以BIM应用为载体的项目管理信息化，提升项目生产效率、提高建筑质量、缩短工期、降低建造成本。具体体现在：

（1）三维渲染，宣传展示

三维渲染动画，给人以真实感和直接的视觉冲击。建好的BIM模型可以作为二次渲染开发的模型基础，大大提高了三维渲染效果的精度与效率，给业主更为直观的宣传介绍，提升中标概率。

（2）快速算量，精度提升

BIM数据库的创建，通过建立5D关联数据库，可以准确快速计算工程量，提升施工预算的精度与效率。由于BIM数据库的数据粒度达到构件级，可以快速提供支撑项目各条线管理所需的数据信息，有效提升施工管理效率。BIM技术能自动计算工程实物量，这属于较传统的算量软件的功能，在国内此项应用案例非常多。

（3）精确计划，减少浪费

施工企业精细化管理很难实现的根本原因在于海量的工程数据，无法快速准确获取以支持资源计划，致使经验主义盛行。而BIM的出现可以让相关管理条线快速准确地获得工程基础数据，为施工企业制定精确的人才计划提供有效支撑，大大减少了资源、物流和仓储环节的浪费，为实现限额领料、消耗控制提供技术支撑。

（4）多算对比，有效管控

管理的支撑是数据，项目管理的基础就是工程基础数据的管理，及时、准确地获取相关工程数据就是项目管理的核心竞争力。BIM数据库可以实现任一时点上工程基础信息的快速获取，通过合同、计划与实际施工的消耗量、分项单价、分项合价等数据的多算对比，可以有效了解项目运营是盈是亏，消耗量有无超标，进货分包单价有无失控等问题，实现对项目成本风险的有效管控。

（5）虚拟施工，有效协同

三维可视化功能再加上时间维度，可以进行虚拟施工。随时随地直观快速地将施工计划与实际进展进行对比，同时进行有效协同，施工方、监理方、甚至非工程行业出身的业主领导都对工程项目的各种问题和情况了如指掌。这样通过 BIM 技术结合施工方案、施工模拟和现场视频监测，大大减少建筑质量问题、安全问题，减少返工和整改。

（6）碰撞检查，减少返工

BIM 最直观的特点在于三维可视化，利用 BIM 的三维技术在前期可以进行碰撞检查，优化工程设计，减少在建筑施工阶段可能存在的错误损失和返工的可能性，而且优化净空，优化管线排布方案。最后施工人员可以利用碰撞优化后的三维管线方案，进行施工交底、施工模拟、提高施工质量，同时也提高了与业主沟通的能力。

（7）冲突调用，决策支持

BIM 数据库中的数据具有可计量（computable）的特点，大量工程相关的信息可以为工程提供数据后台的巨大支撑。BIM 中的项目基础数据可以在各管理部门进行协同和共享，工程量信息可以根据时空维度、构件类型等进行汇总、拆分、对比分析等，保证工程基础数据及时、准确地提供，为决策者制订工程造价项目群管理、进度款管理等方面的决策提供依据。

3. BIM 的维度定义

目前把 BIM 的中文名称叫做建筑信息模型，已经成为一个相当普遍的事实，但行业内许多专家仍然认为"多维工程信息模型"是对 BIM 更贴切的解释，所谓的 BIM 多维度可分为：

（1）2D-Two Dimension-二维

2D 是对绘画和手绘图的模拟，是一种抽象的符号和字符表达方式，其基本的处理对象是几何实体，包括点、线、圆、多边形等，目前使用的各类方案图、初步设计图和施工图都是 2D 的。对电子版本的 2D 图纸有一个很形象的叫法"Electronic Paper - 电子纸"。还有一种混合使用 2D 和 3D 表达的技术，习惯上称之为 2.5D。

（2）3D-Three Dimension-三维

有两种类型的 3D，第一类是 3D 几何模型，最典型的就是 3DS MAX 模型，其主要作用是对工程项目进行可视化表达；第二类是我们要介绍的 BIM 3D 或 BIM 模型，制造业称之为数字样机（Digital Prototype）。此外还有一种称之为 3.5D 的技术，在 3D 几何模型基础上增加有限的对象技术，例如风吹树动或者人员移动等，也不属于 BIM 3D 范畴。

BIM 3D 包含了工程项目所有的几何、物理、功能和性能信息，这些信息一旦建立，不同的项目参与方在项目的不同阶段都可以使用这些信息对建筑物进行各种类型和专业的计算、分析、模拟工作。BIM 文献中讨论的 3D 除非特别说明，一般是指 BIM 3D。这样的 3D 也叫作虚拟建筑（Virtual Building）或数字建筑（Digital Building）。

3D 的价值可以简单归纳成两句话：

做功能好的建筑：建筑师可以直接在 3D 上工作，设计过程中不再需要把 3D 建筑翻译成 2D 进行表达（2D 图纸变成了 3D 的输出结果之一）并与业主进行沟通交流，而业主也不再需要通过理解 2D 图纸来审核建筑师的方案是否满足自己的需要了。

做没有错的建筑：综合所有专业的 3D 模型，可以非常直观地发现互相之间的不协调，在实际施工开始前解决掉所有的设计错误。

（3）4D-Four Dimension-四维

4D 是 3D 加上项目发展的时间，用来研究可建性（可施工性）、施工计划安排以及优化任务和下一层分包商的工作顺序的。

因此我们给 4D 的价值归纳为"做没有意外的施工"。如果我们能够在每周跟分包商的例会上直接向 BIM 模型提问题，然后探讨模拟各种改进方案的可能性，在虚拟建筑中解决目前需要在现场才能解决的问题，那会是一种什么样的情况？如果我们能够通过使用 4D 在整个项目建设过程中把所有分包商、供货商的工作顺序安排好，使他们的工作没有停顿、没有等待，那会是一种什么样的效果？

（4）5D-Five Dimension-五维

5D 是基于 BIM 3D 的造价控制，工程预算起始于巨量和繁琐的工程量统计，有了 BIM 模型信息，工程预算将在整个设计施工的所有变化过程中实现实时和精确。随着项目发展 BIM 模型精度的不断提高，工程预算将逼近最后的那个数字。我们给 5D 的价值定义一句话是"做精细化的预算"。

（5）6D-Six Dimension-六维

迄今为止，对 2D/3D/4D/5D 的定义是比较明确和一致的，对于 6D 有一些不同的说法。跟一些同行讨论交流，认为把 6D 定义为"做性能好的建筑"比较合理。下面是建筑性能分析的一些内容：

——建筑结构受力分析

——建筑单体日照分析与采光模拟

——建筑群空气流动分析

——区域景观可视度分析

——建筑群的噪声分析

——热工性能分析

这些工作不但影响到建筑物的性能（运营成本），而且也直接影响人的舒适性。目前大部分这方面的分析主要是事后验算，以满足规范要求作为目的。显然这无法满足社会和业主对低能耗、高性能、可持续建筑的要求。6D 应用使得性能分析可以配合建筑方案的细化过程逐步深入，做出真正性能好的建筑来。

（6）nD-n 维（多维）

随着 BIM 在各领域应用的不断扩大和深入，更多的专家学者可以结合自身 BIM 研究、实践、应用、归纳、总结出来相关需求和经验定义 BIM 技术 nD 的概念。

4. BIM 模型的精细度定义

美国建筑师协会（AIA）为了规范 BIM 参与各方及项目各阶段的界限，在其 2008 年的文档 E202 中定义了 LOD 的概念。模型的细致程度，英文称作 Level of Details，也叫 Level of Development。描述了一个 BIM 模型构件单元从最低级的近似概念化的程度发展到最高级的演示级精度的步骤。这些定义可以根据模型的具体用途进行进一步的发展。

LOD 被定义为 5 个等级，从项目概念设计到竣工，已经足够来定义整个模型过程。

但是，为了给未来可能会插入等级预留空间，定义 LOD 为 100 到 500。模型的细致程度，定义如下：

- 100 Conceptual 概念化
- 200 Approximate geometry 近似构件（方案及扩初）
- 300 Precise geometry 精确构件（施工图及深化施工图）
- 400 Fabrication 加工
- 500 As-built 竣工

LOD100：等同于概念设计，此阶段的模型通常为表现建筑整体类型分析的建筑体量，分析包括体积，建筑朝向，每平方造价等。

LOD200：等同于方案设计或扩初设计，此阶段的模型包含普遍性系统包括大致的数量、大小、形状、位置以及方向。LOD 200 模型通常用于系统分析以及一般性表现目的。

LOD300：模型单元等同于传统施工图和深化施工图层次。此模型已经能很好地用于成本估算以及施工协调包括碰撞检查，施工进度计划以及可视化。LOD 300 模型应当包括业主在 BIM 提交标准里规定的构件属性和参数等信息。

LOD400：此阶段的模型被认为可以用于模型单元的加工和安装。此模型更多的被专门的承包商和制造商用于加工和制造项目的构件包括水电暖系统。

LOD500：最终阶段的模型表现的项目竣工的情形。模型将作为中心数据库整合到建筑运营和维护系统中去。LOD 500 模型将包含业主 BIM 提交说明里制定的完整的构件参数和属性。

在 BIM 实际应用中，我们的首要任务就是根据项目的不同阶段以及项目的具体目的来确定 LOD 的等级，根据不同等级所概括的模型精度要求来确定建模精度。可以说，LOD 在做到了让 BIM 应用有据可循。当然，在实际应用中，根据项目具体目的的不同，LOD 也不用生搬硬套，适当的调整也是无可厚非的。

8.2.2 BIM 技术发展历程及现状

1. BIM 技术发展历程

1975 年，"BIM 之父"——乔治亚理工大学的 Chunk Eastman 教授创建了 BIM 理念至今，BIM 技术的研究经历了三大阶段：萌芽阶段、产生阶段和发展阶段。BIM 理念的启蒙，受到了 1973 年全球石油危机的影响，美国全行业需要考虑提高行业效益的问题，1975 年 "BIM 之父" Eastman 教授在其研究的课题 "Building Description System" 中提出 "a computer-based description of-abuilding"，以便于实现建筑工程的可视化和量化分析，提高工程建设效率。

2. BIM 技术的应用现状

（1）国外 BIM 应用现状

BIM 最先从美国发展起来，随着全球化的进程，已经扩展到了欧洲、日、韩、新加坡等国家，目前这些国家的 BIM 发展和应用都达到了一定水平。

1）BIM 在美国的发展现状

美国是较早启动建筑业信息化研究的国家，发展至今，BIM 研究与应用都走在世界前列。目前，美国大多建筑项目已经开始应用 BIM，BIM 的应用点也种类繁多，而且存在各种 BIM 协会，也出台了各种 BIM 标准。根据 McGraw Hill 的调研，2012 年工程建设行业采用 BIM 的比例从 2007 年的 28% 增长至 2009 年的 49% 直至 2012 年的 71%。其中74% 的承包商已经在实施 BIM 了，超过了建筑师（70%）及机电工程师（67%）。BIM 的价值在不断被认可。关于美国 BIM 的发展，不得不提到 "GSA"、"USACE" 和 "bSa"几大 BIM 相关机构。GSA：美国总务署（GSA）负责美国所有的联邦设施的建造和运营。USACE：美国陆军工程兵团（USACE）隶属于美国联邦政府和美国军队，为美国军队提供项目管理和施工管理服务，是世界最大的公共工程、设计和建筑管理机构。USACE 针对 BIM、NBIMS 及互用性的长期战略目标见图 8.2-1。

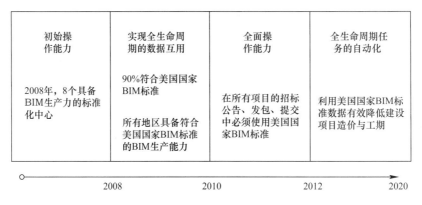

图 8.2-1 USACE 针对 BIM、NBIMS 及互用性的长期战略目标

bSa：BuildingSMART 联盟（bSa）是美国建筑科学研究院（NIBS）在信息资源和技术领域的一个专业委员会，成立于 2007 年，同时也是 BuildingSMART 国际（bSI）的北美分会。bSI 的前身是国际数据互用联盟（IAI），开发了和维护 IFC（Industry Foundation Classes）标准以及 openBIM 标准。

bSa 下属的美国国家 BIM 标准项目委员会（NBIMS-US）是专门负责美国国家 BIM 标准的研究与制定。2007 年 12 月，NBIMS-US 发布了 NBIMS 的第一版的第一部分，主要包括了关于信息交换和开发过程等方面的内容，明确了 BIM 过程和工具的各方定义、相互之间数据交换要求的明细和编码，使不同部门可以开发充分协商一致的 BIM 标准，更好地实现协同。2012 年 5 月，NBIMS-US 发布 NBIMS 的第二版的内容。NBIMS 第二版的编写过程采用了一个开放投稿（各专业 BIM 标准）、民主投票决定标准的内容，因此，也被称为是第一份基于共识的 BIM 标准。其第一版和第二版见图 8.2-2。

2）BIM 在英国的发展现状

2010 年、2011 年英国 NBS 组织了全英的 BIM 调研，从网上 1000 份调研问卷中统计出最终的英国 BIM 应用情况。从调研报告中可以发现，2011 年，有 48% 的人仅听说过BIM，而 31% 的人不仅听过，而且在使用 BIM，有 21% 的人对 BIM 一无所知。这一数据不算太高，但与 2010 年相比，BIM 在英国的推广趋势却十分明显。2010 年，有 43% 的人从未听说过 BIM，而使用 BIM 的人仅有 13%，如图 8.2-3。有 78% 的人同意 BIM 是未来趋势，同时有 94% 的受访人表示会在 5 年之内应用 BIM。

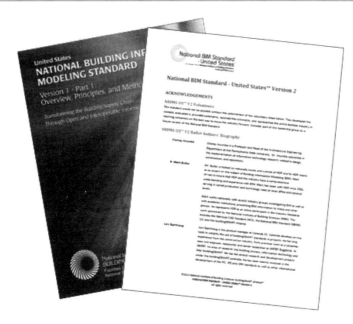

图 8.2-2　美国国家 BIM 标准第一版与第二版

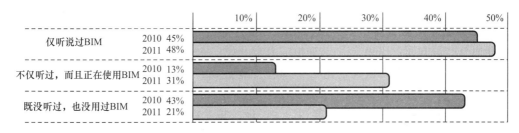

图 8.2-3　英国 BIM 使用情况

与大多数国家相比，英国政府要求强制使用 BIM。2011 年 5 月，英国内阁办公室发布了"政府建设战略"文件，其中有一整个关于建筑信息模型的章节，这章节中明确要求，到 2016 年，政府要求全面协同的 3D·BIM，并将全部的文件以信息化管理。

政府要求强制使用 BIM 的文件得到了英国建筑业 BIM 标准委员会的支持。迄今为止，英国建筑业 BIM 标准委员会已于 2009 年 11 月发布了英国建筑业 BIM 标准，2011 年 6 月发布了适用于 Revit 的英国建筑业 BIM 标准，2011 年 9 月发布了适用于 Bentley 的英国建筑业 BIM 标准。

英国的设计公司在 BIM 实施方面已经相当领先了，因为伦敦是众多全球领先设计企业的总部，如 Foster and Partners、Zaha Hadid Architects、BDP 和 Arup Sports，也是很多领先设计企业的欧洲总部，如 HOK、SOM 和 Gensler。在这些背景下，一个政府发布的强制使用 BIM 的文件可以得到有效执行，也因此，英国的 AEC 企业与世界其他地方相比，发展速度更快。

3）BIM 在新加坡的发展现状

新加坡负责建筑业管理的国家机构是建筑管理署（BCA）。在 BIM 这一术语引进之前，新加坡当局就注意到信息技术对建筑业的重要作用。2011 年，BCA 发布了新加坡

BIM 发展路线规划，规划明确推动整个建筑业在 2015 年前广泛使用 BIM 技术。为了实现这一目标，BCA 分析了面临的挑战，并制定了相关策略，如图 8.2-4 所示。

图 8.2-4　新加坡 BIM 发展策略

扫除障碍的主要策略，包括制定 BIM 交付模板以减少从 CAD 到 BIM 的转化难度，2010 年 BCA 发布了建筑和结构的模板，2011 年 4 月发布了 M&E 的模板；另外，与新加坡 buildingSMART 分会合作，制定了建筑与设计对象库。

为了鼓励早期的 BIM 应用者，BCA 于 2010 年成立了一个 600 万新币的 BIM 基金项目，任何企业都可以申请。在创造需求方面，新加坡决定政府部门必须带头在所有新建项目中明确提出 BIM 需求。2011 年，BCA 与一些政府部门合作确立了示范项目。BCA 将强制要求提交建筑 BIM 模型（2013 年起）、结构与机电 BIM 模型（2014 年起），并且最终在 2015 年前实现所有建筑面积大于 $5000m^2$ 的项目都必须提交 BIM 模型的目标。在建立 BIM 能力与产量方面，BCA 鼓励新加坡的大学开设 BIM 的课程、为毕业学生组织密集的 BIM 培训课程、为行业专业人士建立了 BIM 专业学位。

4）BIM 在北欧国家的发展现状

北欧国家包括挪威、丹麦、瑞典和芬兰，是一些主要的建筑业信息技术的软件厂商所在地，如 Tekla 和 Solibri，而且对发源于邻近匈牙利的 ArchiCAD 的应用率也很高。因此，这些国家是全球最先一批采用基于模型设计的国家，也在推动建筑信息技术的互用性和开放标准，主要指 IFC。北欧国家冬天漫长多雪，这使得建筑的预制化非常重要，从而促进了包含丰富数据、基于模型的 BIM 技术的发展，这也是这些国家很早就开始 BIM 部署的原因所在。

与上述国家不同，北欧四国政府强制并未要求使用 BIM，但由于当地气候的要求以及先进建筑信息技术软件的推动，BIM 技术的发展主要是企业的自觉行为。如 Senate Properties 一家芬兰国有企业，也是荷兰最大的物业资产管理公司。2007 年，Senate Properties 发布了一份建筑设计的 BIM 要求。自 2007 年 10 月 1 日起，Senate Properties 的项目仅强制要求建筑设计部分使用 BIM，其他设计部分可根据项目情况自行决定是否采用 BIM 技术，但目标将是全面使用 BIM。该报告还提出，在设计招标将有强制的 BIM 要求，这些 BIM 要求将成为项目合同的一部分，具有法律约束力；建议在项目协作时，建模任务需创建通用的视图，需要准确的定义；需要提交最终 BIM 模型，且建筑结构与模型内部的碰撞需要进行存档；建模流程分为四个阶段：空间组建筑信息模型（Spatial Group BIM）、空间建筑信息模型（Spatial BIM）、初步建筑构件信息模型（Preliminary Building Element BIM）和建筑构件信息模型（Building Element BIM）。

5）BIM 在日本的发展现状

在日本，有"2009 年是日本的 BIM 元年"之说。大量的日本设计公司、施工企业开始应用 BIM，而日本国土交通省也在 2010 年 3 月表示，已选择一项政府建设项目作为试点，探索 BIM 在设计可视化、信息整合方面的价值及实施流程。

日本软件业较为发达，在建筑信息技术方面也拥有较多的国产软件，日本 BIM 相关软件厂商认识到，BIM 是需要多个软件来互相配合，而数据集成的基本前提，因此多家日本 BIM 软件商在 IAI 日本分会的支持下，以福井计算机株式会社为主导，成立了日本国产解决方案软件联盟，主要软件厂商见图 8.2-5。

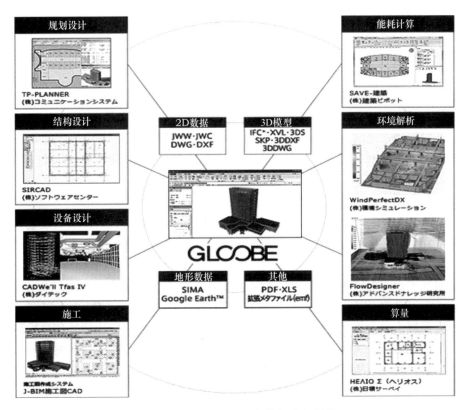

图 8.2-5　日本国产 BIM 软件解决方案联盟

此外，日本建筑学会于 2012 年 7 月发布了日本 BIM 指南，从 BIM 团队建设、BIM 数据处理、BIM 设计流程、应用 BIM 进行预算、模拟等方面为日本的设计院和施工企业应用 BIM 提供了指导。

6）BIM 在韩国的发展现状

韩国在运用 BIM 技术上十分领先。多个政府部门都致力制定 BIM 的标准，例如韩国公共采购服务中心和韩国国土交通海洋部。

韩国公共采购服务中心（PPS）是韩国所有政府采购服务的执行部门。2010 年 4 月，PPS 发布了 BIM 路线图，内容包括：2012～2015 年，超过 50 亿韩元大型工程项目都采用 4D · BIM 技术（3D＋成本管理）；2016 年前，全部公共工程应用 BIM 技术。

2010 年 1 月，韩国国土交通海洋部发布了《建筑领域 BIM 应用指南》。该指南为开发商、建筑师和工程师在申请四大行政部门、16 个都市以及 6 个公共机构的项目时，提供采用 BIM 技术时必须注意的方法及要素的指导。指南应该能在公共项目中系统地实施 BIM，同时也为企业建立实用的 BIM 实施标准。

韩国主要的建筑公司已经都在积极采用 BIM 技术，如现代建设、三星建设、空间综合建筑事务所、大宇建设、GS 建设、Daelim 建设等公司。其中，Daelim 建设公司应用 BIM 技术到桥梁的施工管理中，BMIS 公司利用 BIM 软件 Digital Project 对建筑设计阶段以及施工阶段的一体化的研究和实施等。

（2）国内 BIM 应用现状

1）BIM 在中国香港的发展现状

香港的 BIM 发展也主要靠行业自身的推动。早在 2009 年，香港便成立了香港 BIM 学会。2010 年时，香港 BIM 学会主席梁志旋表示，香港的 BIM 技术应用目前已经完成从概念到实用的转变，处于全面推广的最初阶段。

香港房屋署自 2006 年起，已率先试用建筑信息模型。为了成功地推行 BIM，自行订立 BIM 标准、用户指南、组建资料库等等设计指引和参考。这些资料有效地为模型建立、管理档案，以及用户之间的沟通创造良好的环境。2009 年 11 月，香港房屋署发布了 BIM 应用标准。香港房屋署署长冯宜萱女士提出，在 2014 年到 2015 年该项技术将覆盖香港房屋署的所有项目。

2）BIM 在中国台湾的发展现状

早在 2007 年，国立台湾大学与 Autodesk 签订了产学合作协议，重点研究建筑信息模型（BIM）及动态工程模型设计。2009 年，国立台湾大学土木工程系成立了"工程信息仿真与管理研究中心"（简称 BIM 研究中心），建立技术研发、教育训练、产业服务、与应用推广的服务平台，促进 BIM 相关技术与应用的经验交流、成果分享、人才培训与产官学研合作。为了调整及补充现有合同内容在应用 BIM 上之不足，BIM 中心与淡江大学工程法律研究发展中心合作，并在 2011 年 11 月出版了《工程项目应用建筑信息模型之契约模板》一书，并特别提供合同范本与说明，让用户能更清楚了解各项条文的目的、考虑重点与参考依据。高雄应用科技大学土木系也于 2011 年成立了工程资讯整合与模拟研究中心。此外，国立交通大学、国立台湾科技大学等对 BIM 进行了广泛的研究，极大地推动了台湾对于 BIM 的认知与应用。

台湾有几家公转民的大型工程顾问公司与工程公司，由于一直承接政府大型公共建设，财力雄厚、兵多将广，对于 BIM 有一定的研究并有大量的成功案例。2010 年元旦，台湾世曦工程顾问公司成立 BIM 整合中心，2011 年 9 月中兴工程顾问股份成立 3D/BIM 中心，此外亚新工程顾问股份有限公司也成立了 BIM 管理及工程整合中心。

3）BIM 在大陆的发展现状

近来 BIM 在国内建筑业形成一股热潮，除了前期软件厂商的大声呼吁外，政府相关单位、各行业协会与专家、设计单位、施工企业、科研院校等也开始重视并推广 BIM。

2010 与 2011 年，中国房地产业协会商业地产专业委员会、中国建筑业协会工程建设质量管理分会、中国建筑学会工程管理研究分会、中国土木工程学会计算机应用分会组织并发布了《中国商业地产 BIM 应用研究报告 2010》和《中国工程建设 BIM 应用研究报告 2011》。虽然样本不多，但一定程度上反映了 BIM 在我国工程建设行业的发展现状。根据两届的报告，关于 BIM 的知晓程度从 2010 年的 60％提升至 2011 年的 87％。如图 8.2-6 所示，2011 年，共有 39％的单位表示已经使用了 BIM 相关软件，而其中以设计单位居多。

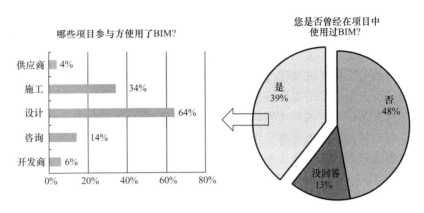

图 8.2-6　我国 BIM 应用情况调查结果（2011 年）

早在 2010 年，清华大学通过研究，参考 NBIMS，结合调研提出了中国建筑信息模型标准框架（简称 CBIMS），并且创造性地将该标准框架分为面向 IT 的技术标准与面向用户的实施标准。

2011 年 5 月，住建部发布的《2011～2015 建筑业信息化发展纲要》中，明确指出：在施工阶段开展 BIM 技术的研究与应用，推进 BIM 技术从设计阶段向施工阶段的应用延伸，降低信息传递过程中的衰减；研究基于 BIM 技术的 4D 项目管理信息系统在大型复杂工程施工过程中的应用，实现对建筑工程有效的可视化管理等。

2012 年 1 月，住建部"关于印发 2012 年工程建设标准规范制订修订计划的通知"宣告了中国 BIM 标准制定工作的正式启动，其中包含五项 BIM 相关标准：《建筑工程信息模型应用统一标准》、《建筑工程信息模型存储标准》、《建筑工程设计信息模型交付标准》、《建筑工程设计信息模型分类和编码标准》、《制造工业工程设计信息模型应用标准》。其中，《建筑工程信息模型应用统一标准》的编制采取"千人千标准"的模式，邀请行业内相关软件厂商、设计院、施工单位、科研院所等近百家单位参与标准研究项目/课题/子课题的研究。至此，工程建设行业的 BIM 热度日益高涨。

前期大学主要集中于 BIM 的科研方面，如清华大学针对 BIM 标准的研究，上海交通大学的 BIM 研究中心侧重于 BIM 在协同方面的研究，随着企业各界对 BIM 的重视，对大学的 BIM 人才培养需求渐起。2012 年 4 月 27 日，首个 BIM 工程硕士班在华中科技大学开课，共有 25 名学生；随后广州大学、武汉大学也开设了专门的 BIM 工程硕士班。

在产业界，前期主要是设计院、施工单位、咨询单位等对 BIM 进行一些尝试。最近几年，业主对 BIM 的认知度也在不断提升，SOHO 董事长潘石屹已将 BIM 作为 SOHO 未来三大核心竞争力之一；万达、龙湖等大型房产商也在积极探索应用 BIM；上海中心、上海迪士尼等大型项目要求在全生命周期中使用 BIM，BIM 已经是企业参与项目的门槛；其他项目中也逐渐将 BIM 写入招标合同，或者将 BIM 作为技术标的重要亮点。目前来说，大中型设计企业基本上拥有了专门的 BIM 团队，有一定的 BIM 实施经验；施工企业起步略晚了设计企业，不过不少大型施工企业也开始了对 BIM 的实施与探索，也有一些成功案例，运维阶段目前的 BIM 还处于探索研究阶段。

8.2.3　BIM 在装配式建筑中的应用

装配式建筑自身具有很多优点，但它在设计、生产及施工中的要求也很高。与传统现浇混凝土建筑相比，设计要求更精细化，需要增加深化设计过程；预制构件在工厂加工生产，构件制造要求精确的加工图纸，同时构件的生产、运输计划需要密切配合施工计划来编排；装配式建筑对于施工的要求也较严格，从构件的物料管理储存，构件的拼装顺序、时程到施工作业的流水线等均需要妥善规划。

高要求必然带来了一定的技术困难，在 PC 建筑建造生命周期中信息交换频繁，很容易发生沟通不良，信息重复创建等传统建筑业存在的信息化技术问题，在预制建筑中反映更加突出。主要表现在缺乏协同工作导致设计变更，施工工期的延滞，最终造成资源的浪费，成本的提高。在这样的背景下，引入 BIM 技术对装配式建筑进行设计、施工及管理，成了自然而又必然的选择。

BIM 是以三维数字技术为基础，建筑全生命周期为主线，将建筑产业链各个环节关联起来并集成项目相关信息的数据模型，这里的信息不仅是三维几何形状信息，还有大量的非几何形状信息，如建筑构件的材料、重量、价格、性能、能耗、进度等等。BIM 是一个包含丰富数据、面向对象的具有智能化和参数化特点的建筑项目信息的数字化表示，它能够有效地辅助建筑工程领域信息的集成、交互及协同工作，实现建筑生命周期管理。

BIM 改变了建筑行业的生产方式和管理模式，它成功解决了建筑建造过程中多组织、多阶段、全生命周期中的信息共享问题，利用唯一的 BIM 模型，使建筑项目信息在规划、设计、建造和运行维护全过程充分共享，无损传递，为建筑从概念设计到拆除的全生命周期中的所有决策提供可靠的依据。BIM 使设计乃至整个工程的成本降低、质量和效率显著提高，为建筑业的发展带来巨大的效益。BIM 应用于工业化建筑全生命周期的信息化集成管理主要应用点如图 8.2-7 所示。

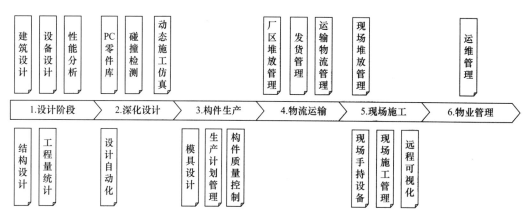

图 8.2-7　基于 BIM 的工业化建筑全寿命周期信息化管理

为提高装配式建筑在设计、生产和施工各个建设阶段的效率，本章将重点针对 BIM 技术在工业化建筑设计阶段、构件制造阶段、现场施工阶段、工业化建筑运维阶段的应用。

8.3 BIM 在 PC 设计阶段的应用

8.3.1 基于 BIM 技术的 PC 协同设计

BIM 是以三维数字技术为基础，建筑全生命周期为主线，将建筑产业链各个环节关联起来并集成项目相关信息的数据模型，这里的信息不仅是三维几何形状信息，还有大量的非几何形状信息，如建筑构件的材料、重量、价格、性能、能耗、进度等。

BIM 协同设计的特点主要有三点，一是"形神兼备"，"形"指建筑的外观，即三维模型结构本身，"神"指建筑所包含的信息与参数等。BIM 不只是一个独立的三维建筑模型，模型中包含了建筑生命周期各个阶段所要的信息，而且这些信息是"可协调、可计算的"，它也是现实建筑的真实反映。所以说 BIM 的价值不是三维模型本身，而是存放在模型中的专业信息（建筑、结构、机电、热工、材料、价格、规范、标准等）。从根本上说 BIM 是一个创建、收集、管理和应用信息的过程。

二是可视化与可模拟性。可视化不仅指三维的立体实物图形可视，也包括项目设计、建造、运营等生命周期过程可视，而且 BIM 的可视化具有互动性，信息的修改可自动反馈到模型上。模拟性是指在可视化的基础上做仿真模拟应用，比如在建筑物建造前，模拟建筑的施工情况以及建成后使用的情况，模拟的结果是基于实际情况的真实体现，最终可以根据模拟结果来优化设计方案。

三是"一处修改，处处修改"。BIM 所有的图纸和信息都与模型关联，BIM 模型建立的同时，相关的图纸和文档自动生成，且具备关联修改的特性。这是 BIM 的核心价值——协同工作。协同从根本上减少了重复劳动和信息传递的损失，大大提高工程各参与方的效率。BIM 的应用不仅需要项目设计方内部的多专业协同，而且需要与构件厂商、业主、总承包商、施工单位、工程管理公司等不同工程参与方的协同作业。

BIM 协同设计示意图见图 8.3-1。

8.3.2 基于 BIM 模型的建筑性能分析

基于 BIM 模型，结合相关的建筑性能分析软件，可以便捷的实现建筑日照分析、采光分析、暖通负荷、通风模拟、节能设计、能效测评及噪声分析等工作（图 8.3-2～图 8.3-4）。

8.3.3 基于 BIM 的 PC 深化设计方法

（1）BIM 深化设计流程及构件拆分

装配式建筑采用预制构件拼装而成的，在设计过程中，必须将连续的结构体拆分成独立的构件，如预制梁、预制柱、预制楼板、预制墙体等，再对拆分好的构件进行配筋，并生成单个构件的生产图纸。与传统现浇建筑相比，这是装配式建筑增加的设计流程，也是装配式建筑深化设计过程（图 8.3-5）。

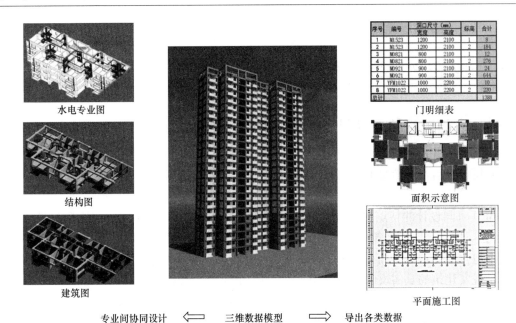

| 序号 | 编号 | 洞口尺寸（mm） | | 标高 | 合计 |
		宽度	高度		
1	M1523	1200	2100	1	8
2	M1523	1200	2100	2	184
3	M0821	800	2100	1	12
4	M0821	800	2100	2	276
5	M0921	900	2100	1	24
6	M0921	900	2100	2	644
7	YFM1022	1000	2200	1	10
8	YFM1022	1000	2200	2	230
总计					1388

水电专业图　　　　　　　　　　　　　　　　　　门明细表

结构图　　　　　　　　　　　　　　　　　　面积示意图

建筑图　　　　　　　　　　　　　　　　　　平面施工图

专业间协同设计　⟸　三维数据模型　⟹　导出各类数据

图 8.3-1　BIM 协同设计示意图

图 8.3-2　基于 BIM 的建筑日照分析

　　预制建筑的深化设计是在原设计施工图的基础上，结合装配式建筑构件制造及施工工艺的特点，对设计图纸进行细化、补充和完善。传统的深化设计过程是基于 CAD 软件的手工深化，主要依赖深化设计人员的经验，对每个构件进行深化设计，工作量大，效率低，而且很容易出错，将 BIM 技术应用于预制建筑深化设计则可以避免以上问题，其深化设计流程如图 8.3-5 所示，BIM 技术可实现构件配筋的精细化、参数化，以及深化设计出图的自动化，从而大幅提高深化设计效率。

　　预制构件的分割，必须考虑到结构力量的传递，建筑机能的维持，生产制造的合理，运输要求，节能保温，防风防水，耐久性等问题，达到全面性考虑的合理化设计。在满足建筑功能和结构安全要求的前提下，预制构件应符合模数协调原则，优化预制构件的尺寸，实现"少规格、多组合"，减少预制构件的种类。

图 8.3-3　基于 BIM 的建筑室内采光分析

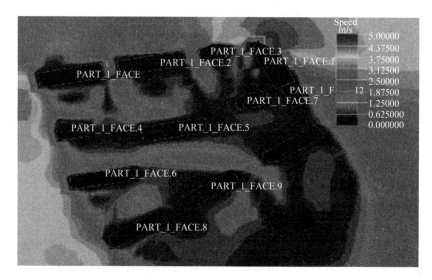

图 8.3-4　基于 BIM 的建筑风环境分析

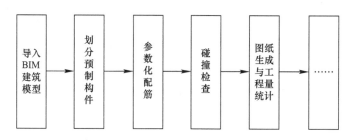

图 8.3-5　基于 BIM 的深化流程

　　为方便修改分割，对照三维建筑模型，在原有的二维建筑施工图纸上进行拆分，拆分好了再在结构模型中修改。分割示意图 8.3-6 所示。基于 BIM 的深化设计尽管目前还是在二维图纸中拆分构件，但是在拆分过程中应参照三维的 BIM 模型，加深对结构的理解，避免了在二维图纸上不易发现的设计盲点和繁琐的对图工作，减少了错误的发生，提高了效率。

　　（2）构件及钢筋碰撞检查要点

　　预制构件进行深化设计，其目的是为了保证每个构件到现场都能准确的安装，不发生错漏碰缺。但是，一栋普通 PC 住宅的预制构件往往有数千个，要保证每个预制构件在现场拼装不发生问题，靠人工校对和筛查是很难完成的，而利用 BIM 技术可以快速准确地把可能发生在现场的冲突与碰撞在 BIM 模型中事先消除。

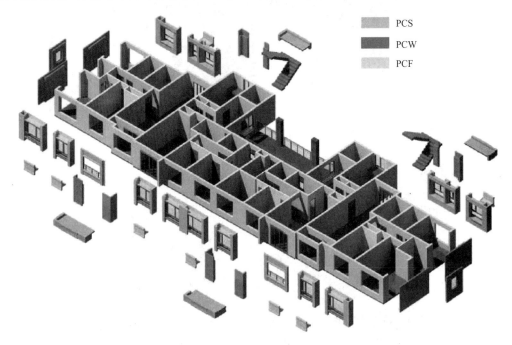

PCS
PCW
PCF

图 8.3-6　基于 BIM 模型的 PC 构件拆分示意图

　　常规的碰撞检测，主要是检查构件之间的碰撞，深化设计中的碰撞检测除了发现构件之间是否存在干涉和碰撞外，主要是检测构件连接节点处的预留钢筋之间是否有冲突和碰撞，这种基于钢筋的碰撞检测，要求更高，也更加精细化，需要达到毫米级别。

　　在对钢筋进行碰撞检查时，为防止构件钢筋发生连锁的碰撞冲突增加修改的难度，先对所有的配筋节点作碰撞检查，即在建立参数化配筋节点时进行检查，保证配筋节点钢筋没有碰撞，然后再基于整体配筋模型进行全面检测。对于发生碰撞的连接节点，调整好钢筋后还需再次检测，这是由于连接节点处配筋比较复杂，精度要求又高，当调整一根发生碰撞的钢筋后可能又会引起与其他节点钢筋的碰撞，需要在检测过程中不断地调整，直到结果收敛。

　　对于结构模型的碰撞检测主要采用两种方式，一种是直接在 3D 模型中实时漫游，即能宏观观察整个模型，也可微观检查结构的某一构件或节点，模型可精细到钢筋级别，梁柱节点进行三维动态检查见图 8.3-7。

　　第二种方式通过 BIM 软件中自带的碰撞校核管理器进行碰撞检测，碰撞检查完成后，管理器对话框会显示所有的碰撞信息，包括碰撞的位置，碰撞对象的名称、材质及截面，碰撞的数量及类型，构件的 ID 等等。软件提供了碰撞位置精确定位的功能，设计人员可以及时调整修改。

　　通过碰撞检查在住宅楼整体模型中检查出多处"钢筋打架"的地方，经过反复的调整，在误差允许范围内最终获取没有碰撞的配筋模型。如图 8.3-8 是梁柱节点处，两根梁

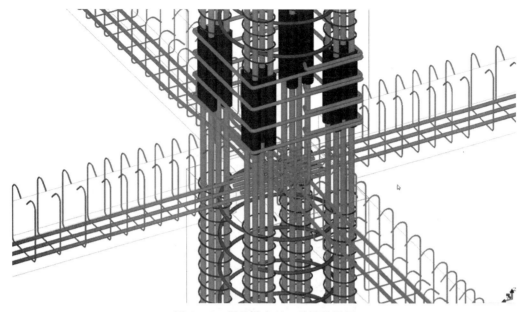

图 8.3-7 梁柱节点的三维漫游视图

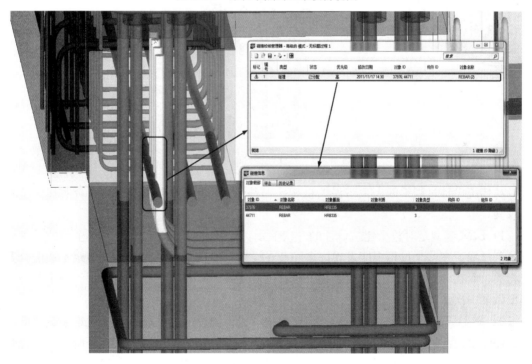

图 8.3-8 梁柱节点发生碰撞

的纵筋发生了碰撞。对于节点容易发生碰撞在建模配筋时一定要避免，如图 8.3-9 所示预制梁柱连接部位，a，b，c 三根梁都是搁置在预制柱 b 上，中间灰色区域是现浇的，该区域梁和柱的主筋密集交错，一旦发生碰撞，将给现场的安装和施工带来很大的困难，不管是返回到工厂调整还是在现场修改都将延误工期，造成人工及材料的浪费。这是深化设计阶段做钢筋碰撞检查的必要性所在，可避免施工阶段预制构件钢筋碰撞引起的窝工、返工，保证工期顺利完成。

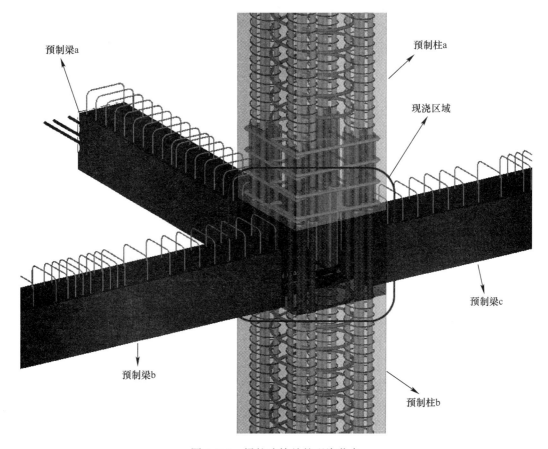

图 8.3-9　梁柱连接处的现浇节点

与传统设计过程中的人工错误校核相比，基于 BIM 技术的碰撞检测有着明显的优势及意义：

1）BIM 模型是对整个建筑设计的一次演示，建模的过程同时也是一次全面的"三维校核"过程，在这个过程中能发现许多隐藏在设计中的问题，这些问题大多跟专业配合紧密相关，而在传统的单专业校核过程中很难被发现。BIM 模型在建立过程就相当于对整个模型做了一次预检。

2）免去了繁琐枯燥的"对图工作"，优化了设计流程。传统设计流程很难避免碰撞问题，往往是出图后才发现问题，然后再对图修改，BIM 模型建好后先进行碰撞检测，优化模型后再出图。从设计流程上 BIM 技术可避免大部分的碰撞问题，而且基于 BIM 模型的碰撞检测具有智能性，可根据制定的规则来做碰撞检查，检测的结果也很可靠。

3）通过 BIM 技术进行碰撞检查，将只有专业设计人员才能看懂的复杂的平面内容，转化为一般工程人员可以很容易理解的形象的 3D 模型，能够方便直观地判断可能的设计错误或者内容混淆的地方。通过 BIM 模型还能够有效解决在 2D 图纸上不易发现的设计盲点，找出关键点，为只能在现场解决的碰撞问题尽早地制定解决方案，降低施工成本，提高施工效率。

4）若因设计变更发生碰撞需要调整施工方案时，也为工程各方的协调决策提供了精准的信息参考及统一的可视化环境，从而提高了整个项目的质量和团队的工作效率。

（3）图纸的生成与工程量统计

三维模型和二维图纸是两种不同形式的建筑表示方法，三维的 BIM 模型不能直接用于预制构件的加工生产，需要将包含钢筋信息的 BIM 结构模型转换成二维的加工图纸。Tekla 软件能够基于 BIM 模型进行智能出图，可在配筋模型中直接生成预制构件生产所需的加工图纸，模型与图纸关联对应，BIM 模型修改后，二维的图纸也会随模型更新。

1）构件加工图纸的自动生成

装配式住宅楼预制构件多，深化设计的出图量大，采用传统方法手工出图工作量相当大，而且很难避免各种错误。利用 BIM 软件的智能出图和自动更新功能，在完成了对图纸的模板的相应定制工作后，可自动生成构件平、立、剖面图以及深化详图，整个出图过程无需人工干预，而且有别于传统 CAD 创建的二维图纸，BIM 软件自动生成的图纸和模型是动态链接的，一旦模型数据发生修改，与其关联的所有图纸都将自动更新。图纸能精确表达构件相关钢筋的构造布置，各种钢筋弯起的做法，钢筋的用量等等，可直接用于预制构件的生产，总体上预制构件自动出图，图纸的完成率在 $80\%\sim90\%$ 之间，如图 8.3-10 所示。

2）工程量的自动统计

在生成加工图纸时还需要对钢筋及混凝土的用量进行统计，以便加工生产，基于整体配筋模型，利用 BIM 软件中自带的各类工程量模板进行快速的统计分析，减少人工操作和潜在错误，实现工程量信息与设计方案的完全一致（图 8.3-11）。

根据需要可定制输出各种形式的统计报表。清单的输出内容包括构件的截面尺寸、编号、材质、混凝土的用量，钢筋的编号及数量，钢筋的用量等信息。基于 BIM 软件直接生成加工图纸和工程量统计清单，减少了错误，提高了出图效率。

8.4　BIM 技术在构件制造中的应用

8.4.1　基于 BIM 的构件生产管理流程

PC 工程的 BIM 模型中心数据库用于存放具体工程建造生命周期的 BIM 模型数据。在深化设计阶段将构件深化设计所有相关数据传输到 BIM 中心数据库中，并完成构件编码的设定；在预制构件生产阶段，生产信息管理子系统从中心数据库读取构件深化设计的相关数据以及用于构件生产的基础信息，同时将每个预制构件的生产过程信息、质量检测信息返回记录在中心数据库中；在现场施工阶段，基于 BIM 模型对施工方案进行仿真优化，通过读取中心数据库的数据，可以了解预制构件的具体信息（重量、安装位置等），方便施工，同时在构件安装完成后，将构件的安装情况返回记录在中心数据库中。考虑到工程管理的需要，也为了方便构件信息的采集和跟踪管理，在每个预制构件中都安装了 RFID 芯片，芯片的编码与构件编码一致，同时将芯片的信息记录入 BIM 模型，通过读写设备实现了 PC 建筑在构件制造、现场施工阶段的数据采集和数据传输。整个平台的信息流程如图 8.4-1 所示。

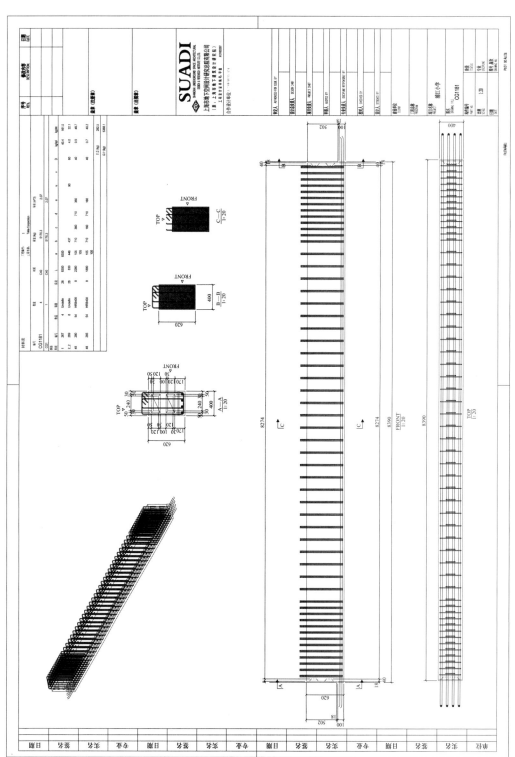

图 8.3-10　BIM 模型生成的预制梁深化设计图纸

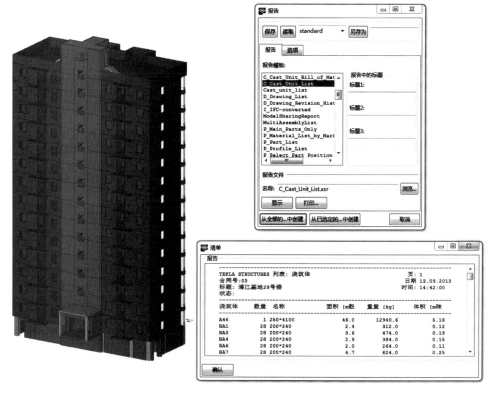

图 8.3-11 通过 BIM 相关软件对预制柱进行工程量统计

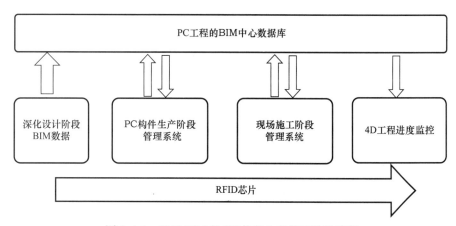

图 8.4-1 基于 BIM 的 PC 构件生产管理总体流程

8.4.2 基于 BIM 的构件生产过程信息管理

构件生产信息管理系统涉及构件生产过程信息的采集,需要配合读写器等设备才能完成,因此根据信息管理系统的需要开发了相应的读写器系统,以便快捷有效地采集构件的信息以及与管理系统进行信息交互。

(1) 系统功能及组织流程

1) 功能结构

该系统是装配式住宅信息管理平台的基础环节,通过 RFID 技术的引入,使整个预制构件的生产规范化，也为整个管理体系搭建起基础的信息平台。根据实际生产的需要，规划系统的功能结构如图 8.4-3 所示。

(a)　　　　　　　　　　　　　　　　　　(b)

(c)　　　　　　　　(d)　　　　　　　　(e)

图 8.4-2　基于 BIM 及 RFID 的 PC 构件生产管理过程

(a) 模具检测；(b) 钢筋笼绑扎；(c) 入模及埋件检测；(d) 混凝土浇筑；(e) 构件成品检测

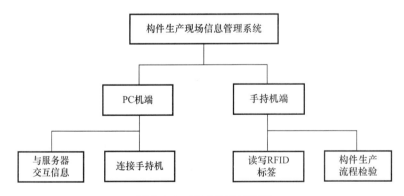

图 8.4-3　系统功能结构图

　　系统分为两个工作端，即手持机端和 PC 机端，其工作对象是预制构件的生产过程，通过与后台服务器的连接，初步构建整个体系的框架，为后续更加细致化的信息化管理手段打下基础。

　　手持机端主要完成两个工作：一是作为 RFID 读写器，完成对构件中预埋标签的读写工作；二是通过平台下的生产检验程序来控制构件生产的整个流程。

　　PC 机端通过自主开发的软件系统与读写器和服务器进行信息交互，也分两部分工作，一是按照生产需要从服务器端下载近期的生产计划并将生产计划导入到手持机中；二是在每日生产工作结束后将手持机中的生产信息上传到服务器。

2）系统组织流程

系统的组织流程如图 8.4-4 所示，上班前构件厂 PC 机链接系统服务器下载构件生产计划表，然后手持机连接 PC 机下载生产计划，生产过程中通过手持机对 RFID 芯片进行读写操作并作记录，下班后将构件生产信息储存到 PC 机，再通过网络上传到服务器中。

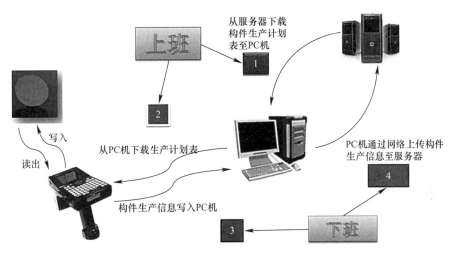

图 8.4-4　系统组织流程

（2）手持机工作流程设计

通过手持机系统检验构件的生产工序并对生产过程进行记录，保证生产流程的规范化。预制构件详细的生产流程如图 8.4-5 所示。根据生产流程设计手持机系统的应用流程。

首先是手持机初始化工作，包括生产计划的更新，手持机的数据同步，质检员身份确认等过程。

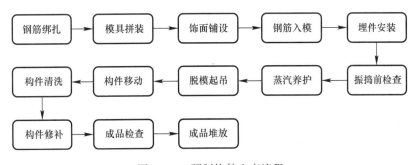

图 8.4-5　预制构件生产流程

钢筋绑扎是第一道工序，该工序完成后会将每个构件与对应的 RFID 芯片绑定。施工人员用手持机在生产车间扫描构件深化设计图纸上的条形码，正确识别后，进行钢筋绑扎的工作，绑扎完毕后由质检员进行钢筋绑扎质量的检查，当所有项目检查合格后扫描构件的 RFID 标签，完成在标签中写入构件编码、工序信息、工序号、检查结果、施工人员编号、检查人员编号、完成时间等具体信息。具体流程见图 8.4-6。

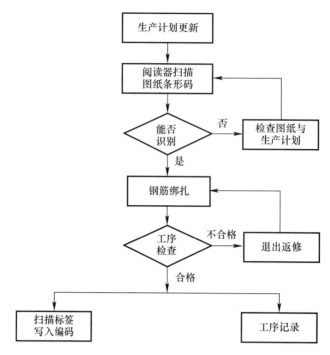

图 8.4-6　手持机钢筋绑扎流程

　　构件生产过程每个工序必须进行检查和记录，如图 8.4-7 所示，某项特定工序完成后可通过扫描标签或扫描图纸条形码的方式进入系统相应的检查项目，按照系统界面进行相关操作，手持机系统会记录每个完成工序的信息，当天完工后，需将手持机记录的构件工序信息通过同步的方式上传到平台生产管理系统中。构件生产完成如果检查不合格，在根据相关的规定必须要报废的情况下，则质检员对该构件进行报废管理，构件的报废流程如图 8.4-8 所示。

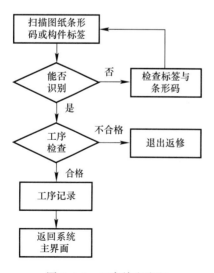

图 8.4-7　工序检查流程

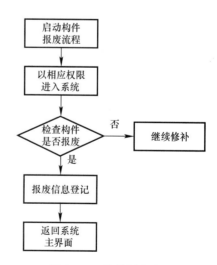

图 8.4-8　构件报废流程

构件生产检验合格后系统更新构件的信息并安排堆场存放。构件进场堆放时要登记检查，即用阅读器扫描构件标签，确认并记录构件入库时间，数据上传到系统后，系统会更新堆场构件信息。

8.5　BIM 施工阶段的应用

8.5.1　基于 BIM 的现场施工仿真筹划

建筑施工是复杂的动态工作，它包括多道工序，其施工方法和组织程序存在多样性和多变性的特点，目前对施工方案的优化主要依赖施工经验，存在一定局限性。如何有效地表达施工过程中各种复杂关系，合理安排施工计划，实现施工过程的信息化、智能化、可视化管理，一直是待解决的关键问题。4D 施工仿真为解决这些问题提供了一种有效的途径。4D 仿真技术是在 3D 模型的基础上，附加时间因素（施工计划或实际进度信息），将施工过程以动态的 3D 方式表现出来，并能对整个形象变化过程进行优化和控制。4D 施工仿真是一种基于 BIM 的技术手段，通过它来进行施工进度计划的模拟、验证及优化。

利用 BIM 模型进行 4D 施工仿真模拟，BIM 软件可以实现与 Microsoft Project 的无缝数据传递。在模型中导入 MS Project 编制完成的项目施工计划甘特图，将 3D 模型与施工计划相关联，将施工计划时间写入相应构件的属性中，这样就在 3D 模型基础上加入了时间因素，使其变成一个可模拟现场施工及吊装管理的 4D 模型。在 4D 模型中，可以输入任意一个日期去查看当天现场的施工情况，并能从模型中快速的统计当天和之前已施工完成的工作量。BIM 模型 4D 和 5D 的应用见图 8.5-1 和图 8.5-2。

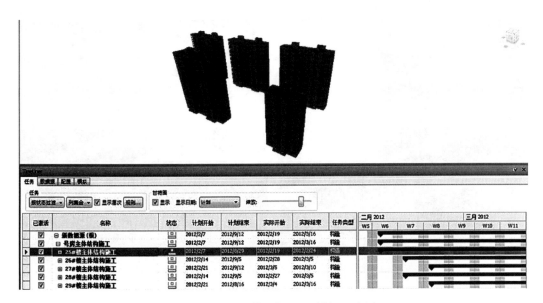

图 8.5-1　BIM 模型与施工计划 4D 应用

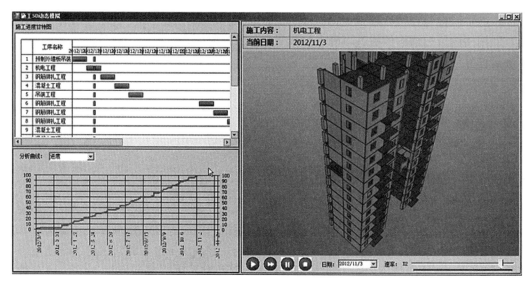

图 8.5-2　基于 BIM 模型的项目进度成本 5D 应用

8.5.2　构件吊装动态仿真模拟技术

除了进行项目的 4D 模拟之外，还可以根据施工方案和 BIM 模型，采用 Dassalt Del-mia 等软件对项目进行动态的施工仿真模拟，在 Delmia 中赋予预制构件装配时间和装配路径，并建立流程、人和设备资源之间的关联，从而实现 PC 建筑的虚拟建造和施工进度的可视化模拟。在 BIM 模型中针对不同 PC 预制率以及不同吊装方案进行模拟比较，实现未建先造，得到最优 PC 预制率设计方案及施工方案，如图 8.5-3 所示。

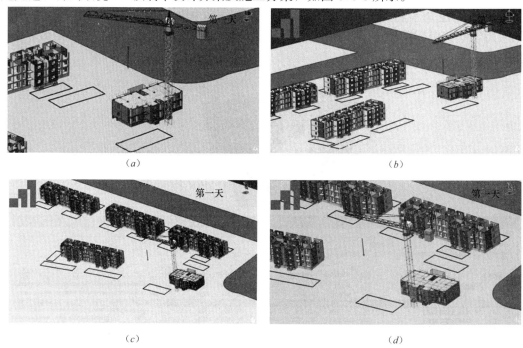

(a)　　　　　　　　　　　　　　　　　　　　(b)

(c)　　　　　　　　　　　　　　　　　　　　(d)

图 8.5-3　最优 PC 预制率施工方案 BIM 仿真模拟

(a) 15%预制率；(b) 50%预制率；(c) 70%预制率；(d) 90%预制率

PC 建筑相比传统的现浇建筑，施工工序相对较复杂，每个构件吊装的过程是一个复杂的运动过程，通过在 BIM 模型中进行施工模拟，查找可能存在的构件运动中的干涉碰撞问题，提前发现并解决，避免可能导致的延误和停工。通过生成施工仿真模拟视频，实现全新的培训模式，项目施工前让各参与人员直观了解任何一个施工细节，减少人为失误，提高施工效率和质量，如图 8.5-4 所示。

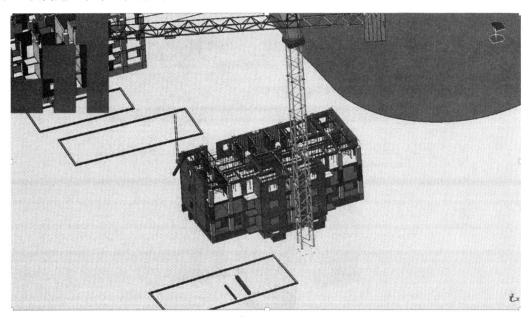

图 8.5-4　基于 BIM 技术的施工动态干涉仿真

8.5.3　构件现场吊装管理及远程可视化监控

施工方案确定后，将储存构件吊装位置及施工时序等信息的 BIM 模型导入到平板手持设备中，基于三维模型检验施工计划，实现施工吊装的无纸化和可视化辅助，如图 8.5-5 所示。构件吊装前必须进行检验确认，手持机更新当日施工计划后对工地堆场的构件进行扫描，在正确识别构件信息后进行吊装，并记录构件施工时间。构件施工准备流程见图 8.5-6。构件安装就位后，检查员负责校核吊装构件的位置及其他施工细节，检查

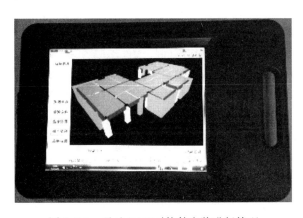

图 8.5-5　通过 PAD 对构件安装进行管理

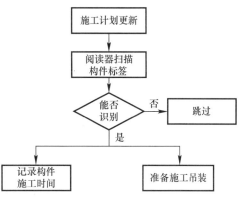

图 8.5-6　构件施工准备流程

259

合格后，通过现场手持机扫描构件芯片，确认该构件施工完成，同时记录构件完工时间。所有构件的组装过程、实际安装的位置和施工时间都记录在系统中，以便检查。这种方式减少了错误的发生，提高了施工管理的效率。

当日施工完毕后，手持机将记录的构件施工信息上传到系统中，可通过 WEB 远程访问，了解和查询工程进度，系统将施工进度通过三维的方式动态显示。如图 8.5-7 所示，深色的构件表示已经安装完成，红色的构件表示正在吊装的构件。

图 8.5-7　远程施工进度监控界面

8.6　BIM 技术在运营阶段应用

8.6.1　预制构件全生命周期信息追溯体系

（1）构件编码设计

PC 建筑工程中使用的预制构件数量庞大，要想准确识别并管理每一个构件，就必须给每个构件赋予唯一的编码。然而不同的参与单位，都可能有其不同的构件编码方式。如设计单位在预制构件深化设计阶段，将连续的结构体进行分割后，再进行构件编码，构件编码以传统建筑构件分类符号表示（如柱 C、梁 B 等），而后逐步完成整个结构预制构件加工详图的出图工作。在构件生产阶段，构件制造单位按照设计单位提供的加工图纸进行构件制作，其构件编码与设计单位又有所不同，需要增加项目代码、楼层编号、构件流水号等信息，当构件生产完成后，构件生产厂商通常会将构件编码以墨笔书写在构件上或采用钢印的方式压于表面。在施工阶段，为方便辨识拼装，施工单位又会按施工时序和安装位置对构件进行编号。由于构件编码的不完全统一，使得各个阶段构件信息的沟通比较困难，构件管理效率较低。

因此，为了便于建造全过程的管理，必须制定统一的编码统一装配式建筑构件编码命名体系应当综合 PC 建筑工程各个阶段各个单位的要求，并根据实际工程需要，不仅能唯一识别预制构件，而且能从编码中直接读取构件的位置等关键信息，兼顾计算机信息管理以及人工识别的双重需要。

（2）编码原则

1）唯一性。每个构件实体与其标识代码唯一对应，即一个构件只有一个代码，一个代码只标识一个构件。构件标识代码一旦确定，不会改变。不允许出现几种构件用同一代码标识或者同一个构件有几个代码。

2）简易性。构件的编码要简易明了，便于完善和分类。同时应具有一定的可阅读性，即通过人工阅读也可以很清楚地理解编码构件所包含的信息。

3）完整性。所建立的代码综合装配式建筑各个阶段编码的要求，构件代码能够完整表示实体的特定信息，参与项目的单位可基于代码获得各自所需的构件信息。

（3）编码体系

综合考虑以上原则，编码格式如下图所示。编码共有 22 位，相关编码代表的含义列举如图 8.6-1 所示。

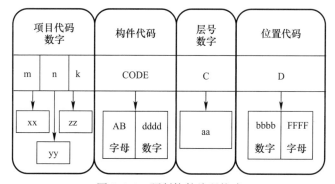

图 8.6-1 预制构件编码格式

1）mnk 是项目代码，位于编码前六位。项目代码用来区分不同的、相互独立的项目，其中 m 为甲方识别号，n 是项目流水号，k 是单体流水号，它们都由两个阿拉伯数字表示，具体的名称根据工程需要定义。

2）CODE 为单体构件代码，表示项目中预制构件实体。它由六个字符组成，前两位字符为大写的拉丁字母，第一个字母表示不同种类的构件，目前的代码有 G，B，C，W，K，S，共 6 种，相关的含义见表 8.6-1。第二个字母没有任何含义，主要是考虑可扩展性预留位置，暂以 A 表示；后四位是阿拉伯数字，为构件的流水号，当且仅当构件三维尺寸、钢筋、留孔、预埋件等完全相同时才允许使用同一流水号。

预制构件的代码

表 8.6-1

构件类型	构件代码	开始编号
主梁	G	1
次梁	B	1
柱	C	1
叠合板	K	1
外墙板	W	1
阳台板	S	1

　　3）C 为层号，暂用两个阿拉伯数字表示。表示预制构件所在的楼层。

　　4）D 为构件所在平面位置的轴线号，通过两条轴线具体表示构件的平面位置关系，由 4 个数字和 4 个字母表示，如 0101B0B0 表示构件位于 1 轴线和 B 轴线交点处，凡没有用到的字符暂以 0 代替，没有实质意义。

　　样例：01-03-25-BA-0001-09-1616B0E0，表示某公司某项目 25 号楼第 9 层编号为 0001 的次梁，具体位置在 16 轴线处，从 B 轴线到 E 轴线。

　　预制构件的编码体系是可以扩展和完善的，可以根据要求添加编码以适应不同类型的预制建筑及实际工程的需求，从而确保编码体系的可操作性。

　　（4）构件编码在设计阶段的实现

　　在深化设计阶段出图时，构件加工图纸需表达每个构件的编码，主要通过二维条形码的形式来实现，在深化出图时将构件编码以二维条形码的形式在图纸上显示，条码采用 Code128 编码格式，位于图纸左上角。构件生产时由手持式读写器扫描图纸条形码就能完成构件编码的识别，如图 8.6-2 所示，通过这种方式加快操作人员对构件信息的识别并减少错误。

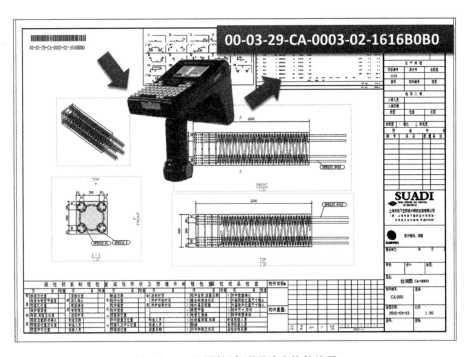

图 8.6-2　通过图纸条形码读出构件编码

　　（5）编码在构件生产和安装阶段的实现

　　构件编码通过人工管理方式来实现比较困难，可以利用 RFID 技术来实现构件生产和安装阶段的编码识别。RFID（Radio Frequency Identification），即无线射频识别技术，它利用射频方式进行非接触双向通信以实现自动识别目标对象并获取相关数据。在构件生产阶段，将 RFID 芯片植入到构件中，并写入构件编码，就能完成对构件的唯一标记。通过 RFID 技术来实现构件跟踪管理和构件信息采集的自动化，提高工程管理效益。

（6）RFID 芯片的选择

RFID 芯片选择适合混凝土构件的超高频无源芯片，为了便于安装在混凝土构件中，芯片形状为环形。同时设计了芯片的封装形式，如图 8.6-3 所示，将芯片置于卡扣内部，然后封装并埋设到预制构件表面。

图 8.6-3　超高频环形芯片及封装形式

8.6.2　BIM 技术的发展展望

对于 BIM 在未来将有以下几种发展趋势：

第一，以移动技术来获取数据。随着互联网和移动智能终端的普及，人们现在可以在任何地点和任何时间来获取信息。而在建筑设计领域，将会看到很多承包商，为自己的工作人员都配备这些移动设备，在工作现场就可以进行设计。

第二，数据的暴露。现在可以把监控器和传感器放置在建筑物的任何一个地方，针对建筑内的温度、空气质量、湿度进行监测。然后，再加上供热信息、通风信息、供水信息和其他的控制信息。这些信息汇总之后，设计师就可以对建筑的现状有一个全面充分的了解。

第三，未来还有一个最为重要的概念--云端技术，即无限计算。不管是能耗，还是结构分析，针对一些信息的处理和分析都需要利用云计算强大的计算能力。甚至，我们渲染和分析过程可以达到实时的计算，帮助设计师尽快地在不同的设计和解决方案之间进行比较。

第四，数字化现实捕捉。这种技术，通过一种激光的扫描，可以对于桥梁、道路、铁路等等进行扫描，以获得早期的数据。我们也看到，现在不断有新的算法，把激光所产生的点集中成平面或者表面，然后放在一个建模的环境当中。3D 电影《阿凡达》就是在一台电脑上创造一个 3D 立体 BIM 模型的环境。因此，我们可以利用这样的技术为客户建立可视化的效果。值得期待的是，未来设计师可以在一个 3D 空间中使用这种进入式的方式来进行工作，直观地展示产品开发的未来。

第五，协作式项目交付。BIM 是一个工作流程，而且是基于改变设计方式的一种技术，而且改变了整个项目执行施工的方法，它是一种设计师、承包商和业主之间合作的过程，每个人都有自己非常有价值的观点和想法。所以，如果能够通过分享 BIM 让这些人，在这个项目的全生命周期都参与其中，那么，BIM 将能够实现它最大的价值。

本章小结

基于 BIM 技术的信息化建造管理技术是推进工业化建筑发展的有效重要手段。BIM 技术可以全过程应用于设计、制造、施工、运维等过程。本章重点介绍了 BIM 在工业化建筑全过程中的应用。分别对 BIM 在 PC 设计及深化设计阶段、构件制造阶段、施工阶段以及今后运营阶段应用做了系统全面的介绍。其中主要的 BIM 技术在工业化建筑中的应用主要包括 BIM 的 PC 协同设计、BIM 模型筑性能分析、构件及钢筋碰撞检查要点、图纸的生成与工程量统计、构件生产过程管理、BIM 现场施工仿真筹划以及基于 BIM 的 PC 建筑全生命周期管理等。读者对本章节的内容主要以了解为主，从内容中可以认识到 BIM 信息化与工业化建筑的有效融合是发展的必然趋势。

复习思考题

1. 简述 BIM 的基本概念、特点及应用价值。
2. 简述 BIM 维度的定义以及模型精细度基本概念。
3. 简述 BIM 技术的发展历程以及国内外发展现状。
4. 简述 BIM 技术在工业化建筑设计及深化设计阶段主要应用内容。
5. 简述 BIM 技术在预制构件制造阶段的应用管理流程。
6. 简述 BIM 技术在工业化建筑施工阶段主要应用内容。
7. 简述预制构件编码规则设计的意义和主要原则。

第 9 章　装配式混凝土结构体系建造经济分析

9.1　概要

9.1.1　内容提要

本章节从工程建造成本构成的角度，在设计标准和质量要求相同的前提下，通过对装配式混凝土结构和现浇结构两种土建主体建造方式的差异部分进行经济比较和分析（不包含机电安装工程的造价差异），并且对装配式混凝土结构中引起建造成本增加的因素进行分析，提出必要的控制方法和预防措施，从而有效控制装配式混凝土结构的建造成本。

9.1.2　学习要求

（1）熟悉建安费的组成；
（2）掌握装配式结构施工方式的成本构成；
（3）熟悉装配式结构和现浇结构体系的成本差异之处；
（4）掌握影响装配式结构建造成本的因素；
（5）了解降低装配式结构工程成本的控制措施。

9.2　工程成本构成

根据我国现行的建设工程计价规范，建筑安装工程费由人工费、材料费、施工机具使用费、企业管理费、利润、规费和税金组成（图 9.2-1）。工程成本是指承包人为实施合同工程并达到质量标准，在确保安全施工的前提下，必须消耗或使用的人工、材料、工程设备、施工机械台班及其管理等方面发生的费用和按规定缴纳的规费和税金。

9.2.1　传统现浇结构建造方式建筑的成本构成

传统建设方法的土建造价构成主要由直接费（含材料费、人工费、机械费、措施费）、间接费（主要为管理费）、利润、规费和税金组成。其中直接费为施工企业主要支出的费用，是构成造价的主要部分，也是预算取费的计算基础，直接费的变化对造价高低起主要作用，而其中，材料费比重最大；间接费和利润根据企业自身情况可弹性变化；规费和税金是非竞争性取费，费率标准不能自由浮动。

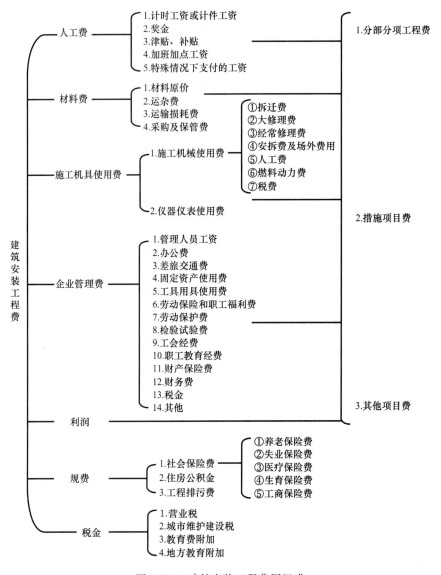

图 9.2-1 建筑安装工程费用组成

因此，在建设标准一定的情况下，传统建筑施工方法的材料、人工、机械消耗量可挖潜力不大，要降低造价，只有措施费和间接费可以调整，由于成本、质量、工期三大因素相互制约，降低成本必将影响到质量和工期目标的实现。

9.2.2 装配式结构建造方式的成本构成

装配式结构的土建造价构成主要由直接费（以预制构件为主的材料费、运输费、人工费、机械费、安装费、措施费）、间接费、利润、规费和税金组成。与传统方式一样，间接费和利润由施工企业掌握，规费和税金是固定费率，直接费中构件费用、运输费、安装费的比重最大，它们指标的高低对工程造价起决定性作用。

装配式施工模式与现浇施工模式在直接费构成上存在一定差别，主要包括以下几个方面：

（1）预制构件费用

预制构件费用主要包括材料费、生产费（人工和水电消耗）、模具费、工厂摊销费、预制构件厂利润、税金（指预制工厂按税法所需缴纳的税金，而非建安税金）等，在直接费中占比最大。

（2）运输费

运输费主要包括预制构件从工厂运输至工地的运费和施工场地内的二次搬运费。

（3）安装费

安装费主要包括预制构件垂直运输费、安装人工费、专用工具摊销等费用（含部分现场现浇施工的材料、人工、机械费用）。

（4）措施费

措施费主要包括临时堆场、脚手架、模板、临时支撑及防护等费用。

从以上两种不同建造方式的成本构成可以看出，由于生产方式的不同，直接费的构成内容有很大的差异，两种方式直接费的高低直接影响了造价成本的高低。

9.3 不同建造方式的成本对比分析

传统现浇结构建造方式和装配式结构建造方式在结构施工工艺方面的主要不同之处简要对比见表9.3-1。

传统现浇结构和装配式结构建造方式的主要不同　　　　　　　表9.3-1

序号	结构部位	装配式结构建造方式	传统现浇结构建造方式
1	基础	两者相同，大多数采用桩基、整体地下室现浇方式	
2	柱	工厂预制构件制作、运输，吊装就位、临时支撑、固定及接头灌浆等	钢筋绑扎、模板支撑、混凝土泵送浇捣养护等
3	墙	工厂预制构件制作、运输，吊装就位、临时支撑、固定及板缝处理等	
4	梁	工厂预制构件制作、运输，吊装就位、临时支撑、固定等	
5	楼板	工厂预制构件制作、运输，吊装就位、临时支撑、固定、叠合楼板板面钢筋绑扎、混凝土浇筑等	
6	阳台	工厂预制构件制作、运输，吊装就位、临时支撑、固定等	
7	楼梯	工厂预制构件制作、运输，吊装就位、临时支撑、固定等	

我们分别选择几个国内已完成的结构形式相同、现场管理水平相同、施工时间相近的案例，从不同角度对现浇结构体系和装配式结构进行成本对比分析。

9.3.1 案例分析一

1. 项目概况

北京某地块住宅项目包括六栋住宅楼和一个地下车库，均为保障性住房项目。其中2

号楼与 3 号楼建筑结构都相同，2 号住宅楼为现浇结构工程，3 号住宅楼为装配式结构工程。建筑面积为 20390m²，地下 2 层，地上 28 层，其中地上建筑面积为 19720m²，为单元式普通住宅，层高 2.8m。

3 号住宅楼装配式预制构件使用部位：13～27 层楼板采用预制叠合板，8 层以上采用清水混凝土饰面预制楼梯，一次成型，不进行二次装修。工程预制叠合板楼板最重为 2 吨，预制楼梯最重为 3.7 吨，选择了 JL150 型塔吊，在塔吊 40m 臂范围内覆盖整个吊装场区和卸料区（图 9.3-1）。

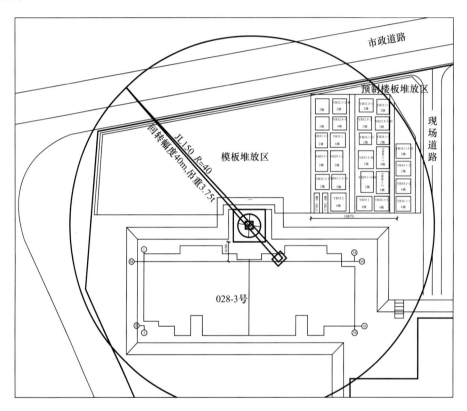

图 9.3-1　3 号楼塔吊范围示意图

工程 2011 年 4 月初开工，2011 年 12 月底结构封顶，2012 年 10 月底竣工，结构工期平均 6 天一层。

2. 综合经济分析

（1）叠合板

1）单层经济对比见表 9.3-2。

叠合板费用对比　　　　　　　　　　　　　　　　　　　表 9.3-2

叠合板费用对比表

序号	项目名称	现浇顶板（2 号）		叠合板（3 号）		对比结果（现浇—叠合板）/元
		工程量	合价（元）	工程量	合价（元）	
1	人工费		21614.03		18961.48	2652.55

叠合板费用对比表

序号	项目名称			现浇顶板（2号）		叠合板（3号）		对比结果（现浇—叠合板）/元
				工程量	合价（元）	工程量	合价（元）	
2	材料费	钢筋		8.268t	40347.84	7.558t	36883.04	3464.80
3		木方	50mm×100mm	1184 根	31968.00	900 根	24300.00	7668.00
4			100mm×100mm	264 根	14784.00	264 根	14784.00	0.00
5		模板	2440mm×1220mm	240 张	34800.00	144 张	20800.00	13920.00
6		现浇混凝土		65.50	28820.00	36.15	15906.00	12914.00
7		预制构件		0.00	0.00	29.35	44025.00	−44025.00
8		其他材料费		1.00	1112.13	1.00	1626.07	−513.94
9	机械费	机械费		1.00	471.51	1.00	5165.38	−4693.87
10		其他机械费		1.00	348.26	1.00	201.58	146.68
直接费合计					174265.77		182652.55	−8386.78

通过以上经济分析对比可以看出，目前从综合经济效果上，叠合板施工与常规全现浇顶板施工相比，综合成本每层增加 8386.78 元，主要原因是：

① 预制构件模具费用

本工程叠合板构件生产总造价约 110 万元，其中叠合板模具 9 套，成本约 27 万，模具费用所占比例为 20% 左右，折合 13.69 元/m²。

② 叠合板运输

叠合板的运输平均每车可运 12 块，运输费用摊销较大，构件模具费用及运输费用造成预制构件成本较高。

③ 材料

叠合板施工，现场经优化，5mm×10mm 木方省 50%，顶板模板节省 70%，顶板模板材料节省 21588 元。

2）用工对比见表 9.3-3。

用工对比 表 9.3-3

楼号	模板工（名）	钢筋工（名）	吊装工（名）	水电工（名）	合计（名）
2 号楼	10	10	0	6	26
3 号楼	3	3	8	6	20

从人员投入上比较，叠合板施工减少了现浇钢筋混凝土人工 14 人，增加了吊装工共计 8 人，人工费每层比现浇楼板少投入 2652.55 元。

3）用时对比见表 9.3-4。

用时对比 表 9.3-4

楼号	顶板支模（h）	钢筋绑扎叠合板吊装（h）	水电安装（h）	负弯矩筋绑扎（h）	混凝土浇筑（h）	合计（h）
2 号楼	6	绑扎2.5	3	3	3	17.5
3 号楼	5	吊装3	4	3	2	17

从叠合板和现浇楼板施工时间上比较，叠合板顶板支模、混凝土浇筑用时比现浇板节省，但吊装、水电安装上用时较多，综合用时叠合板施工比现浇板少 0.5h，整体施工进度用时节省不太显著。

（2）预制楼梯

预制楼梯与现浇楼梯的施工费用、装修费用对比见表 9.3-5。

预制楼梯与现浇楼梯费用对比 表 9.3-5

项目	材料费（元）	人工（元）	机械设备（元）	综合（元）	时间（min）
预制楼梯	4000	50	95	4145	20
现浇楼梯（结构）	2700	380	30	3110	150
项目	结构修理（元）	装修材料费（元）	装修人工费（元）	装修机械费（元）	综合（元）
现浇楼梯（装修）	150	800	600	200	1750

现浇楼梯施工与预制楼梯施工省费用：1750＋3110－4145＝715 元，即预制楼梯节省715 元。

9.3.2　案例分析二

1. 项目概况

对比项目的工程概况见表 9.3-6。由于 4 号、5 号工程（预制）与 36 号工程（现浇）在地下室和商服部分差异较大，为剔除不利因素，满足建造成本分析的准确性，故以两工程的 4～28 层作为对比分析对象。

4 号、5 号工程采用的预制构件包括：外墙板、内墙板、叠合板、叠合梁、预制楼梯段、飘窗板、预制风道等。

工程概况对比 表 9.3-6

内　　容	工程项目	
	哈尔滨某地块 36 号工程（现浇）	哈尔滨某地块 4 号、5 号工程（预制）
结构形式	剪力墙	剪力墙
施工方式	现浇整体式	预制装配整体式
建筑面积（m²）	27343.99	30295.63
标准层层高（m）	3（2～28 层）	3（4～28 层）
4～28 层建筑面积（m²）	23451.12	19821.31
4～28 层施工时间	2010 年 7 月～2011 年 5 月	2011 年 3 月～7 月
4～28 层工期	163 天	106 天
预制率	—	70.42%

2. 直接费经济分析

本案例中两种建造模式的计算基础均为 4 号、5 号工程的工程量，对比的基础完全一致，将 4 号、5 号工程按两种不同施工方式计算两次成本构成，然后进行对比分析。即第1 次计算现浇整体式施工方式的建造成本，按 36 号工程实际施工中测算得出的计算参数

（混凝土、钢筋损耗率等）及 4 号、5 号工程的图示工程量进行计算；第 2 次计算装配式施工方式的建造成本，按工程实际发生计算。通过以上方式的计算，我们得出以下分析数据：

（1）人工费对比分析数据

1）人工费相关数据计算说明

以混凝土节省比例计算为例：

节省比例＝［传统平方米人工费－装配式平方米人工费］/传统平方米人工费

＝［传统平方米人工费－（预制量×预制单价＋现浇量×现浇单价）/测算建筑面积］/传统平方米人工费

＝［22.06－3.5－（5077.5×33.24＋2155.69×60）/19821.31］/22.06

＝15.95％

其中：传统平方米人工费——按 36 号工程测算每平方米人工费；

现浇量——4、5 号工程现浇部分实际工程量；

现浇单价——按 36 号工程实际单价；

预制量——4、5 号工程预制部分实际工程量；

预制单价——按 4、5 号工程实际单价；

测算建筑面积——按 4、5 号工程 4～28 层建筑面积。

2）数据分析

各工种人工费节省分析统计数据详见表 9.3-7。通过相关数据分析得出，人工费节省约 33％，考虑增加灌浆人工费 3.50 元/m² 和增加构件安装人工费 23.05 元/m²，综合人工费节省约 32％，其中，模板支撑、内墙面抹灰、填充墙砌筑为影响人工费的主要因素，分别约占节省总额的 42.7％、21.4％和 15.3％。

各工种人工费节省分析　　　　　　表 9.3-7

对比内容	混凝土	钢筋	模板支撑	脚手架搭拆	填充墙砌筑	内墙面抹灰	混凝土天棚、墙面打磨
节省比例（％）	15.95	7.82	31.10	67.00	44.09	57.19	84.45
贡献率（％）	4.24	3.53	42.69	10.36	15.33	21.37	2.48

（2）材料费对比分析数据

1）材料费相关数据计算说明

在工程等量混凝土的前提下，预制与现浇以混凝土节省比例计算为例：

节省比例＝［全现浇混凝土量-预制结构混凝土量］/全现浇混凝土量

＝［图示预制量×（现浇损耗率-预制损耗率）］/全现浇混凝土量

＝［5056.77×（1.48％-0.41％）］/7287.30

＝0.75％

2）数据分析

各种材料节省分析详见表 9.3-8。通过相关数据分析得出，材料费节省约 11.6％，考虑增加灌浆材料费 15.74 元/m²、蒸汽养护费 14.27 元/m² 和电气材料费 3.17 元/m²，综合材料费节省约 2.9％，其中，填充墙砌筑及抹灰、模板支撑、外脚手架搭拆为影响材料费的主要因素，分别占节省总额的 39％、35.8％和 17.4％。

各工种材料费节省分析   表 9.3-8

| 对比内容 | 混凝土 | 钢筋 | 模板支撑 | 脚手架搭拆 | | 填充墙砌筑及抹灰 |
				里	外	
节省比例（%）	0.75	0.80	69.16	57.22	93.33	29.40
贡献率（%）	1.53	2.76	35.77	3.5	17.38	39.03

（3）机械使用费对比分析

机械使用费中垂直运输机械费起主导作用，因此仅从垂直运输机械费数据来看节省了约 11.2%，主要是减少了混凝土泵送机械费用和工期缩短所带来的机械费节省。

（4）其他费用

1）临时设施费

由于采用预制构件，现场施工人员减少，从而减少临时设施费约 54%；由于采用预制构件，现场场地硬化费用减小约 23.8%。

2）施工用水

由于采用预制构件，减少了构件养护用水，减少了现场湿作业工程量，从而减少相应用水，合计减少用水量约 63.3%。

3）施工用电

由于采用预制构件，减少了混凝土泵送机械，同时工期缩短，减少用电量约 10.3%。

4）管理人员费用

由于采用预制构件，减少工期 32 天，节省管理人员费用约 11.5%。

9.3.3 案例分析三

1. 工程概况

上海某保障房基地项目，采用预制装配钢筋混凝土构件施工的为 25～29 号楼共 5 栋住宅楼，建筑面积为 51331m²，其中 25～28 号楼建筑面积合计 41769.44m²（包括：地下面积 2260.12m²、地上面积 39509.32m²）；29 号楼建筑面积 4133.1m²（包括：地下面积 278.91m²、地上面积 3854.19m²）。其中 25～28 号楼楼型完全相同，PC 率为 50%；29 号楼 PC 率为 75%。采用的主要预制构件有：叠合板、叠合梁、外墙板、预制柱。

2. 与相邻近地块的现浇结构做法标准楼层的主要指标对比

与相邻近地块的现浇结构做法标准楼层的主要指标对比见表 9.3-9。

主要指标对比   表 9.3-9

项目	现浇楼层	25～28 号楼（PC 率 50%）	29 号楼（PC 率 75%）
建安成本指标（元/m²）	2517	3257	3665
地上混凝土（m³/m²）	0.43	0.527	0.58
地下混凝土（m³/m²）	1.62	2.44	2.32
地上钢筋（kg/m²）	55	68.09	83.16
地下钢筋（kg/m²）	162	151.49	199.02
专用塔吊台班费（元/m²）	—	53.06	79.91
预制构件支撑系统摊销费（元/m²）		9	7
相对现浇成本上升比率	—	29%	45%

3. 主要构件现浇和预制装配做法的工料机耗用量和价格对比

（1）预制/现浇钢混凝土柱对比（每立方米）见表 9.3-10

预制/现浇钢混凝土柱工料机耗用量和价格对比

表 9.3-10

	名　称	单位	现浇工艺耗用量	PC工艺耗用量
人工	其他工	工日	1.58	0.104
	起重工	工日		0.622
	木工	工日	3.05	
	钢筋工	工日	0.79	
	混凝土工	工日	0.95	
材料	预制成品柱	m³		1.050
	套筒	个		12.448
	灌浆料	m³		0.078
	支撑斜撑	kg		2.075
	电焊条	kg		0.259
	定位器	套		3.423
	预埋铁件	kg		13.436
	泵送商品混凝土	m³	1.01	
	工具式组合钢模板	kg	5.44	
	扣件	只	1.17	
	零星卡具	kg	2.56	
	钢支撑	kg	0.46	
	柱箍、梁夹具	kg	0.93	
	铁钉 60mm	kg	0.29	
	镀锌铁丝 ♯18～♯22	kg	0.75	
	钢模回库维修	kg	0.55	
	其他材料费	元	4.29	
	水（工业）	m³	1.14	
	草袋	m²	0.07	
	电力（92）	kW·h	7.69	
	成型钢筋	t	0.16	
机械	重型塔式起重机	台班		0.051
	塔式起重机起重量 2～6t	台班	0.1	
	注浆机	台班		0.052
	吹风机	台班		0.026
	汽车式起重机起重量 5t 以内	台班	0.02	
	载重汽车载重量 4t 以内	台班	0.02	
	混凝土振捣器（插入式）1.1kW	台班	0.13	
	混凝土输送泵 75m 内	m³	1.01	
	综合单价	元	2140.23	4397.88

（2）预制/现浇钢混凝土梁对比（每立方米）见表 9.3-11

预制/现浇钢混凝土梁工料机耗用量和价格对比　　　　　　　表 9.3-11

	名　　称	单位	现浇工艺耗用量	PC工艺耗用量
人工	起重工	工日		1.008
	其他工	工日	1.89	0.126
	混凝土工	工日	0.45	
	木工	工日	2.94	
	钢筋工	工日	0.65	
材料	预制成品梁	m³		1.050
	麻绳	kg		0.008
	支撑架	kg		1.171
	木模材料	m³	0.01	
	泵送商品混凝土	m³	1.01	
	工具式组合钢模板	kg	7.31	
	扣件	只	1	
	零星卡具	kg	3.29	
	钢支撑	kg	2.41	
	铁钉60mm	kg	0.15	
	镀锌铁丝♯18～♯22	kg	0.59	
	钢模回库维修	kg	0.78	
	其他材料费	元	0.03	
	模板脚手其他材料费	元	5.48	
	水（工业）	m³	0.93	
	草袋	m²	0.41	
	电力（92）	kW·h	8.62	
	成型钢筋	t	0.13	
机械	重型塔式起重机	台班		0.056
	塔式起重机起重量2～6t	台班	0.11	
	交流电焊机	台班		0.126
	汽车式起重机起重量5t以内	台班	0.02	
	载重汽车载重量4t以内	台班	0.04	
	木工圆锯机φ500mm内	台班	0.01	
	混凝土振捣器（插入式）1.1kW	台班	0.13	
	混凝土输送泵75m内	m³	1.01	
	综合单价	元	2128.51	2490.82

（3）预制/现浇钢混凝土墙对比（每立方米）见表 9.3-12

预制/现浇钢混凝土墙工料机耗用量和价格对比

表 9.3-12

	名称	单位	现浇工艺耗用量	PC工艺耗用量
人工	起重工	工日		0.714
	其他工	工日	1.69	0.071
	木工	工日	2.18	0.071
	混凝土工	工日	0.56	
	钢筋工	工日	0.52	
材料	预制成品女儿墙	m³		1.050
	预埋铁件	kg		0.071
	螺栓 M14	只		0.357
	螺栓 M16	只		16.066
	镀锌薄钢板	t		1.785
	密封胶	m		4.820
	橡胶密封条	支		4.820
	单面胶贴止水带	m		4.820
	斜撑	kg		1.785
	电焊条	kg		0.179
	木模材料	m³	0.01	
	泵送商品混凝土	m³	1.01	
	工具式组合钢模板	kg	7.78	
	扣件	只	0.15	
	零星卡具	kg	2.81	
	钢支撑	kg	0.26	
	钢连杆	kg	1.67	
	钢拉杆	kg	2.21	
	铁钉 60mm	kg	0.03	
	镀锌铁丝♯18～♯22	kg	0.4	
	钢模回库维修	kg	0.78	
	其他材料费	元	0.08	
	模板脚手其他材料费	元	25.5	
	水（工业）	m³	1.38	
	草袋	m²	0.16	
	电力（92）	kW·h	8.5	
	成型钢筋	t	0.09	
机械	重型塔式起重机	台班		0.062
	塔式起重机起重量 2～6t	台班	0.11	
	交流电焊机	台班		0.107
	汽车式起重机起重量 5t 以内	台班	0.02	
	载重汽车载重量 4t 以内	台班	0.04	
	木工圆锯机 φ500mm 内	台班	0.01	
	混凝土振捣器（插入式）1.1kW	台班	0.13	
	混凝土输送泵 75m 内	m³	1.01	
	综合单价	元	1808.82	4823.09

4. 本案例分析总结

本案例的现浇部分按上海市建筑与装饰工程预算定额（2000）为测算依据，装配式部分按实测消耗进行比对。由上述分析得知，初期 PC 施工在成本方面较现浇施工略高，工期方面优势不明显，具体原因分析及解决方案如下：

（1）本项目实际施工采用了部分外脚手架，建议更新和优化施工工艺，发挥 PC 工艺的优势，避免脚手架费用的产生。

（2）PC 构件中的预埋件分为固定与可调节两种，建议合理控制固定预埋件数量与可调节预埋件的布置位置，减少一次性摊销的预埋件使用量，节约相关费用。

（3）PC 支撑系统可考虑合理周转次数，减少相关措施费用。

（4）本 PC 项目场地硬化和安全文明施工措施费较常规全现浇项目相比偏高，建议进行优化，从理论上讲，只有这些费用比现浇时更低了才能体现 PC 项目的优势和价值。

（5）该项目 PC 构件中的钢筋设计比较保守，配筋率明显偏高，钢筋直径较全现浇项目要大，可进行进一步优化。

（6）设计阶段就应考虑 PC 率及成本问题，造价部门提前介入，合理制定 PC 率及建筑方案。

（7）由于该项目 PC 构件的规格比较多，模具数量偏多，降低了周转率，支撑系统的投入量也明显高于现浇工程，建议进行规模化、标准化优化，提高周转材料的使用率，降低单位面积摊销成本。

（8）可适当优化与减少预制板上的预留铁构件，只有构件减少了，相应的管线走向才可以避免绕道，从而降低该部分的管线工程量。

（9）PC 构件作为工业品从预制厂采购，增加了增值税等有关税费，相应增加了建安成本。

9.4 装配式结构建造成本影响因子分析

9.4.1 成本增加项影响率分析

1. 设计图纸

就目前对 PC 建筑的设计人员而言，除了在充分表达本专业的设计内容时，必须兼顾到其他专业的内容，同时又要能做到对每个构件拆解图的把握，拆解图上要综合多个专业内容。例如在一个构件图上需要反映构件的模板、配筋以及埋件、门窗、保温构造、装饰面层、预留洞、水电管和元件、吊具等内容，包括每个构件的三视图和剖切图，必要时还要做出构件的三维立体图、整浇连接构造节点大样等图纸，对设计制图、BIM 技术的应用要求较高。

以上海某保障房项目装配住宅为例，PC 总建筑面积 41753.95m²，PC 总构件数 13675件。除了按常规出施工图之外，另编制了生产设计二次深化拆解图 14373 张。后经建设单位、设计院、施工单位、预制构件厂共同的辨析、归纳、协调和修改，最后总集成为 1342张拆解图。平均一个构件需要 3 到 4 张拆解图来予以明示和说明。

由此可见，对于 PC 建筑工程设计人员，不仅需要有相对较高的工程技术素养，同时更需要有高度的责任心，迫切需要引入 BIM 技术进行辅助设计。同理，建设单位、监理单位、施工单位、预制构件厂等的工程技术人员，也要有较高的工程技术素养和高度的责任心。因采用 PC 的建造系统给设计工作增加了较多的工作量，故 PC 设计费高于传统设计。

2. 预制构件费用

预制构件生产主要依赖机械和模具，若模具的兼容性差、周转率低，都将推高成本。预制厂的场地厂房、设备投资较大，模具价格高昂，这些费用都要进行固定资产的折旧和分摊，一般预制厂按照产能需要先行投资约 $500\sim1000$ 元/m³，全部要摊销在预制构件价格之中，增加了相应的构件成本和财务成本。

我们对模具的标准化生产与传统工艺进行比对。传统工艺无论是钢模还是木模，无论是租赁还是自有的，在立模前均为单片模板，其兼容性、可塑性与流动性的可变性较大；预制厂的模具需经加工、制作、拼装、校核和修正等工艺，其精度比传统模板高、组合性低，所以其兼容性差、可塑性差、流动性差。若构件的种类越多，模具的制作也越多，成本就越大。同时与传统工艺相比，预制件由于吊装的需要，必须预埋一定量的吊具；因安装的需要，埋设调整垂直度（Z）方向的预埋件、调整水平位移（X）和（Y）向的临时固定件，吊装及安装所需的预埋件将增加，就上海某保障房 PC 住宅为例，其就占构件用钢量的 $10\%\sim15\%$。

3. 运输费用

运输费用较传统模式为新增加费用，包含构件场外运输和场内二次搬运等费用，并需要提高运载效率，以降低构件运输成本。

构件产品在制作时除了与传统工艺相同的钢材、砂石和水泥等材料外需增加以上所述的预埋吊具和安装固定件的采购运输和制作运输，以及在制作完成后构件所需要的例如养护、储存和装车等，这些都存在着大量的吊装和搬运工作。

在目前尚无有特种车辆运输的情况下，由于构件本身的形体和体积制约，普通的场外运输，其有效运载量大为下降。在上述的工程案例中，经测算运输到现场的 PC 构件的有效运载量基本均在 60% 以下。同时，再加上回程的空载和大型运输车辆的调度困难，使得运输成本大为增加。构件的运输见图 9.4-1。

4. 现场装配费用

预制装配式建造过程中需要吊装较大型构件，故需配置比较大的吊装机械，机械费用比一般现浇结构要高。

（1）现场的道路、场地和机械的布置

由于预制构件的运输需要，进出的基本都是重型的大型车辆，所以对道路的长度、宽度、转弯半径和其等级都有较高要求。在上述的工程案例中，施工道路为 200mm 厚的内配双向 $\phi20$ 的 C30 混凝土路面，宽度在 7.2m 以上（双向），且须环绕所建的建筑，以保证构件吊装的迅速就位和混凝土浇筑时的快捷到位。然其造价较传统做法高出一倍有余。同时场地也因构件的卸货和临时堆放的需要，其面积是传统工艺所需的 1.5 倍，且须进行硬化，构造为 120mm 厚的 C30 混凝土地面。上述道路和场地，不仅仅是施工措施费的增加，待工程后续的小区道路和绿化的施工时，必须拆除这些道路和场地，为此需增加较大的费用。

（a）　　　　　　　　　　　　　（b）

（c）

图 9.4-1　构件的运输

　　吊机的选择。由于构件的体积和重量的需要，最大构件的自重为 4.56t，现场所选用的吊机与传统工艺相比，只能选用那些相对比较先进的、稳定的和抗风强的大型吊装机械，故 PC 建筑所选用吊机的参数和性能要求较高。

　　（2）现场的安装和浇筑

　　模板工程：由于现场混凝土的浇筑是在构件的安装定位后进行的，在墙板的斜撑、梁板的鹰架密布的空间内来对预制构件的连接处进行施工，无论是进行制模还是脱模，难度均较高，同时因为工程量较少，所以效率不高，但是对劳动力的需求有所降低。

　　管线安装：由于构件穿线的空间较小，特别是预制 K 型板与次梁的相接处，可以挪的空间较小，有一定的施工难度，降低了部分工作效率。

　　．混凝土的浇筑：由于是预制装配式，所以混凝土浇筑量是面大点多，集中的量少，在 45m 高度以下一般以汽车泵送为主，这与传统做法一致，45m 高度以上的传统做法是以固定的泵和接力泵送而进行混凝土的浇筑，有时为了提高效率，不得不采用超高的汽车泵。

9.4.2　成本节省项贡献率分析

1. 脚手架和模板等措施费用

　　PC 建筑可取消部分固定式脚手架，施工所必需的脚手架，可考虑自升式脚手架。

　　由于 PC 工程构件在现场执行的是装配式的生产，主要构件的基本操作步骤为测量构件定位、连接部位的现浇安装。现场的构件施工以吊装为主，所以相应地减少了部分的脚手架。在前述的工程案例中，外墙的脚手比传统落地的外墙脚手的量减少约60%左右。然而室内的满堂脚手，由于使用了特殊的可移动式鹰架（若长期使用，可作为固定资产进行摊销，彼此费用口径不一致不能平等比较），相比传统的按3.5层进行备料，现为按2.5层备料。若在以后的高层建筑中，外墙若能考虑其做自升式脚手，则可节约一定的成本。PC工程现场照片见图9.4-2。

(a) (b)

(c) (d)

图 9.4-2 PC工程现场

2. 人工费

由于装配式结构建造方式，已节约大量人工的收入，且受季节和天气变化影响较小，现场施工的连续性相应地增加，其质量和进度也能得到较好的保证，成本相对的受季节和天气变化影响较小。

由于装配式结构建造方式大量的构件已在工厂完成，而现场所做的大部分为装配式的安装工作，较传统工艺相比，除测量工、吊装工的工作量有所增加外，现场实际作业的工作量已大幅减少，无论是钢筋工、模板工、浇筑工，还是砌筑工、粉刷工以及水电工等，用工量均大为减少。施工时受季节和天气变化影响较小，现场施工的连续性相应地增加，工程质量和进度也能得到较好地保证，成本受季节和天气变化的影响较小，人工费用大幅降低。

3. 材料损耗

由于构件尺寸精准，可减少不必要的修补工作，且可取消部分找平层。现场的湿作业和粉刷工作的大幅减少，同比例的材料跑冒滴漏量也相应地减少，相应的建筑垃圾的产生

量也同比例下降，降低了材料损耗。在前述的工程案例中，混凝土修补工作由传统工艺的
7%~8%下降为3%~4%。粉刷的修补工作由传统工艺的6%~7%下降为3%左右。

4. 装饰费用

由于PC构件工厂化生产，构造尺寸比较精确，可部分取消抹灰和找平层，节约材料，
同时减轻建筑自重，节约了部分装饰费用。

5. 管理费用

相比传统工艺，大部分的结构分项工程在工厂里集成生产，该分包工程量减少，现场
的用工量也相应减少，管理人员的水平要求提高，管理成本减少。

6. 环境成本

减少了现场混凝土浇筑和粉刷的量，降低了相应垃圾的产生，同时减少了混凝土车辆
及相关设备的清洗，由于装配式的构件工业化生产改变了混凝土的养护方式，大量地减少
了废水的产生。工业化作业的实施，优化了现场操作工艺，降低了施工噪声的产生及有害
气体与粉尘的排放，降低了建设过程中的能源消耗。

9.4.3 预制装配率对成本影响

针对装配式建筑，到底选取哪些构件进行预制比较合理？对这个问题不好一概而论，
应该结合项目管理人员对装配式工法的理解，以及当地所具备的生产、安装条件来确定，
即不能为了预制而预制，也不能有条件而不发挥该项技术的优势，应该综合各种因素来确
定具体的方案，如果不能因地制宜地合理选择技术方案，在某些条件不成熟的情况下，盲
目地追求预制率，才是造成装配式结构成本上升的真正原因。

9.4.4 装配式结构的建设工期对成本的影响

1. 装配式结构对于建设工期的影响

（1）提高了工程质量，减少相应的不必要的修缮和整改，从而缩短竣工验收时间，若
能打破目前对工程建设分段验收的桎梏，就能大大地缩短工程建设的周期，相应地也减少
了管理成本。

（2）减少市场价格波动与政策调整引发的隐性成本增加。工程建设的周期越长，市场
价格的波动与政策的调整的不可预见性就越大，风险也就越大。

（3）降低交付的违约风险。

（4）缩短工期将有效缓解财务成本的压力。现阶段建设单位的建安成本控制已经做到
相对健全，如何降低财务成本与管理费用将成为降本措施的关键突破口。

2. 建设工期对成本影响

现浇施工主体结构可做到3~5天一层，各专业不能和主体同时交叉施工，实际工期
为7天左右一层，各层构件从下往上顺序串联式施工，主体封顶完成总工作量的50%左
右；现场装配式安装施工上可做到1天一层结构，同样5~7天完成一层，主体封顶即完
成总工作量的80%。另外因外墙装饰一体化，或采用吊篮做外墙涂料，后续进度不受影
响，总工期可进一步缩短。

构件的安装以重型吊车和人工费用为主，因此安装的速度决定了安装的成本，比如预
制剪力墙构件安装时，套筒胶锚连接和螺箍小孔胶锚连接方式的单片墙体安装较慢，所需

时间一般是预制双叠合墙、预制圆孔板剪力墙的 3～5 倍左右，因此安装费用也要高出好几倍。另外在装配施工时，可以通过分段流水的方法实现多工序同时工作，争取立体交叉施工，在结构拼装时同步进行下部各层的装修和安装工作。因此，提高施工安装的效率，可节省安装成本。

9.4.5 工程建设规模及产品标准化对成本影响

（1）标准化可以带来规模效应。大家一般都有这样的经验，在买东西的时候，随着批量的加大，采购价格会不断降低。

（2）标准化提高了零部件的通用性，这样就使得零部件品种数减少了，在采购总量不变的情况下，每种零部件的数量就会相对增加，即扩大了采购规模。

（3）标准化可以降低生产成本。由于零部件标准化和系列内的通用化，提高了制造过程的生产批量，可以进一步降低成本（产品的单位固定成本）。对供应商来说，标准化的零部件可提高生产批量，减少转产次数，降低模具费用，也实现了成本的降低。

9.5 装配式结构建造成本控制措施

9.5.1 前期策划

根据建筑物不同的用途，应正确选择相应的结构类型，根据不同的建筑物结构类型，应通过前期必要的调研，对相应政策的正确理解，从而降低成本的增加。

项目建设的前期策划阶段就要对是否采用装配式结构进行考量及可行性论证。若能对开发地块的建筑进行整合，将建筑功能的通用化、模块化、标准化进行集合，发挥规模化效应将是实现装配式结构成本控制最重要的措施；其次是对地块能够进行装配式结构的可行性论证，只有顺其自然，条件成熟，成本控制才有可能，可考查建设地块周边社会配套、市政配套等情况，装配式建筑周边工业化程度越高，成本控制越容易实现；最后从装配式建筑本身进行分析，选择合适的装配式结构，抓住建设成本的重点，结合企业自身的资源、管理和技术优势，进行装配式结构成本控制策划。

9.5.2 优化设计

（1）由于设计对最终的造价起决定作用，因此项目在策划和方案设计阶段时，就应系统考虑到建筑方案对深化设计、构件生产、运输、安装施工环节的影响，合理确定方案。

（2）对需要预制的部分，应选择易生产、好安装的结构构造形式，根据对建筑构件的合理拆分，实行构件模块的标准化，以尽可能采用构件的统一模块化来减少相应构件的模块数量。利用标准化的模块来灵活地进行组合，以满足标准化、模块化的建筑要求，同时合理设计预制构件与现浇连接之间的构造形式，以不断地优化来降低其连接处的施工难度。

（3）提高预制率和相同构件的重复率。在两种工法并存的情况下，预制率越低、施工成本越高，因此必须提高预制率，发挥重型吊车的使用效率，尽量避免水平构件现浇，减少满堂模板和脚手架的使用，外墙保温装饰一体化可节约成本并减少外脚手架费用，提高构件重复率可以减少模具种类提高周转次数，降低成本。

（4）重视对构件装配图，综合各专业的全面审核，只有对装配样品在有各专业参加的现场，进行的综合审查的现场装配后，进行必须的辨析、归纳、协调和修改，真正地做到万无一失，才能进行批量的生产。

（5）采用 BIM 系统等科学手段完善安装预埋图纸，确保建筑图和施工图的统一和完善，真正地做到构件在装配时空间统一。

设计是成本控制的关键要素。设计的正确性和准确性是成本控制基本条件。设计必须在图纸上将技术问题全部思考清楚，并有详细的、恰当的应对措施，坚决不能将图纸上的问题交给现场解决。

设计的先进性和科学性是成本控制的翅膀。运用现代计算机技术为装配式建筑打开了想象空间，也提供了各种可能，设计将建筑拆分为单元、模块、构件、部件、分析其间的关联和作用，又将其总装成为建筑，从宏观到微观、又从微观到宏观的过程，对建筑认识的很透彻，分析也到位，从而全面地、精细地掌控项目建设。因此，设计必须与施工有机结合，设计信息必须全过程传递。

9.5.3　构件采购

根据深化设计图纸对构件提前发包，可使各层构件同时并联式生产，满足现场装配需求。同时，对预制厂所生产的预制构件、运输和固定资产分摊的费用清单正确进行分离，做到合理摊销，以控制预制构件的合理成本。

9.5.4　以信息化为基础的科学管理

以信息化手段为基础对施工进行科学精细化管理，确保工程质量，严格控制建设进度。明确施工合同的各项奖惩制度，要求以信息化的形式了解工程的现行时，用 BIM 技术来知晓工程的将来时，避免窝工、二次捣运等重复劳动增加成本费用。对室内的满堂脚手、其墙板的斜撑和梁板的竖撑（鹰架）的位置及彼此的空间，利用 BIM 技术进行完善，同时对预制构件的连接处的模板进行优化设计，要求其实行现浇模板的成套化、模板支撑的简练化和统一化，来提高工作的效率。同时以流水节拍的形式和空间交叉的方式，实施各工种分段的连续施工和本工种的立体施工，以提高时效，同时对不断发现新的提能增效的方法，加以分析、梳理、总结和推广，这样不仅可做到活学活用，也可为未来的项目成本的控制打下基础。

另外，根据装配式施工的特点，对施工组织进行优化管理，精干管理团队，减少不必要的临时设施，降低管理成本和措施费用。

9.5.5　结构装饰一体化

考虑外围护结构与装饰层一体化设计，在预制厂一同制作，如外墙面砖一体化、外墙石材一体化等，可提高施工效率，取消中间粉刷层，减少了工人现场湿作业，降低施工建造费用。例如采用外墙石材一体化的 PC 构件，可节省石材幕墙钢龙骨部分约 500 元/m^2 左右。

本章小结

从上述的成本因素分析中得出，要更好地控制装配式建筑的成本，可以从技术和管理方面入手，通过分解剖析作业流程，细化建设环节，进行全过程的梳理并采取有针对性的措施，提高效率，降低成本。

技术上可以采用标准化、模块化、可预视化的设计技术，减少工作中的错漏碰缺；利用成熟的、可复制的、成体系的技术来提高利用率；持续创新和优化工艺工法，来降低劳动强度，提高机械的使用率，从而提高建设效率。

管理上建立标准作业体系，最优地支配人、机、料的科学组合，精细策划，持续改进，不断地降低无效工时和材料损耗，同时赋予恰当的监管和控制，从而降低成本。

成本控制涉及面广，持续在工程建设的生命周期中，需要建设人员层层控制，层层把关，持续总结并不断改进，装配式建筑提供了很好的平台，让建设者能够发挥自己的才智，在技术和管理上不断提升和突破，保证工程质量、安全和环境的建设要求，做好成本控制。

复习思考题

1. 装配式建筑成本控制中涉及的专有技术措施有哪些？

2. 装配式建筑通过加强管理、提高效率用来控制成本的方法或措施有哪些？

3. 结合你的工作经验和岗位职责谈谈如何改进装配式建筑的成本控制？

附　表

目　录

附表 1

预制外墙板进场验收检查表（样式）

栋别：　　　楼层（F）：　　　柱编号：

检查时间	检查项目	检查方法	容许误差	检查结果（加说明）	备注
进货时	进货时的尺寸（长）	卷尺	与设计值±3mm内		
	进货时的尺寸（宽）	卷尺	与设计值0、-3		
	进货时的尺寸（高）	卷尺	与设计值0、-3		
	进货时严重缺损缺角或直通裂痕	目视	无大破损		
	进货时面饰材完整性	目视	无大破损		
	结合铁件防锈处理确认	目视	同设计图		
	吊装前躯体铁件偏差值	卷尺	10mm内		
	水电预埋管确认	目视	同设计图		
	墙板翘曲偏差值	2m靠尺和塞尺检查	3mm内		
	铝窗框水平垂直偏差值	卷尺	5mm内		
	对角线长差	卷尺	5mm内		

检查人员：　　　复核人员：　　　检查日期：

附表 2

预制立柱进场验收检查表（样式）

栋别：　　　楼层（F）：　　　柱编号：

检查时间	检查项目	检查方法	容许误差	检查结果（加说明）	备注
进货时	进货时的尺寸（长）	卷尺	与设计值±4mm内		
	进货时的尺寸（宽）	卷尺	与设计值±4mm内		
	进货时的尺寸（高）	卷尺	与设计值±4mm内		
	柱头钢筋和楼地面出筋无混凝土污染	目视	无混凝土污染		
	柱头混凝土面清洁确认	目视	清洁无粉末		
	直通裂痕	目视	无		
	编号、方向性确认	目视	目视品质		
	灌浆孔和套筒内无异物堵塞	手电	无异物堵塞		
	斜撑预埋铁件是否遗漏	目视	不能缺少		
	预留主筋锚固长度	卷尺	设计值±5mm内		

检查人员：　　　复核人员：　　　检查日期：

附表 3

预制大小梁进场验收检查表（样式）

栋别：　　　　楼层（F）：　　　　梁编号：

检查时间	检查项目	检查方法	容许误差	检查结果（加说明）	备注
进货时	进货时的尺寸（长）	卷尺	与设计值差±4mm内		
	进货时的尺寸（宽）	卷尺	与设计值差±4mm内		
	进货时的尺寸（高）	卷尺	与设计值差±4mm内		
	进货时严重缺损或直通裂痕	目视	无大破损		
	箍筋保护层厚度	卷尺	与设计值差5mm内		
	机电预留套筒位置	卷尺	依设计图		
	梁端出筋位置，长度	目视	同设计值		
	预埋铁件的位置偏差值	卷尺	与设计值差10mm内		
	机电埋管位置偏差值	卷尺	与设计值差10mm内		

检查人员：　　　复核人员：　　　检查日期：

附表 4

预制叠合楼板进场验收检查表（样式）

栋别：　　　　楼层（F）：　　　　楼板编号：

检查时间	检查项目	检查方法	容许误差	检查结果（加说明）	备注
进货时	进货时的尺寸（长）	卷尺	与设计值差±3mm内		
	进货时的尺寸（宽）	卷尺	与设计值差0、-3		
	进货时的尺寸（高）	卷尺	与设计值差0、-3		
	进货时严重缺损或直通裂痕	目视	无大破损		
	水电预埋管确认	卷尺	同设计图		
	楼板开孔确认	目视	依设计图		
	楼板翘曲偏差值	2m靠尺和塞尺检查	3mm内		
	对角线长差	卷尺	5mm内		

检查人员：　　　复核人员：　　　检查日期：

预制楼梯进场验收检查表（样式）

栋别：　　　　　　楼层（F）：　　　　　　　　　　　　　　　　　　　　　　楼梯编号：

检查时间	检查项目	检查方法	容许误差	检查结果（加说明）	备注
进货时	进货时的尺寸（长）	卷尺	与设计值差±3mm内		
	进货时的尺寸（宽）	卷尺	与设计值差 0、-3		
	进货时的尺寸（厚度）	卷尺	与设计值差 0、-3		
	进货时严重破损缺角或直通裂痕	目视	无大破损		
	水电预埋管确认	卷尺	同设计图		
	楼梯开孔确认	目视	依设计图		
	楼梯翘曲偏差值	2m靠尺和塞尺检查	3mm内		

检查人员：　　　　　　复核人员：　　　　　　　　　　　　　　　　　　检查日期：

预制阳台板进场验收检查表（样式）

栋别：　　　　　　楼层（F）：　　　　　　　　　　　　　　　　　　　　　　阳台板编号：

检查时间	检查项目	检查方法	容许误差	检查结果（加说明）	备注
进货时	进货时的尺寸（长）	卷尺	与设计值差±3mm内		
	进货时的尺寸（宽）	卷尺	与设计值差 0、-3		
	进货时的尺寸（高）	卷尺	与设计值差 0、-3		
	进货时严重破损缺角或直通裂痕	目视	无大破损		
	水电预埋管确认	卷尺	同设计图		
	阳台板开孔确认	目视	依设计图		
	阳台板翘曲偏差值	2m靠尺和塞尺检查	3mm内		
	对角线长差	卷尺	5mm内		

检查人员：　　　　　　复核人员：　　　　　　　　　　　　　　　　　　检查日期：

接头试件形式检验报告（样式）

附表 7

接头名称				送检数量		
送检单位				送检日期		
材料性能	连接件示意图			设计接头等级		Ⅰ级/Ⅱ级/Ⅲ级
				钢筋级别		HRB335/HRB400
				连接件材料		
				连接工艺参数		
	钢筋母材编号		NO.1	NO.2	NO.3	要求指标
	钢筋直径（mm²）					
	屈服强度（N/mm²）					
	抗拉强度（N/mm²）					
力学性能	单向拉伸试件编号		NO.1	NO.2	NO.3	
	单向拉伸	抗拉强度（N/mm²）				
		非弹性变形（mm²）				
		总伸长度				
	高应力反复拉压试件编号		NO.4	NO.5	NO.6	
	应力复拉压	抗拉强度（N/mm²）				
		残余变形（mm）				
	大变形反复拉压试件编号		NO.7	NO.8	NO.9	
	变形复拉压	抗拉强度（N/mm²）				
		残余变形（mm）				
评定结论						
负责人：		校核：		试验员：		
试验日期：　　年　　月　　日　　试验单位：						
备注栏	注：接头试件基本参数应详细记载。套筒挤压接头应包括套筒长度、外径、内径、挤压道次、压痕总宽度、压痕平均直径、挤压后套筒长度；螺纹接头应包括连接套长度、外径、螺纹规格、牙形角、镦粗直螺纹过渡段坡度、锥螺纹锥度、安装时拧紧力矩等。					

288

无收缩水泥灌浆施工质量检查记录表（样式）

项目名称：						年　月　日	

单位工程名称：			分部分项：		楼层：	

天气：	温度：	水温：	无收缩水泥温度：		湿度：	

每包用水量标准	3.4±0.2公升	实际用水量	公升	灌浆机械型号

流度值标准	18～28cm	实际流度值	cm，搅拌时间应＞2分钟

试体抗压强度标准值 550kgf/cm² 以上	试体 1	试体 2	试体 3

流度值标准	18～28cm	实际流度值（cm）	

试体抗压强度标准值 550kgf/cm² 以上	试体 4	试体 5	试体 6

实际使用量	包	灌浆前高压空气冲洗机清洁	

灌浆前模板检查	异常编号：
灌浆后质量检查	异常编号：

灌浆时由底部注入，待顶部流出圆柱状，方能以塑料塞填塞						
灌浆部位	灌浆情况	灌浆部位	灌浆情况	灌浆部位	灌浆情况	备注

施工员：	质量员：	施工负责人：

289

附表 9

预制柱吊装前后质量控制检查表（样式）

柱编号：

楼层：

检查时间	检查项目	检查方法	容许误差	检查结果（加说明）	备注
吊装前	柱头梁放样位置标示	目视	样板画线		
	楼地面出筋高程确认	卷尺	不能大于10mm		
	编号、方向性、确认	目视	目视品质		
	混凝土面垫片高程值	水准仪	同设计值		
吊装后	柱中心线位置偏差	卷尺	8mm内		
	柱子安装后垂直度 （≤5m、5m<10m、>10m）	垂直尺	5mm、10mm、1/1000且标高≤30mm		
	X、Y向斜撑螺丝是否锁紧	目视	锁紧稳固		
	柱头标高	水准仪	±10mm		
	柱梁接头模板组装确认	目视	是承揽范围时要有		
	预制柱接头钢筋偏差值	卷尺	小于5mm		

检查人员：　　　　　　复核人员：　　　　　　检查日期：

附表 10

预制大小梁吊装前后质量控制检查表（样式）

梁编号：

楼层：

检查时间	检查项目	检查方法	容许误差	检查结果（加说明）	备注
吊装前	预制梁中心线位置	卷尺	小于5mm		
	大梁凹槽之小梁位置画线	目视	小于5mm		
	吊装时间梁的编号方向性	目视	编号、方向性一致		
吊装后	大梁安装后与柱头位放样线偏差值	卷尺	小于5mm		
	小梁安装后之位置偏差	卷尺	小于5mm		
	安装后大梁位标高	水准仪	误差小于5mm		
	小梁承坐大梁凹槽后梁顶高程	卷尺	小于5mm		
	大小梁接头封模确认	目视	不会漏浆		
	大小梁接头砂浆填实	目视	钢筋捣实		

检查人员：　　　　　　复核人员：　　　　　　检查日期：

附表 11

预制叠合楼板吊装前后质量控制检查表（样式）

栋别：　　　　楼层：　　　　编号：

检查时间	检查项目	检查方法	容许误差	检查结果（加说明）	备注
吊装前	KT板鹰架高程偏差值	卷尺	5mm内		
	吊装是确认KT板的编号和方向性	目视	符合设计		
	楼板与邻近板片接缝大小（抹灰、不抹灰）	卷尺	5mm、3mm内		
吊装后	楼板接缝过大PE条填缝	目视	要朴		
	楼板底安装中央变位值	卷尺	3mm内		
	KT板安装灌浆后下垂值	卷尺	小于跨度的1/360		

检查人员：　　　复核人员：　　　检查日期：

附表 12

预制楼梯吊装前后质量控制检查表（样式）

栋别：　　　　楼层：　　　　编号：

检查时间	检查项目	检查方法	容许误差	检查结果（加说明）	备注
吊装时	楼梯鹰架高程偏差值	卷尺	5mm内		
	吊装是确认楼梯的编号和方向性	目视	符合设计		
	楼梯垫片的高程值	卷尺	3mm内		
	楼板接缝偏差值	目视	2mm内		
	楼板底安装中央变位值	卷尺	3mm内		
吊装后	楼梯前后偏差值	卷尺	10mm		
	楼梯左右偏差值	卷尺	10mm		
	楼梯高程值	水准仪	±10mm		

检查人员：　　　复核人员：　　　检查日期：

附表 13

预制阳台板吊装前后质量控制检查表（样式）

栋别：　　　　　　　　　　　　　　　　　　　　编号：

楼层：

检查时间	检查项目	检查方法	容许误差	检查结果（加说明）	备注
吊装前	阳台板鹰架高程偏差值	卷尺	5mm内		
	吊装是确认阳台板的编号和方向性	目视	符合设计		
	阳台板与邻近板片接缝大小（抹灰、不抹灰）	卷尺	5mm、3mm内		
吊装后	楼板接缝过大PE条填缝	目视	要补		
	楼板底安装后中央变位值	卷尺	3mm内		
	阳台安装灌浆后垂差值	卷尺	小于跨度的1/360		

检查人员：　　　　　　　　　复核人员：　　　　　　　　　检查日期：

附表 14

预制外挂墙板（含PCF墙板）吊装前后质量控制检查表（样式）

栋别：　　　　　　　　　　　　　　　　　　　　墙板编号：

楼层（F）：

检查时间	检查项目	检查方法	容许误差	检查结果（加说明）	备注
吊装前	安装时即需完成粗调	卷尺	10mm内		
	安装时需临时固定	目视	临时固定		
吊装后	微调后高程偏差值	卷尺	相对2mm内、绝对5mm内		
	微调后左右偏差值	卷尺	相对2mm内、绝对5mm内		
	微调后室内面进出偏差值	卷尺	相对2mm内、绝对5mm内		
	微调后外饰面偏差值	卷尺	相对2mm内、绝对5mm内		
	微调后饰材分割缝之误差	卷尺	相对2mm内、绝对5mm内		
	连接铁件螺丝锁紧	目视	锁紧		
	垂直度（干式、湿式）	垂直尺	1/600、1/500		
	连接铁件电焊与防锈查核	目视	规范要求		

检查人员：　　　　　　　　　复核人员：　　　　　　　　　检查日期：

参考文献

［1］　黄宇星，祝磊，叶桢翔，王元清，石永久. 预制混凝土结构连接方式研究综述［J］. 混凝土，2013，1.

［2］　范一飞. 上海地区工业化住宅装配式外墙体系防水设计研究［J］. 住宅科技，2013，11.

［3］　同济大学. 混凝土制品工艺学［M］. 上海：同济大学出版社，1981.

［4］　章迎尔. 建筑装饰材料［M］. 上海：同济大学出版社，2009.

［5］　刘英明. 主体结构施工［M］. 北京：机械工业出版社，2006.

［6］　社团法人日本建筑协会. 预制钢筋混凝土工程施工技术指针［S］. 2005 年 2 月.

［7］　社团法人日本建筑协会. 预制钢筋混凝土工程施工［S］. 2013 年 1 月.

［8］　上海建工（集团）总公司. DG/TJ 08—2069—2010 装配整体式住宅混凝土构件制作、施工及质量验收规程［S］. 2010 年 4 月.

［9］　中国安全生产协会注册安全工程师工作委员. 安全生产管理知识［M］. 北京：中国大百科全书出版社，2011.

［10］　台湾润泰. 102 版本安全卫生环保手册［S］.

［11］　绿色施工技术在装配式住宅工程中的应用［J］. 北京市工程建设质量管理协会刊物，2014，05.

［12］　绿色施工技术在装配式住宅工程中的应用［J］. 建筑技术. 2013，12.

［13］　叶明. 建筑产业现代化及其发展. 新型建筑工业化技术培训，2014.11.17.

［14］　纪颖波. 我国建筑产业现代化若干问题的思考. 新型建筑工业化技术培训，2014.11.19.

引用标准名录

《通用硅酸盐水泥》GB 175

《钢筋混凝土用钢（热轧光圆钢筋）》GB 1499.1

《钢筋混凝土用钢（热轧带肋钢筋)》GB 1499.2

《建筑材料放射性核素限量》GB 6566

《混凝土外加剂》GB 8076

《建筑材料及制品燃烧性能分级》GB 8624

《轻集料及其试验方法 第1部分：轻集料》GB 17431.1

《轻集料及其试验方法 第2部分：轻集料试验方法》GB 17431.2

《混凝土结构设计规范》GB 50010

《钢结构设计规范》GB 50017

《工程测量规范》GB 50026

《混凝土外加剂应用技术规范》GB 50119

《混凝土结构工程施工质量验收规范》GB 50204

《钢结构工程施工质量验收规范》GB 50205

《建筑装饰装修工程质量验收规范》GB 50210

《钢结构焊接规范》GB 50661

《混凝土结构工程施工规范》GB 50666

《建设工程施工现场消防安全技术规程》GB 50720

《碳素结构钢》GB/T 700

《钢结构高强度大六角头螺栓、大六角螺母、垫圈与技术条件》GB/T 1228

《球墨铸铁》GB/T 1348

《低合金高强度结构钢》GB/T 1591

《型钢验收、包装、标志及质量证明书的一般规定》GB/T 2101

《钢结构用扭剪型高强度螺栓连接副》GB/T 3632

《碳钢焊条》GB/T 5117

《低合金钢焊条》GB/T 5118

《六角头螺栓-C级》GB/T 5780

《六角头螺栓》GB/T 5782

《膨胀珍珠岩绝热制品》GB/T 10303

《硅酮建筑密封胶》GB/T 14683

《建设用砂》GB/T 14684

《建设用卵石、碎石》GB/T 14685

《熔化焊用钢丝》GB/T 14957

《气体保护焊用钢丝》GB/T 14958

《钢及钢产品交货一般技术要求》GB/T 17505

《用于水泥和混凝土中的粒化高炉矿渣粉》GB/T 18046

《绝热用硬质酚醛泡沫制品（PF)》GB/T 20974

《建筑绝热用硬质聚氨酯泡沫塑料》GB/T 21558

《模塑聚苯板薄抹灰外墙外保温系统材料》GB/T 29906

《挤塑聚苯板（XPS）薄抹灰外墙外保温系统材料》GB/T 30595

《粉煤灰混凝土应用技术规范》GB/T 50146

《建筑施工组织设计规范》GB/T 50502

《建筑工程绿色施工评价标准》GB/T 50640

《建筑工程绿色施工规范》GB/T 50905

《装配式混凝土结构技术规程》JGJ 1

《施工现场临时用电安全技术规程》JGJ 46

《普通混凝土用砂、石质量及检验方法标准》JGJ 52

《普通混凝土配合比设计规程》JGJ 55

《建筑施工安全检查标准》JGJ 59

《混凝土用水标准》JGJ 63

《冷轧带肋钢筋混凝土结构技术规程》JGJ 95

《钢筋机械连接通用技术规程》JGJ 107

《钢筋焊接网混凝土结构技术规程》JGJ 114

《建筑施工现场环境与卫生标准》JGJ 146

《钢筋套筒灌浆连接应用技术规程》JGJ 355

《高强混凝土应用技术规程》JGJ/T 281

《钢筋连接用灌浆套筒》JG/T 398

《钢筋连接用套筒灌浆料》JG/T 408

《天然石材产品放射性防护分数控制标准》JC 518

《聚氨酯建筑密封胶》JC/T 482

《聚硫建筑密封胶》JC/T 483

《泡沫玻璃绝热制品》JC/T 647

《水泥基泡沫保温板》JC/T 2200

《钢筋混凝土装配整体式框架节点与连接设计规程》CECS 43

《粉煤灰混凝土应用技术规范》DG/TJ 08—230

《现场施工安全生产管理规范》DGJ 08—903

《装配整体式住宅混凝土构件制作、施工及质量验收规程》DG/TJ 08—2069

《装配整体式混凝土住宅体系设计规程》DG/TJ 08—2071

《无机保温砂浆系统应用技术规程》DG/TJ 08—2088

《装配整体式混凝土结构施工及质量验收规范》DGJ 08—2117

《建设工程绿色施工管理规范》DG/TJ 08—2129

《混凝土、砂浆用粒化高炉矿渣微粉》DB 31/T 35

《装配整体式混凝土住宅构造节点图集》DBJT 08—116

《装配整体式混凝土公共建筑设计规程》DGJ 08—2154